Jetzt helfe ich mir selbst

Einbandgestaltung: Louis dos Santos

Bilder/Zeichnungen: Christoph Pandikow; Jürgen Kindler; Manfred Arnold; Silke Pandikow; Nina Pandikow, Robert Bosch GmbH, Stuttgart; Hella KG aA Hueck & Co., Lippstadt

Text und redaktionelle Bearbeitung:
Christoph Pandikow und Jürgen Kindler

Vielen Dank für die tatkräftige Unterstützung an:
Autolackiererei Paul Wahl, Silke Pandikow, Alex Kindler, Manfred Müller, Alfons Reininger, Walter Kindler, Hans Albert Noll, Udo Noll

Alle Angaben und Ratschläge in diesem Ratgeber sind nach bestem Wissen und Gewissen erteilt. Eine Haftung der Autoren oder des Verlages und seiner Beauftragten für Personen-, Sach- und Vermögensschäden ist jedoch ausgeschlossen.
Dieser Band entspricht dem Kenntnisstand zum Zeitpunkt der Drucklegung. Abweichungen durch Weiterentwicklung der beschriebenen Fahrzeuge, geänderte Anweisungen des Fahrzeugherstellers bzw. neue gesetzliche Bestimmungen sind möglich.

ISBN 978-3-613-03138-8

1. Auflage 2010

Herstellung: Ipa, 71665 Vaihingen/Enz
Druck und Bindung: Druck + Verlag Südwest, 76131 Karlsruhe
Printed in Germany

Traktoren
Kosten, Reparatur und Technik im Detail

Motor
buch
Verlag

INHALT

Ein Ratgeber stellt sich vor

Hilfe zur Selbsthilfe

Was Sie tun können, wenn der Traktor den Dienst verweigert, oder besser noch: was Sie tun können, damit es gar nicht erst so weit kommt, soll Gegenstand dieses Ratgebers sein. Und auch wenn Sie den Fehler vielleicht nicht selbst beheben können – wir zeigen Ihnen, wie Sie die Ursache präzise einkreisen können – und zwar ohne Profi-Ausrüstung. So können Sie der Werkstatt wichtige Informationen liefern und kostbare Arbeitszeit für die Fehlersuche einsparen.

Manchmal werden Sie erleben, dass auch Werkstätten nicht unfehlbar sind. Sie sehen das dann auf Ihrer Reparaturrechnung, wenn Teile ausgetauscht worden sind, die noch voll funktionsfähig waren.

Tipps und Wissenswertes

Damit Ihnen niemand etwas vormachen kann, gewähren wir Einblick in die Schleppertechnik, erläutern Fachbegriffe im umfangreichen Techniklexikon und informieren Sie über Wissenswertes aus der Welt der Traktoren-Technik.

Darüber hinaus erhalten Sie Tipps, die bares Geld wert sind: Der richtige Umgang mit der Werkstatt, falls sie gebraucht wird – wenn Sie gezielt Reparaturaufträge erteilen können, haben Sie die Werkstattkosten fest im Griff. In diesem Band stellen wir Ihnen typische Bauteile und Baugruppen Ihres Traktors, vor die wir selbstverständlich auch in Ihrer Funktion erklären. Wir werden uns hier auf Arbeitsschritte beschränken, die Sie durchaus in der heimischen Hobbywerkstatt realisieren können. Die Arbeitsbereiche werden lediglich hinsichtlich typischer Pflege- und Wartungsarbeiten und den Reparaturen am Traktor aufgetrennt. Unter Wartung verstehen wir die typischen Arbeiten, die die Betriebssicherheit Ihres Schleppers im Alltag erhalten. Die Reparaturschritte zeigen Ihnen Möglichkeiten auf, Ihren Schlepper wieder instand zu setzen. Angefangen bei den Motoren über Kühlung, Bremse und Elektrik werden wir mit Ihnen die Traktortechnik genauer unter die Lupe nehmen. Auch wenn Sie sich nicht immer selbst an alle Arbeiten herantrauen, können Sie sich durch die Beschreibung der Bauteile, den Prüfungen und den Funktionen einzelner Systeme selbst ein Bild über die Arbeiten machen, die Ihre Werkstatt dann ausführen soll.

.Sicherheit hat Vorrang

Grundsätzlich sollten Sie sich immer dann Hilfe holen, wenn Sie eine Arbeit noch nicht kennen. Zumindest ist es hilfreich, wenn man jemanden hat, der ab und an mal »über die Schulter« gucken kann. Bedenken Sie auch, dass die Gewichtsklasse unserer Lieblinge in den meisten Fällen die eigene Hebekraft deutlich überschreitet. Arbeiten Sie deshalb immer sehr bewusst und überlegt. Sprechen Sie die nächsten Schritte immer mit dem Helfer ab. Ein Störungsbeistand ist daher fester Bestandteil eines jeden Kapitels. Kleine entdeckte Auffälligkeiten am Traktor können dazu beitragen, einem größeren Schaden vorzubeugen – und zwar bevor etwas schiefgeht. Auch bei einem anstehenden Termin zur Hauptuntersuchung kann diese Schnelldiagnose jede Menge Ärger und Geld sparen. Abgesehen davon haben wir regelmäßig wiederkehrende Überprüfungsarbeiten für Sie zusammengefasst. Diese dürfen Sie gerne kopieren und für sich abheften.

Reparaturen in der heimischen Garage

Sollten Sie bereits im Umgang mit Werkzeug geübt sein, werden wir Sie Schritt für Schritt durch die einzelnen Arbeitsgänge führen. Dabei beschränken wir uns in dieser Reihe auf Wartungs-, Pflege- und leichte Reparaturmaßnahmen, die Sie ohne weiteres in der heimischen Garage durchführen können. Welche Grundausstattung Sie dafür benötigen, haben wir für Sie gleich am Anfang dieses Buches zusammengefasst.

Neben handelsüblichen Werkzeugen wird es oft notwendig, dass zusätzlich Hilfswerkzeuge hergestellt werden. Ein Quäntchen technisches Verständnis vorausgesetzt befähigt Sie oft, mit einem Stück Material eine solche Hilfe herzustellen. So kann man sich zum Beispiel ein Stück Flacheisen zurechtbiegen, um die Sternschraube zum Bremseneinstellen leichter bewegen zu können.

Ein Problem tut sich in Sachen Entsorgung auf: Während Sie aus der Werkstatt Ihren, hoffentlich einwandfrei reparierten Traktor lediglich abholen müssen, fallen in der Heimwerkstatt natürlich Abfälle an, die Sie fachgerecht entsorgen müssen. In Deutschland können Sie Öl getränkte Lappen, Altöle, Farbreste o. Ä. in einem Schadstoffmobil umweltschonend entsorgen.

Damit Sie sich besser zurechtfinden

Wenn Sie etwas Bestimmtes in diesem Buch suchen, haben Sie verschiedene Möglichkeiten. Natürlich können Sie auf das vertraute Inhaltsverzeichnis zurückgreifen. Aber auch beim schnellen Durchblättern werden Sie sich leicht zurechtfinden. Den Hinweis, in welchem Kapitel Sie sich bewegen, finden Sie oben links. Dazu die Information, ob es sich in diesem Abschnitt um theoretisches Wissen, konkrete Arbeitsanleitungen oder Vorschläge zur Optimierung handelt. Rechts oben auf jeder Seite haben wir den Bereich dargestellt, der im jeweiligen Abschnitt behandelt wird.
Damit können Sie das Buch auf der Suche nach bestimmten Inhalten auch durch die Finger laufen lassen, ohne zuerst im Inhaltsverzeichnis suchen zu müssen.

 INFORMATION

Bevor Teile ausgebaut oder etwas auseinander genommen wird, ist es immer besser, Einzelheiten und theoretische Zusammenhänge zu kennen. Wenn Sie dieses Zeichen sehen, erklären wir Grundlagen über Funktion, Technik und ihre Bedeutung für die ganze Maschine. Oder wir informieren Sie über historische Hintergründe und vermitteln allgemeines Technik-Wissen. Dieser Abschnitt soll Sie also über die allgemeine Technik Ihres Traktors informieren. Mit dem nötigen theoretischen Wissen im Hinterkopf schraubt es sich viel leichter.

 ARBEITSSCHRITTE

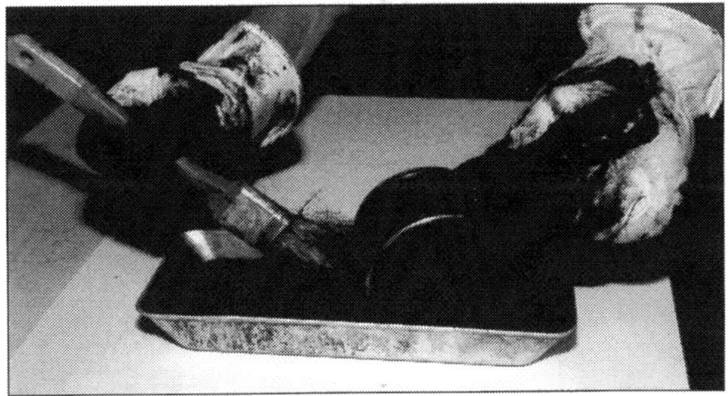

Sobald an einem Traktor gearbeitet wird, werden Sie dieses Symbol sehen. Auf diesen Seiten erhalten Sie Schritt für Schritt Anleitungen zum Ein- und Ausbau von Teilen. Bei der Auswahl haben wir uns strikt daran gehalten, was in der heimischen Garage noch machbar ist und was nicht. Und damit Sie sehen, dass wir uns gerne die Finger für Sie schmutzig machen, haben wir uns bewusst nicht ständig die Hände gewaschen. Wir hoffen, dass die Fotos Ihnen dennoch Appetit auf das Schrauben machen.

BESSER MACHEN

Die wenigsten Traktoren aus den 50er, 60er und 70er Jahren sind heute noch im originalen Auslieferungszustand. Beim täglichen Einsatz in der Land- oder Forstwirtschaft sind oft Anforderungen aufgetreten, die von den Herstellern nicht befriedigt werden konnten. So hat mancher Traktorbesitzer zusätzlich Ausstattungen angebaut, Leistungen verändert oder gar ganze Karosserieteile so umgestaltet, für die es bei den Herstellern keinerlei Unterlagen gibt. In dieser Rubrik wollen wir Ihnen Informationen über diese Sonderkonstruktionen geben.

Rechte und Pflichten

Sie haben ein Fahrzeug erworben und sind der Meinung, es ist kaputt oder funktioniert nicht so wie es sollte? Bevor Sie sich unnötig aufregen, sollten Sie sich zuerst kundig machen, wie es um Ihre Rechte steht. Dann müssen Sie sicherstellen, dass Sie keinem Irrtum unterliegen und es sich hier tatsächlich um einen Mangel handelt.

Was ist ein Mangel?

Vereinfachte Darstellung des § 434 BGB:
Eine Sache ist frei von Mängeln, wenn sie sich für die Verwendung eignet, für die sie gemäß Kaufvertrag gedacht war oder sie sich für die gewöhnliche Verwendung eignet oder die Beschaffenheit aufweist, die man üblicherweise erwarten kann. Das beinhaltet auch Eigenschaften, von denen der Käufer aufgrund von Aussagen, die in der Werbung oder von Mitarbeitern des Verkäufers gemacht wurden, ausgehen kann.
Liegt also tatsächlich ein Mangel vor, wie z.B. eine deutlich geringere Höchstgeschwindigkeit als im Prospekt angegeben, sollten Sie sich auf das Gespräch mit dem Kundendiensttechniker vorbereiten und Ihr Recht einfordern. Damit Sie Ihr Anliegen präzise und fachlich richtig an den Mann bringen können, nachfolgend einige Begriffserklärungen und Zusammenhänge:

Gewährleistung, Sachmangelhaftung und Garantie

Garantie und Gewährleistung (letzteres ist die so genannte Sachmangelhaftung) sind zwei völlig verschiedene und vor allem unabhängige Sachverhalte. Diese beiden Begriffe werden oft umgangssprachlich miteinander verwechselt oder vertauscht. Um nicht missverstanden zu werden, sollten Sie diese Begriffe unbedingt voneinander trennen.

Die **Garantie** ist eine freiwillige und zusätzliche Leistung des Verkäufers oder Herstellers. Sie kann nach Belieben ausgestaltet oder befristet sein und sie folgt aus einer eigenständigen Vereinbarung im Rahmen des Kaufvertrages bzw. in Verbindung mit dem Kaufvertrag. Die Garantie kann an bestimmte Voraussetzungen geknüpft sein, kann bestimmte Kosten ausschließen und auch die Leistungen einschränken. Dies könnte beispielsweise bedeuten, dass die Garantie nur greift, wenn Sie das Fahrzeug regelmäßig in der dem Händler angegliederten Werkstatt warten lassen und Sie nur die Materialkosten und nicht die Arbeitszeit bei einem Schaden erstattet bekommen. Also sollten Sie sich die Garantiebedingungen vor dem Kauf genau anschauen, um diese später nicht durch ein Falschverhalten zu verwirken. Auf Verlangen müssen Ihnen die Garantiebestimmungen, wenn sie Ihnen zugesprochen werden, auch in schriftlicher Form ausgehändigt werden.
Die **Gewährleistung** (Sachmangelhaftung) folgt aus den gesetzlichen Regelungen zum Kaufvertrag. Eine Gewährleistung (Sachmangelhaftung) ist in dem Augenblick gegeben, wenn ein rechtsgültiger Kaufvertrag geschlossen wird. Eine Ausnahme ist nur möglich, wenn die Gewährleistung (Sachmangelhaftung) wirksam ausgeschlossen ist. Ein vollständiger Ausschluss der Gewährleistung (Sachmangelhaftung) im Rahmen eines Kaufvertrags zwischen einem Unternehmer (z.B. Landmaschinen-Händler) als Verkäufer und einer Privatperson als Käufer ist nicht möglich. Die Gewährleistung (Sachmangelhaftung) kann aber z.B. bei Abschluss eines Kaufvertrages zwischen Privatpersonen vollständig ausgeschlossen werden. Dies muss dann aber ausdrücklich und individuell im Kaufvertrag geregelt sein.
Mit dem **Gewährleistungsrechts-Änderungsgesetz** vom 01.01.2007 ergaben sich unter anderem folgende Neuerungen:

- Bei neuen Sachen beträgt die Frist grundsätzlich 2 Jahre ab Datum der Übergabe.
- Bei gebrauchten Sachen kann eine Frist von 1 Jahr vereinbart werden (nicht in Allgemeinen Geschäftsbedingungen!), wobei nur Fahrzeuge, die älter als ein Jahr (ab Erstzulassung) sind, als gebrauchte Sachen gelten.
- Innerhalb der ersten sechs Monate hat bei einer Reklamation der Händler zu beweisen, dass die Sache zum Zeitpunkt der Übergabe dem Vertrag entsprach (also keinen Mangel hatte). Nach 6 Monaten hat der Kunde die Beweispflicht (bisher hatte ausschließlich der Kunde die Beweispflicht).

Diese beschriebenen Regelungen, die die Rechte des Endkunden stärken, sind verständlicherweise bei den Autohändlern nicht so gut angekommen und diese suchen nach Möglichkeiten, wie sie die Gewährleistung (Sachmangelhaftung) einschränken oder gar ausschließen können. In den letzten Jahren hat darum der Handel mit Bastler- und Schrottfahrzeugen massiv zugenommen. In solchen Verträgen werden dann sämtliche Gewährleistungsansprüche (Sachmangelhaftung) ausgeschlossen, obwohl die Fahrzeuge teilweise mit frischer Plakette der Hauptsuchung versehen sind. Solche und ähnliche Vorgänge können die Gerichte allerdings recht gut einschätzen und entscheiden meistens zu Gunsten des Verbrauchers. Ebenso verhält es sich mit den Verkäufen, die »im Auftrag« stattfinden. Ein Händler, der in seinem Namen die aktuelle Hauptuntersuchung und weitere Instandsetzungsarbeiten durchgeführt hat, wird es vor Gericht schwer haben, zu beweisen, dass er den Fahrzeugverkauf nur vermittelt hat. Er wird damit auch nicht die gesetzlichen Regelungen beschneiden können. Je klarer die Vereinbarung und je genauer die Fahrzeugbeschreibung, desto geringer ist das Haftungsrisiko. Wir raten Ihnen, einen Musterkaufvertrag für Gebrauchtwagen sowie einen Gebrauchtwagen-Zustandsprüfbericht zu verwenden. Damit lassen sich kostspielige Prozesse und unangenehme Streitigkeiten vermeiden.

Zusammenfassung:
Eine freiwillige Garantie besteht also zusätzlich zur gesetzlichen Gewährleistung (Sachmangelhaftung) und ist im Umfang der Leistungen, im Vergleich zur Gewährleistung (Sachmangelhaftung), meistens eingeschränkt.
Allerdings greift sie oft auch noch für Mängel, die erst nach dem Kauf auftreten, was so nicht auf die gesetzliche Gewährleistung (Sachmangelhaftung) zutrifft.

Zum Reizthema Farbabweichung

Farbabweichung kann ein Sachmangel sein. Das Oberlandesgericht Köln hat zu diesem Thema eine wichtige Entscheidung getroffen: Danach gehört die Farbe eines Neufahrzeugs zu den Beschaffenheitsmerkmalen und stellt ein äußerliches Merkmal des Fahrzeugs dar, welches für den Käufer im Rahmen der Kaufentscheidung maßgeblich ist. Ergeben sich Abweichungen im Farbton des bestellten zu dem tatsächlich gelieferten Fahrzeug, so kann der Käufer hierauf grundsätzlich Gewährleistungsansprüche geltend machen. Durch das OLG Köln bestätigtes Urteil des LG Aachen vom 26.04.2005 (Az. 12 O 493/04).

Das Recht der Nachbesserung

Seit dem 01.01.2002 gibt die neue Rechtslage sowohl dem Käufer als auch dem Verkäufer einen Anspruch auf Beseitigung eines Mangels. Anstatt von Nachbesserung spricht jetzt das Gesetz von Nacherfüllung. Grundsätzlich hat der Händler das Recht, bis zu dreimal nachzuerfüllen. Hierbei hat der Verkäufer die zum Zwecke der Nacherfüllung erforderlichen Aufwendungen zu tragen, das sind Transport-, Wege-, Arbeits- und Materialkosten. Zu beachten ist in diesem Zusammenhang, dass der Verkäufer sein Recht, einen Mangel nachzubessern, behält, auch wenn Reparaturen bereits in einer fremden Werkstatt erfolglos waren. Der Verkäufer muss sich diese Nachbesserungsversuche nicht zurechnen lassen, er kann auf eine Nacherfüllung im eigenen Firmensitz bestehen. OLG Köln vom 14.02. 2006 (Az. 20U 188/05)

Wandlung und Preisnachlass

Hat sich ein erheblicher Mangel nach drei Nacherfüllungsversuchen immer noch nicht beseitigen lassen oder fehlen zugesicherte Eigenschaften, haben Sie das Recht auf Wandlung oder Preisnachlass. Dies ist dann auch der Zeitpunkt, an dem Sie einen Anwalt zu Rate ziehen sollten. Sie werden sich auf jeden Fall eine Nutzungspauschale, die abhängig ist von der genutzten Laufleistung des Fahrzeugs, anrechnen lassen müssen. Eine Wandlung ist grundsätzlich nur dann möglich, wenn das Fahrzeug noch im Originalzustand ist.

Der Kulanzantrag

Nach Ablauf der Gewähleistungszeit und gegebenenfalls der Garantiezeit bleibt Ihnen immer noch die Möglichkeit der Kulanzregelung beim Händler. Die Kulanz bezeichnet im allgemeinen ein Entgegenkommen zwischen den Vertragspartnern nach Vertragsabschluss. Sie regelt den Ablauf der freiwilligen Reparatur- und Serviceleistungen nach Ablauf der gesetzlichen oder individualvertraglichen Gewährleistungsverpflichtungen.

Hinweis: Dieses Kapitel soll nur erste Hinweise geben und erhebt daher keinen Anspruch auf Vollständigkeit. Obwohl es mit größtmöglicher Sorgfalt erstellt wurde, kann eine Haftung für die inhaltliche Richtigkeit nicht übernommen werden.

In der Werkstatt

Was braucht die Werkstatt?

Aufgrund der vielen Ausstattungsvarianten und verfügbaren Extras moderner Fahrzeuge ist ein genaue Bestimmung des Fahrzeugtyps nicht immer nur anhand der Fahrgestellnummer möglich. Wenn Sie also eine Werkstatt aufsuchen, die Ihren Traktor noch nicht kennt, sollten Sie alle Unterlagen mitnehmen. Berücksichtigen Sie auch vorhandenes Zubehör.

Diese Angaben braucht die Werkstatt:

- Schlüsselnummer (Hersteller)
- Schlüsselnummer (Typ)
- Zulassungsdatum
- Motorisierung
- Fahrgestellnummer

Das müssen Sie dabei haben:

- Fahrzeugschein

Eine klare Auftragserteilung

Um nicht mit einer Reparaturrechnung konfrontiert zu werden, die weit über dem Erwartetem liegt, sollten Sie der Werkstatt Ihres Vertrauens ein Kostenlimit angeben und darauf bestehen Sie zu kontaktieren, falls es zu unerwarteten Mehrarbeiten kommt. Erteilen Sie Ihren Arbeitsauftrag immer schriftlich, denn mündliche Absprachen sind nur schwer einklagbar und beweisbar. Die Kopie des schriftlichen Arbeitsauftrags in ihrer Tasche gibt Ihnen die Rechtssicherheit. Dank moderner EDV-Anlagen ist es oft kein Problem, auf die Schnelle einen schriftlichen Kostenvoranschlag zu erhalten. Dieser ist ebenfalls verbindlich und in der Regel noch detaillierter als der Arbeitsauftrag. Beachten Sie bitte: Der tatsächliche Rechnungsbetrag darf bis zu 10% über den geschätzten Kosten liegen, ohne dass es einer erneuten Zustimmung ihrerseits bedarf.

Oberste Voraussetzung für ein gutes Arbeitsergebnis in der Werkstatt und einen geringen Geldschwund in ihrem Geldbeutel ist eine exakte Fehlerbeschreibung mit Angabe des gewünschten Ergebnisses.

Die Fehlerbeschreibung

Nehmen wir einmal an, Ihr Traktor klappert hin und wieder und Sie möchten dieses in einer Werkstatt beseitigen lassen. Bei unserem jetzigen Beispiel spielt es keine Rolle, ob Sie selbst bezahlen oder an andere Ansprüche stellen. Denn im Vordergrund steht erst ein-

Zulassungsbescheinigung Teil I
(Fahrzeugschein)
Nr. LB-K-0-031/07-00143
Europäische Gemeinschaft (D) Bundesrepublik Deutschland
A Amtliches Kennzeichen: LB-
C.1.1 Name oder Firmenname
C.1.2 Vorname(n)
C.1.3 Anschrift
Nächste HU (Monat und Jahr): 04.2008
LUDWIGSBURG
I Datum: 31.01.2007
C.4c Der Inhaber der Zulassungsbescheinigung wird nicht als Eigentümer des Fahrzeugs ausgewiesen.

Feld	Wert	Feld	Wert	Feld	Wert
B	24.05.1965	2.1	0091	2.2	24200000-
J	87	4	0000		
E	75335443	3	3		
D.1	–				
D.2	D 25.2				
	–				
	–				
D.3	–				
2	KLOECKNER-H-DEUTZ				
5	ZUGMASCHINE				
	–				
V.9	–				
14	–				
P.3	DIESEL				
10	0002	14.1	–	P.1	01700
22					

Feld	Wert	Feld	Wert	Feld	Wert	Feld	Wert
L	02	9	01	P.2/P.4	0015/02100	T	020
18	---	19	---				
20	---	G	01340--				
12	–	13	–	Q	–		
V.7	–	F.1	001900	F.2	001900		
7.1	00700	7.2	01200	7.3	–		
8.1	00700	8.2	01200	8.3	–		
U.1	84	U.2	–	U.3	85		
O.1	–	O.2	–	S.1	002	S.2	–
15.1	5.00-16 AS						
15.2	9-32 AS						
15.3	–						
R		11					
K	–						
6	–	17	E	16	UP255248		
21	GRÜNES KENNZEICHEN						

Der Fahrzeugschein: Hier findet der Werkstattmeister die wichtigsten Daten und auch die Fahrgestellnummer.

mal ein nicht funktionierender Traktor, der repariert werden soll, und dem Schaden ist es schließlich egal, wer die Rechnung bezahlt.
Damit also der Werkstattmeister nicht viele Stunden aufwenden muss, um ein Klappern zu lokalisieren, das eventuell gar nicht das dasselbe ist, das Sie meinen, sollten Sie möglichst präzise Angaben machen. Der vorhandene Fehler muss reproduzierbar sein. Das heißt, Sie sollten genau beschreiben, wann der Fehler meistens auftritt.
Eine gute Hilfestellung bieten hier die **W-Fragen**:

Wann tritt das Problem immer auf? »Beim Befahren von Unebenheiten, wie zum Beispiel über die Brücke XY in eine bestimmte Richtung. Bei Temperaturen unter null Grad ist das Klappern am deutlichsten zu hören, die Motortemperatur spielt dabei keine Rolle.«

Wie kann man das Geräusch verstärken oder abschwächen? »Die Geschwindigkeit, mit der man über die Brücke fährt, ist egal, aber man darf kein Gas geben, damit man das Klappern hören kann.«

Wo kommt das Geräusch her? »Es scheint von vorn rechts zu kommen, wenn ich meine Hand auf die Motorhaube lege, kann ich es sogar fühlen.«

Wieso sind Sie nicht schon früher damit gekommen? »-Weil das Klappern erst seit ein paar Wochen vorhanden ist.«

Wer hat zuletzt am Fahrzeug geschraubt? »Sie haben hier den letzten Ölwechsel gemacht, ich habe lediglich die Felgen lackiert.«

Was haben Sie schon dagegen unternommen? »Ich habe schon alle Schrauben in dem Bereich nachgezogen, aber es hat sich nichts geändert.«

Bei einer präzisen Fehlerbeschreibung können Sie sicher sein, dass der Mechaniker den Fehler schneller eingrenzen kann und auch das Reparaturergebnis für alle Beteiligten einfach und schnell überprüfbar ist. Diese W-Fragen sind mit leichten Abwandlungen auf nahezu alle Mängel anwendbar. Möglicherweise finden Sie das Problem auch selbst, wenn Sie sich die richtigen Fragen stellen. Denn niemand kennt ihren Traktor besser als Sie selbst.
Oft sind es Kleinigkeiten, die Sie beiläufig erwähnen, dem Mechaniker aber die richtige Richtung weisen.

Der Ton macht die Musik

Oft treten Streitigkeiten auf, wenn es um Leistungen der Gewährleistung oder Garantie einer Reparatur geht. Auch wenn Sie sich im Recht fühlen und vielleicht auch Recht haben, beachten Sie bitte, das Sie oft nur mit einem Angestellten sprechen, und dessen Motivation entscheidet in der Regel über die Art und Dauer Ihrer Auftragsabwicklung.
Damit Ihr Anliegen zur vollsten Zufriedenheit bearbeitet wird, sollten Sie die üblichen zwischenmenschlichen Verhaltensregeln einhalten, auch wenn Sie schon eine halbe Stunde in der Warteschlange stehen.
Nicht jeder Zeitpunkt ist gleich gut für einen Werkstattbesuch – der Freitag vor einem langen Wochenende oder Ferienbeginn ist kein so guter Tag. Wir empfehlen Ihnen, sich vorher anzumelden und dem entsprechenden Mitarbeiter eine kurze Schilderung ihres Anliegens zu geben. Oft kann dieser schon im Vorfeld wichtige Informationen bereitstellen oder auf etwas hinweisen, das Sie nicht vergessen sollten mitzubringen.

Wenn es doch zu Differenzen kommt

Versuchen Sie, den Vorgang noch einmal mit dem Verantwortlichen sachlich durchzugehen, eventuell auch unter Beteiligung des Mechanikers oder Meisters. Dieses Gespräch sollte in einem seperaten Raum stattfinden und nicht vor weiteren Kunden. Für das Unternehmen kann es sehr schädlich sein, wenn laute Streitereien vor der Kundschaft ausgetragen werden, entsprechend wird die Reaktion ausfallen.
Nehmen Sie ruhig sachkundige Verstärkung mit, ihr Gegenüber wird auch nicht alleine sein. Ein Zeuge kann später sehr wichtig sein. Sollte das Gespräch nicht das gewünschte Ergebnis bringen, haben Sie noch die Möglichkeit, ein Schlichtungsverfahren einzuleiten.
Ein solches Verfahren, welches unter der Regie der jeweils zuständigen Handwerkskammer durchgeführt wird, stellt ein Angebot sowohl an das Mitgliedsunternehmen der Handwerkskammer als auch an dessen Auftraggeber dar, sich außergerichtlich zu einigen.
Ziel eines Schlichtungsverfahrens ist, die Streitigkeiten zwischen dem Handwerker und dem Auftraggeber schnell und unbürokratisch, möglichst durch eine gütliche Einigung, beizulegen.
Sollte dies alles nicht funktionieren, können Sie immer noch den teilweise langwierigen und möglicherweise auch kostspieligen juristischen Weg einschlagen. Soweit sollten Sie es aber nicht kommen lassen.

Für selbstfahrende Arbeitsgeräte und Geräteträger mit Betriebserlaubnis gibt es eine Sonderregelung: Zulassungsfrei aber Führerscheinpflichtig.

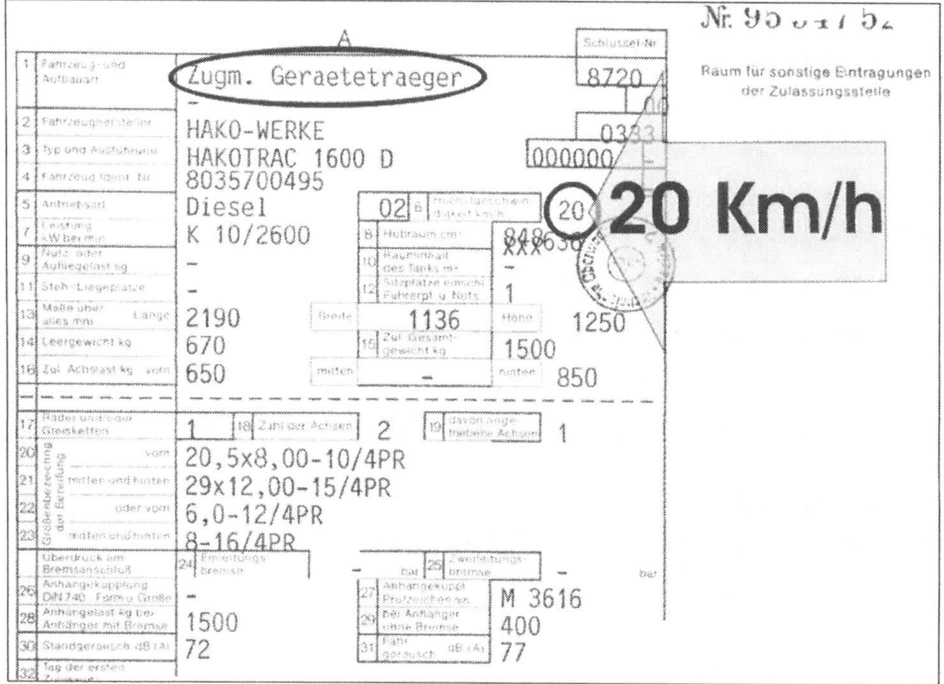

Nr. 95 ... 52

Raum für sonstige Eintragungen der Zulassungsstelle

Nr.	Feld	Eintrag	Nr.	Feld	Eintrag
		A		Schlüssel-Nr.	
1	Fahrzeug- und Aufbauart	Zugm. Geraetetraeger			8720
		-			00
2	Fahrzeughersteller	HAKO-WERKE			0333
3	Typ und Ausführung	HAKOTRAC 1600 D			000000
4	Fahrzeug-Ident.-Nr.	8035700495			
5	Antriebsart	Diesel	6	Höchstgeschwindigkeit km/h	02 20
7	Leistung kW bei min	K 10/2600	8	Hubraum cm³	848
9	Nutz- oder Aufliegelast kg	-	10	Rauminhalt des Tanks m³	-
11	Steh-/Liegeplätze	-	12	Sitzplätze einschl. Führerpl. u. Nots.	1
13	Maße über alles mm Länge	2190		Breite 1136	Höhe 1250
14	Leergewicht kg	670	15	Zul. Gesamtgewicht kg	1500
16	Zul. Achslast kg vorn	650		mitten -	hinten 850
17	Räder und/oder Gleisketten	1	18	Zahl der Achsen	2
			19	davon angetriebene Achsen	1
20	Größenbezeichnung der Bereifung vorn	20,5x8,00-10/4PR			
21	mitten und hinten	29x12,00-15/4PR			
22	oder vorn	6,0-12/4PR			
23	mitten und hinten	8-16/4PR			
	Überdruck am Bremsanschluß		24	Einleitungsbremse	- bar
			25	Zweileitungsbremse	- bar
26	Anhängekupplung DIN 740 Form u. Größe	-	27	Anhängekuppl. Prüfzeichen	M 3616
28	Anhängelast kg bei Anhänger mit Bremse	1500	29	bei Anhänger ohne Bremse	400
30	Standgeräusch dB (A)	72	31	Fahrgeräusch dB (A)	77
32	Tag der ersten Zulassung				

20 Km/h

Diese Einträge sind mindestens erforderlich um den Traktor zulassungsfrei als Privatperson betreiben zu können.

Investition in die Zukunft

Ohne das richtige Werkzeug geht nichts. Wenn Sie vorhaben, sich intensiv um Ihren Trecker zu kümmern, müssen Sie sich zunächst Gedanken um das nötige Handwerkszeug machen. Was Sie dazu unbedingt brauchen und wie Sie alles in der heimischen Garage unterbringen können, wollen wir Ihnen in diesem Kapitel zeigen.

Egal, ob Sie nun häufig oder eher selten, aus purer Lust am Basteln oder um Geld zu sparen am Traktor schrauben: Sie müssen dafür zuerst die richtigen Voraussetzungen schaffen. Leider ist das mit Kosten verbunden. Doch wenn Sie bedenken, was eine Arbeitsstunde in der Werkstatt kostet und dass hochwertiges Werkzeug fast ein Leben lang hält, rechnet sich die Investition früher oder später.

Was muss ich als Erstes anschaffen?

Beginnen Sie mit einem Ordnungssystem, bestehend aus einer stabilen Werkbank mit Unterschränken und einem abschließbaren Schrankaufsatz. Ohne ein Ordnungssystem und eine stabile Werkbank sollten Sie nicht beginnen, denn Ordnung und Sauberkeit sind beim Schrauben oberstes Gebot. Das Schöne daran: Das Ganze passt problemlos in eine normale Einzelgarage und bietet Ihnen auf Jahre die nötige Sicherheit. Bei einer Markenfirma wie Gedore kostet eine solche Kombination rund 4200 Euro ohne Inhalt. Dieser lässt sich mit der Zeit ergänzen. Lassen Sie sich doch zum Geburtstag oder zu Weihnachten hochwertiges Werkzeug schenken, die Schränke werden sich schneller füllen als Sie denken.

Woran erkenne ich gutes Werkzeug?

Gutes Werkzeug kann in der Regel nicht billig sein. Ein Ring-/Maulschlüssel kostet je nach Größe zwischen fünf und 15 Euro, so dass ein Satz mit den zehn gebräuchlichsten Größen schon auf rund 80 Euro kommt. Noch größer sind die Qualitäts- und Preisunterschiede bei den Steckschlüsselsätzen – oft auch Umschaltknarren mit Nüssen genannt.
Ein solider Kasten mit 19 Teilen und Verlängerungen kostet an die 200 Euro, hält dafür aber auch höchste Belastungen aus. Auch das Gewicht ist ein gutes Indiz: Je schwerer das Werkzeug ist, um so stabiler ist der Stahl. Nehmen Sie zum Vergleich ein paar Schlüssel in die Hand – achten Sie dabei auf Maßhaltigkeit und die Oberfläche.

Was tun, wenn ich keine Garage habe?

Der ideale Ort zum Schrauben ist natürlich eine in sich abgeschlossene Garage – je größer umso besser. Aber auch wenn Sie lediglich über einen Stellplatz verfügen oder gar im Freien arbeiten müssen, gibt es eine Lösung: Ein Werkstattwagen (rechts im Bild) lässt sich nach getaner Arbeit leicht wegräumen, zum Beispiel in den Keller. Nur allzu schwer beladen sollte er dann nicht sein. Achten Sie beim Kauf auf die Lagerung der Schubladen. Ein Werkstattwagen in Profi-Qualität kann ohne Inhalt um die 1000 Euro kosten.

GEFAHRENHINWEIS: Schrauben ist gefährlich

Ob nun reines Hobby oder beruflich: Das Schrauben birgt gewisse Risiken. Vom kleinen Kratzer bis hin zum tödlichen Unfall ist schon alles vorgekommen. Beachten Sie daher stets folgende Grundregeln:

- Benutzen Sie nur hochwertiges Werkzeug!
- Schrauben Sie möglichst immer von sich weg!
- Sichern Sie angehobene Lasten lieber doppelt!
- Sorgen Sie für ausreichende Belüftung!
- Tragen Sie, wann immer möglich, Schutzkleidung!
- Schützen Sie ganz besonders Ihre Augen!
- Wenden Sie niemals Gewalt an, beim Schrauben gibt es für jedes Problem eine Lösung
- Sorgen Sie dafür, dass immer jemand in der Nähe ist, der Ihnen in Notfällen helfen kann!

Dass Essen, Trinken und offenes Licht sowie Zigaretten am Arbeitsplatz nichts verloren haben, setzen wir als selbstverständlich voraus. Lagern Sie aber auch keine Flüssigkeiten in Trinkflaschen. Selbst an destilliertem Wasser kann ein Mensch sterben! Und zu guter Letzt: Legen Sie vorsichtshalber einen Verbandskasten und einen Feuerlöscher bereit.

Was kostet mich das alles?

Zunächst einmal viel Geld, und bitte sparen Sie dabei nicht zu sehr. Ansonsten kostet es nämlich auch noch Ihre Gesundheit. Natürlich müssen Sie nicht auf Anhieb 8000 Euro ausgeben, so viel kostet nämlich die Ausrüstung in unserer vollausgestatteten Garage im Bild links. Allerdings handelt es sich hier auch um einen kompletten Werkzeugsatz eines Markenherstellers in Profi-Qualität. Damit werden normalerweise Werkstätten ausgerüstet. Wir haben die Ausstattung zudem um einige pfiffige und günstige Hilfsmittel, zum Beispiel aus dem Programm von Conrad Elektronik ergänzt, auf die wir später noch genauer eingehen.

Lohnt sich das denn?

Wir meinen: Ja! Wie viel Geld Sie letztendlich ausgeben wollen, bleibt Ihnen überlassen. Beachten Sie dabei aber immer den Grundsatz: Weniger (dafür aber von hoher Qualität) ist mehr als viel (und viel kaputt). Rechnen Sie einfach über die nächsten 15 Jahre…

Die Grundausstattung

Gutes Werkzeug kann billig sein, ist es in der Regel aber nicht. Ein Satz Ring-/Maulschlüssel kostet schon rund 80 Euro. Noch größer sind die Qualitäts- und Preisunterschiede bei den Steckschlüsselsätzen – oft auch Knarrenkästen genannt. Das wichtigste Teil ist hierbei die Knarre selbst. Die Sperrklinken sollten austauschbar sein, gute Hersteller bieten dafür Ersatzteile und einen Service an. Besonders wichtig ist das bei einem Drehmomentschlüssel, der regelmäßig kalibriert werden sollte. Drehmomentschlüssel nach der Arbeit immer entspannen!
Sehr wichtig ist auch die Qualität von Schraubendrehern und Zangen. Damit werden hohe Kräfte übertragen, die das Werkzeug aushalten muss.

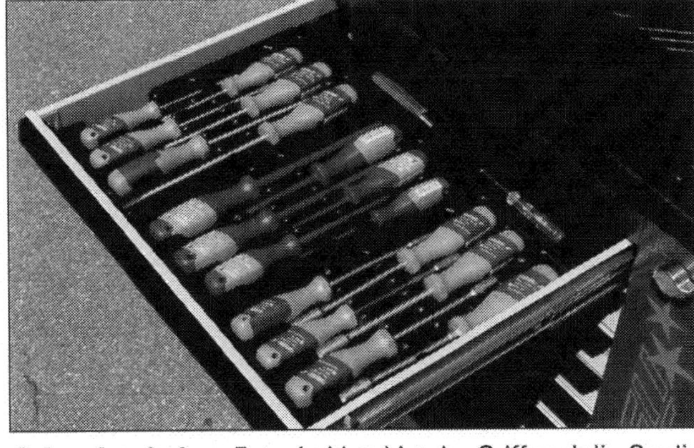

Schraubendreher: Entscheidend ist der Griff und die Qualität der Spitze. Je drei Größen von Schlitz- und Kreuzschlitz sollten für den Anfang genügen.

Der Werkzeugwagen: Was sich in diesem Rollcontainer alles verbirgt, sehen Sie auf den Bildern rechts. Diese Luxusversion ist abschließbar und hat laufruhige Gummiräder.

Ring-Maulschlüssel: Ein kompletter Satz dieser Kombinationsschlüssel von acht bis 22 Millimeter reicht in den meisten Fällen. Zusätzlich gibt es Spezialschlüssel.

Steckschlüssel: Auch Nüsse und Knarre genannt. Ein guter Kompromiss ist ein Satz mit dem Verbindungsmaß 3/8 Zoll. Niemals an der Umschaltknarre sparen!

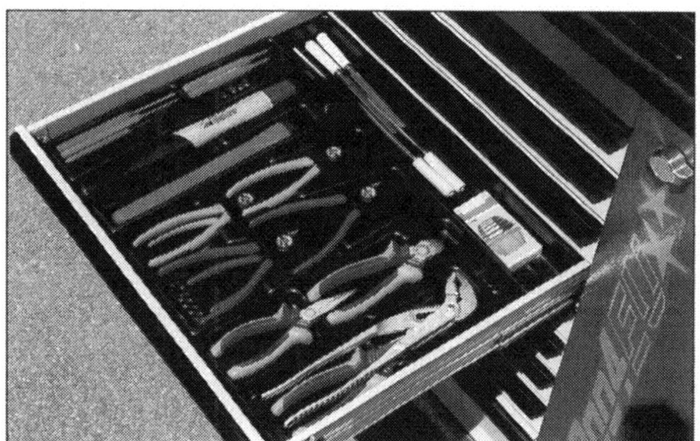

Zangen: Wichtig sind eine verstellbare Wasserpumpenzange, eine Flach- oder Spitzzange sowie eine Kombizange mit integriertem Seitenschneider.

T-Griffe: Werden meist im Karosseriebereich eingesetzt. Das übertragbare Drehmoment ist nicht sehr hoch, dafür sind auch tief sitzende Schrauben gut zu ereichen.

Torx-Abteilung: Immer mehr Schraubverbindungen haben Torx- oder Vielzahnköpfe. In diesem Fach ist alles versammelt, was beim Arbeiten an Torx Schrauben dienlich ist.

Spezialaufgaben: Selten benötigte Werkzeuge wie Bremsleitungsschlüssel, Messschieber oder auch die verschiedenen Spezialbits sollten ein extra Fach bekommen.

Gekröpfte Schlüssel: Manche Schrauben lassen sich überhaupt nur mit einem gekröpftem Schlüssel erreichen. Es gibt verschiedene Ausführungen, auch für Spezialfälle.

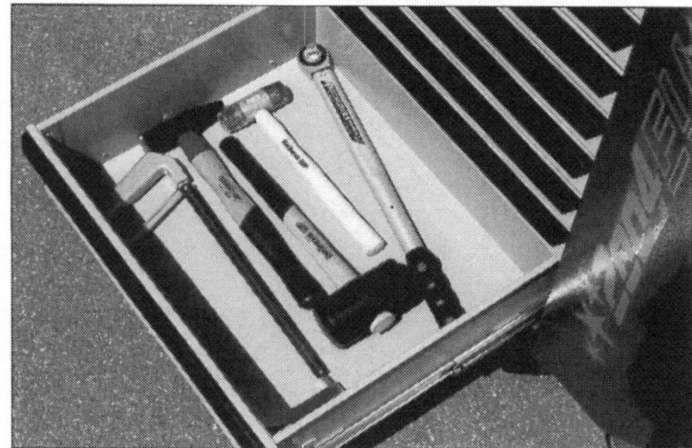

Hammer, Säge, Drehmoment: Die schweren Werzeuge sollten immer im untersten Schubfach ihren Platz finden. Meistens ist dieses Fach auch größer als die anderen.

Für die Einzigen: Ein ordentlicher Schutz für die Augen ist unabdingbar. Die Schutzbrille sollte immer »am Mann« sein, denn Sie haben nur zwei Augen.

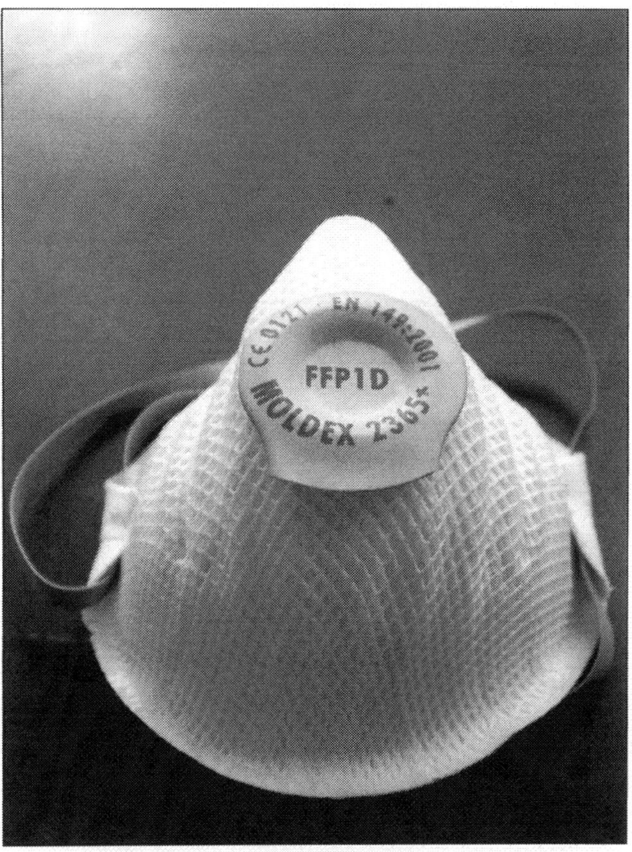

Zum Schutz der Atemwege: Diese Einmalmasken sollten bei Arbeiten, die Stauben, zum Schutz der Atemwege getragen werden.

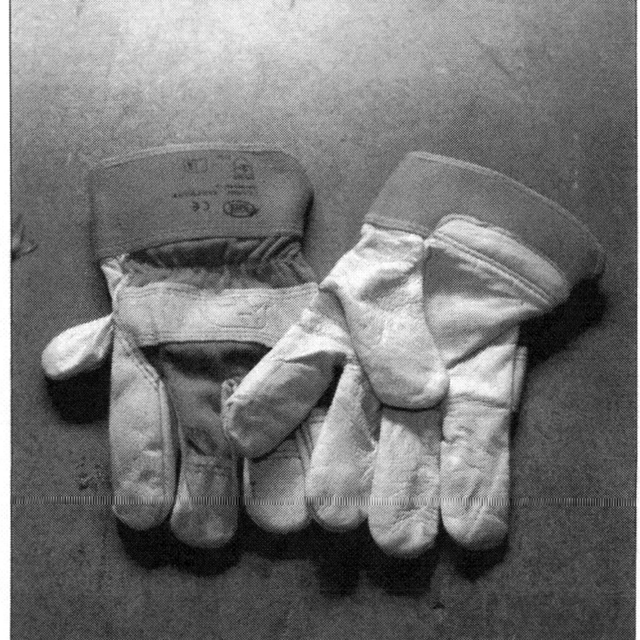

Die Händebeschützer: Ordentliche Schutzhandschuhe verhindern Verletzungen beim Arbeiten.

Zum Tanzen ungeeignet: Festes Schuhwerk mit ölechten Sohlen verhindert Verletzungen an den Füßen.

Nützliches Zubehör

Wenn Sie genügend Platz haben, können Sie das gesamte Werkzeug auch in einer Werkbank-/Werkzeugschrank-Kombination unterbringen. Lassen Sie aber noch etwas Platz übrig, denn neben gutem Werkzeug beherbergt die Schraubergarage auch immer einige nützliche Helfer.

Sicherer Stand: Stabile Unterlegkeile sind Lebensretter. Bei allen Arbeiten sollten die Räder gegen Wegrollen gesichert werden – Balken oder Steine können zur Not im Gelände als Sicherung dienen.

Des Schraubers Traum: Mit einem cleveren Werkstatt-System können Sie sich auch auf begrenztem Raum ein wahres Schrauberparadies schaffen. Tatsächlich steht die-

Beste Bedingungen: Ein aufgeschnittenes Ölfass aus Blech dient als Abfalltonne – hier können Sie Öl getränkte Lappen und anderen Sondermüll sammeln.

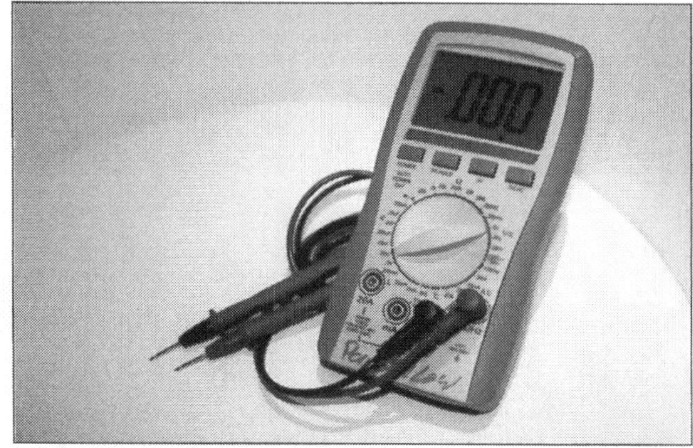

Ohne Multimeter geht es heute leider nicht mehr, auch nicht bei einem Trecker: Ein einfaches Multimeter mit möglichst großem Display und brauchbaren Messspitzen kostet ab 40 Euro aufwärts.

se Einzelgarage, was die Ausrüstung angeht, einer Profi-Werkstatt kaum nach. Alles was jetzt noch fehlt, ist eine Hebebühne, doch diese braucht leider vier Meter Raumhöhe.

Werkstattapotheke: Auch ein kleines Sortiment von chemischen Produkten gehört zur Werkstatt. Unverzichtbar sind Teilereiniger und Sprühfett, aber auch die Kupferpaste werden wir noch brauchen.

Unverzichtbar: Ohne ein Schutzgasschweißgerät (hier die neuesten Geräte der Firma Lorch) ist eine Restaurierung kaum durchführbar. Ganz wichtig ist die richtige Auswahl der Schutzgläser für die Augen.

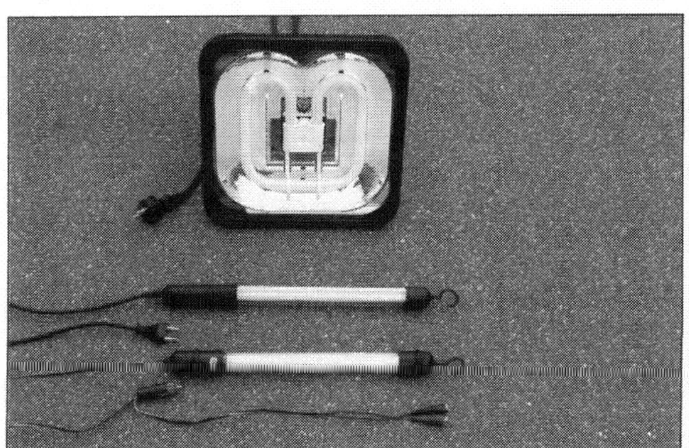

Es werde Licht: Wenn Sie nicht sehen, woran Sie schrauben, ist das Scheitern vorprogrammiert. Es gibt wirklich genug Möglichkeiten, für ordentliches Licht zu sorgen.

Ölige Helfer: Für den Ölwechsel empfehlen wir eine solche Wanne und ein Trichterset. Wer absaugen will, braucht eine Pumpe, die für Öl geeignet ist.

Informationen über den Betrieb von Traktoren

Welche Fahrerlaubnis ist notwendig?

Um mit einem Traktor am Straßenverkehr teilzunehmen, bedarf es nach dem Gesetzestext einer Fahrerlaubnis, also eines EU-Führerscheines der Klasse »L« – ab 16 Jahren kann dieser in einer Fahrschule erlangt werden. Führerscheine der höheren Klasse schließen diesen ein. Das Kraftfahrtbundesamt definiert die Anforderung wie folgt: *Zugmaschinen, die nach ihrer Bauart für die Verwendung für land- oder forstwirtschaftliche Zwecke bestimmt sind und für solche Zwecke eingesetzt werden, mit einer durch die Bauart bestimmten Höchstgeschwindigkeit von nicht mehr als 32 km/h und Kombinationen aus diesen Fahrzeugen und Anhängern, wenn sie mit einer Geschwindigkeit von nicht mehr als 25 km/h geführt werden und, sofern die durch die Bauart bestimmte Höchstgeschwindigkeit des ziehenden Fahrzeugs mehr als 25 km/h beträgt, sie für eine Höchstgeschwindigkeit von nicht mehr als 25 km/h in der durch § 58 der Straßenverkehrs-Zulassungs-Ordnung vorgeschriebenen Weise gekennzeichnet sind, sowie selbstfahrende Arbeitsmaschinen und Flurförderzeuge mit einer durch die Bauart bestimmten Höchstgeschwindigkeit von nicht mehr als 25 km/h und Kombinationen aus diesen Fahrzeugen und Anhängern.*

Was man im Verkehr beachten muss

Wer mit seinem Traktor aus einem Feld- oder Waldweg auf die Straße einbiegen will, muss grundsätzlich die Vorfahrt gewähren. Bei Sichtbehinderungen muss ein Helfer einweisen. Fahren Sie am besten nur dort auf eine Straße ein, wo Sie auf größere Entfernung eine gute Übersicht haben. Achten Sie deshalb auch darauf, dass Ihre Scheiben immer sauber sind.

Beim Überqueren einer Straße, besonders wenn Sie einen Anhänger mitführen, dürfen Sie sich nicht überschätzen. Ein 16 m langes Gespann benötigt beispielsweise etwa 15 Sekunden, um eine 12 Meter breite Straße zu überqueren. Am besten macht man das, wenn kein Verkehr fließt.

Schmuckstück: Auch bei Festumzügen braucht ein Oldtimer immer eine Zulassung.

Abbiegen mit Anbaugeräten

Achten Sie beim Linksabbiegen unbedingt auf den Verkehr rechts neben sich. Beim Rechtsabbiegen sollten Sie vor allem auf den Gegenverkehr und auf Fahrzeuge achten, die überholen möchten. Ganz wichtig ist eine deutliche Kennzeichnung an den Außenmaßen der angehängten Maschine mit Reflektoren bzw. einer »fliegenden« Beleuchtung.

Grundsätzliches zur Teilnahme am Straßenverkehr

Vermeiden Sie Fahrbahnverschmutzungen. Säubern Sie vor der Einfahrt auf eine Straße Arbeitsgeräte und Reifen so gut wie möglich. Wenn die Fahrbahn doch verschmutzt wird, muss sie unverzüglich gereinigt werden. Verschmutzte Fahrbahnen sind ein großes Risiko für andere Verkehrsteilnehmer – und mit den Ordnungshütern ist hierbei nicht zu spaßen.
Wenn ein Seitenstreifen vorhanden ist, sollten Sie diesen nutzen, damit der nachfließende Verkehr gefahrlos überholen kann. Fahren Sie umsichtig und orientieren Sie sich häufiger nach hinten.
Bringen Sie vor der Abfahrt alle Arbeitsgeräte auf Transportstellung und verkleiden Sie gefährliche Teile.
Ausfahrten mit mehren Traktoren sind das Salz in der Suppe eines jeden Traktorfans. Außerhalb geschlossener Ortschaften müssen Traktorgespanne, die in der Kolonne fahren, so großen Abstand halten, dass überholende Fahrzeuge zwischen ihnen wieder einscheren können.
Wenn Sie alleine fahren und stellen fest, dass sich hinter Ihnen eine Schlange gebildet hat, so sollten Sie das Überholen an geeigneter Stelle möglich machen. Verringern Sie Ihre Geschwindigkeit oder halten Sie an einem Parkplatz oder auf dem Standstreifen an.
An Bahnübergängen muss ein Traktorgespann unmittelbar nach der einstreifigen Bake anhalten, um nachfolgendem Verkehr das Überholen zu ermöglichen. Bei Überholverbot darf bis zum Andreaskreuz vorgefahren werden.

Zusammenstellung von Zügen

An eine Zugmaschine dürfen zwei Anhänger angekoppelt werden, wenn sie für eine Betriebsgeschwindigkeit von 25 km/h gekennzeichnet sind. Die maximale Länge eines Zuges darf 18 Meter nicht überschreiten.
Anhänger dürfen nur mit geprüften Anhängerkupplungen genutzt werden, d.h. ein Typenschild und die Eintragung im Fahrzeugbrief muss vorhanden sein.

Für aller Sicherheit: Diese Baken sind für andere Verkehrsteilnehmer deutlich sichtbar.

Sicherheit muss oberste Priorität haben: Der Anhängezapfen muss mit einer Sicherung (oben) ausgestattet sein.

Nicht legal: Schraubbare Kugelkopfanhängkupplung für Pkw-Kupplungen an der Ackerschiene.

Unbedingt beachten: Beide Bremspedale müssen bei der Straßenfahrt gekoppelt sein.

Nützliches Zubehör: »Faulenzer« dürfen angebaut werden, müssen aber im Fahrzeugschein eingetragen sein.

Gleichgewichtsstörung: Frontgewichte gleichen schwere Anhängelasten aus – mit Beton ausgegossene Bierfässer.

Das Zugmaul darf in Längsrichtung kein Spiel haben, der Kupplungsbolzen muss mit einer Sicherung versehen sein. Sehr wichtig ist die regelmäßige Kontrolle der Vorrichtung auf Durchrostung und Rissbildungen. Bolzen müssen grundsätzlich mit Sicherungssplinten gesichert sein.

Jede Zugmaschine bekommt ihr eigenes amtliches Kennzeichen. Traktoren bis 32 km/h Geschwindigkeit müssen alle zwei Jahre zu einer Hauptuntersuchung (TÜV/DEKRA).

Anhänger im landwirtschaftlichen Betrieb bis 25 km/h und selbstfahrende Arbeitsmaschinen bis 20 km/h sind im Einsatz zu land- und forstwirtschaftlichen Zwecken zulassungsfrei. Diese Anhänger erhalten kein eigenes Kennzeichen – ein Wiederholungskennzeichen vom Zugfahrzeug ist ausreichend. Ein 25km/h-Schild ist vorgeschrieben.

Kennzeichnungspflichten

Bei Dämmerung oder Dunkelheit müssen außerhalb geschlossener Ortschaften haltende Kraftfahrzeuge mit eigener Lichtquelle kenntlich gemacht werden.

Innerhalb geschlossener Ortschaften müssen Fahrzeuge über 3,5 t mit einer eigenen Lichtquelle oder Parkwarntafeln kenntlich gemacht werden, wenn sie auf der Fahrbahn parken.

Warntafeln sind außerdem nötig für:

- Anhänger und Anbaugeräte mit mehr als 40 cm Seitenüberstand.
- Arbeitsgeräte mit verkehrsgefährdenden Teilen (Pflug).
- Fahrzeuge mit einer Breite über 2,75 m (z. B. bei Zwillingsbereifung).

Eine weitere Beleuchtung wird nötig, wenn die Hauptbeleuchtung des Traktors durch Anbaugeräte verdeckt wird.

Warntafeln werden so angebracht, dass die Streifen nach außen und nach unten verlaufen.

Bremsen

Traktoren haben in der Regel zwei unabhängig voneinander wirkende Fußbremsen. Diese dienen dazu, auf dem Acker einen kleineren Wendekreis zu ermöglichen (ähnlich wie bei Kettenfahrzeugen). Beim Betrieb auf öffentlichen Straßen müssen die Fußbremshebel starr miteinander verbunden sein, damit beide Räder gleichzeitig bremsen.

Zubehör

Ein Lenkradknopf muss in der Betriebserlaubnis eingetragen sein. Bei rein mechanischer Lenkung sind diese verboten. (Erfahrungsgemäß sieht der Prüfer bei der Hauptuntersuchung darüber hinweg.)
Ein anschraubbare Kugelkopfanhängkupplung für Pkw-Kupplungen an der Ackerschiene ist grundsätzlich verboten – also vor der Hauptuntersuchung abbauen!

Bereifung

Die Räder müssen durch die Kotflügel zu mindestens 2/3 verdeckt sein. Die Reifengröße ist im Fahrzeugschein festgelegt und darf nicht verändert werden. Das Reifenprofil muss mindestens 1,6 mm betragen.

Anbaugeräte

Achten Sie beim Anbau von Geräten auf eine Vorderachsbelastung von min. 20 Prozent der Leermasse (ggfs. Frontgewichte anbauen).
Bei Anbau eines Frontladers darf die Länge von der Mitte des Lenkrades bis zur Frontladerspitze höchstens 3,5 m betragen.
Bei Betrieb mit Frontanbaugerät und Heckanbaugerät darf die Gesamtlänge höchstens 12 m betragen.
Die Gesamtbreite darf höchstens 3 m und die Höhe 4 m betragen.

Ladung

Bei Beladen Ihres Gespanns müssen Sie sicherheitsrelevante Regeln beachten:

- Eine Breite von 3 m und eine Höhe von 4 m darf nicht überschritten werden.
- Die Gesamtlänge mit 2 Anhängern darf höchstens 20,75 m betragen.
- Die Gesamtmasse darf 40 t nicht überschreiten.
- Sichern Sie Ihre Ladung mit Spanngurten gegen Verrutschen.

Transporte: So sollte man tunlichst nicht am Straßenverkehr teilnehmen.

Trecker-Waschtag

Das eigene Auto zu pflegen macht Spaß, den eigenen Trecker noch viel mehr. Ist er doch in den meisten Fällen das Lieblingsspielzeug des Besitzers. Sie erhalten dadurch nicht nur den Wert, Sie lernen ihn dabei bis in den letzten Winkel kennen, sofern Sie das Gefährt nicht schon von der Restauration her in- und auswendig kennen.

Ist der Trecker erst einmal hübsch restauriert, dann wollen Sie ihn doch sicher auch in diesem Zustand erhalten. Da gibt es zwei Möglichkeiten: Sie stellen Ihren Trecker trocken und sauber unter, am Besten noch luftdicht verpackt oder Sie pflegen ihren Trecker regelmäßig; das heißt im Klartext, Sie putzen, waschen, polieren und warten ihn. So haben Sie lange Freude an ihrem Schmuckstück, und falls Sie ihn dann doch mal verkaufen möchten, können Sie sicher sein, dass Sie auch einen guten Verkaufspreis erzielen werden. Denn wie bei allem anderen auch, zählt auch beim Treckerverkauf der erste Eindruck. Was Sie bei der Pflege beachten müssen erfahren Sie hier.

Waschen, wie und wo?

Waschanlage oder Handwäsche, das ist eine der wichtigsten Fragen bei Ihrem Auto. Für Ihren Trecker stellt sich diese Frage allerdings kaum. Auch wenn es vielleicht ganz interessant aussehen und zu vielen fragenden Gesichtern führen würde, so ist die Waschanlage denkbar ungeeignet um ihren Trecker zu reinigen. Somit bleibt nur noch die Handwäsche. Aber da stellt sich jetzt schon wieder die nächste Frage: Wo kann ich denn meinen Trecker überhaupt waschen, bzw. wo darf ich ihn denn waschen. Das Problem an der Geschichte ist nämlich Folgendes: Laut Gesetz ist ja grundsätzlich schon mal verboten sein Fahrzeug zu Hause vor der Haustür zu waschen (siehe Kasten). Viele Fahrzeugbesitzer ignorieren dieses Verbot und handeln nach dem Sprichwort »Wo kein Kläger, da kein Richter«.

Bei einem Trecker wird das schon anders. Hier kommen Sie beim Waschen ja auf jeden Fall mit Motor und Antriebseinheit in Berührung und somit auch immer mit Öl. Daher kann und darf ein Trecker nur da gewaschen werden, wo ein Ölabscheider vorhanden ist. Dies sollte auf allen öffentlichen Waschplätzen der Fall sein. Aber auch beim ortsansässigen Bau- oder Fuhrunternehmer, genauso wie im Autohaus und an der Tankstelle. Daher sollte sich immer ein geeignetes Plätzchen finden, um sein Schätzchen wieder hübsch zu machen. Wenn Sie dann die Ortsfrage geklärt haben, so stellt sich die Frage, wie denn so ein Trecker am geeignetsten gereinigt wird. Solange der Trecker nur verstaubt ist, reicht sicherlich die Handwäsche mit Wasser und Schwamm. Ist der Trecker aber vielleicht schon mal im Wald oder auf dem Feld im Einsatz gewesen, so müssen Sie schon zu größeren Mitteln greifen. Hier empfiehlt sich dann die Reinigung mittels Hochdruckreiniger. Um Öl- und Rußverschmutzungen besser lösen zu können, wäre es ideal, wenn der Hochdruckreiniger auch heißes Wasser produzieren würde (Dampfstrahler).

Schadet häufiges Waschen dem Lack?

Heutige Lacke sind außerordentlich resistent gegen Umwelteinflüsse. Sie müssen selbst bei relativ frisch lackierten Teilen (zum Beispiel nach einer Restauration) keine Angst haben. Die größere Gefahr geht von Vogelkot, Insekten oder Planzensäften aus, die den Lack mit der Zeit angreifen. Also am besten gleich abwaschen! Bei einem Einsatz eines Hochdruckreinigers sollte allerdings der Strahl nicht direkt auf den Lack gehalten werden – außer mit ausreichendem Abstand. Ein Dreckfrädenaufsatz sollte im Lackbereich grundsätzlich nicht zum Einsatz kommen.

⚠ Putzen gefährdet die Umwelt

GEFAHRENHINWEIS

Ausnahmsweise gilt dieser Gefahrenhinweis nicht Ihnen, sondern der Umwelt. Den Trecker vor der eigenen Hautür zu waschen, ist längst nicht mehr erlaubt und das aus gutem Grund: Mit dem Abwasser können gefährliche Stoffe in das Grundwasser gelangen. So zum Beispiel Öl oder Chemikalien, die Sie zum Reinigen verwenden. Auch der Wasserverbrauch ist nicht zu unterschätzen. In Waschanlagen und auf öffentlichen Waschplätzen werden diese Stoffe durch Abscheider aufgefangen und das Wasser mehrmals aufbereitet und erneut verwendet. Auch verschmutzte Lappen sind Sondermüll, besonders wenn Sie damit dicke Ölkrusten beseitigt haben. Wir raten deshalb grundsätzlich einen ausgewiesenen Waschplatz aufzusuchen. Am Besten einen der überdacht ist, damit Ihnen die Sonne unter Umständen keine hässliche Wasserflecken in den Lack brennt. Und Sie sind unter Ihresgleichen: Fahrzeugliebhaber, die ihr Fahrzeug nicht nur als Fortbewegungsmittel sehen, sondern es mit Hingabe pflegen; also ein guter Ort für Benzingespräche.

Wichtige Hilfsmittel und Putzutensilien

Egal ob Sie nur waschen, oder Ihren Trecker grundreinigen – Sie brauchen in jedem Fall noch ein paar Dinge um Ihr Schmuckstück perfekt in Form zu bringen. Am

Das Grundrüstzeug: Unterschiedliche Pflegesubstanzen sowie die richtige Auswahl an Tüchern, Schwämmen und Bürsten sind zur gründlichen Reinigung unerlässlich.

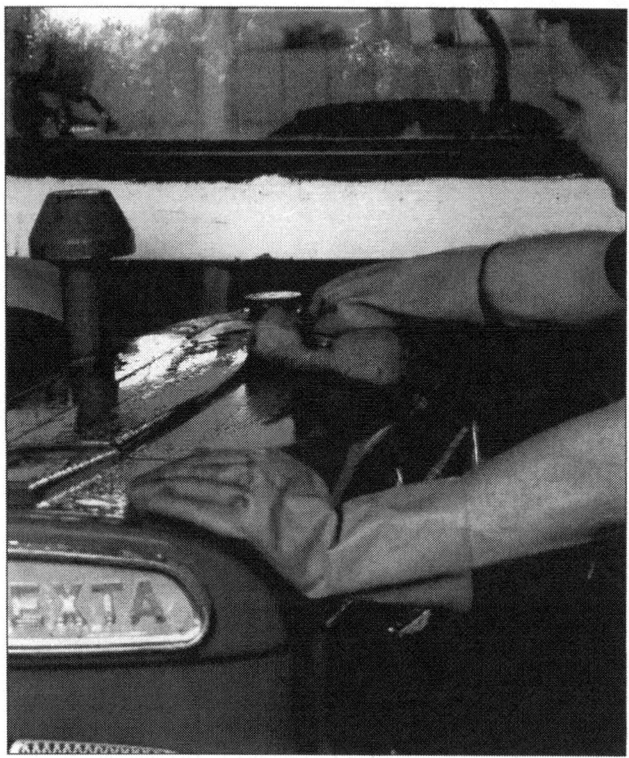

Der große Schwamm: Ein weicher Schwamm ist bei der Handwäsche das wichtigste Putzutensil. Er eignet sich aber auch gut zur Vorreinigung oder zum Nachputzen.

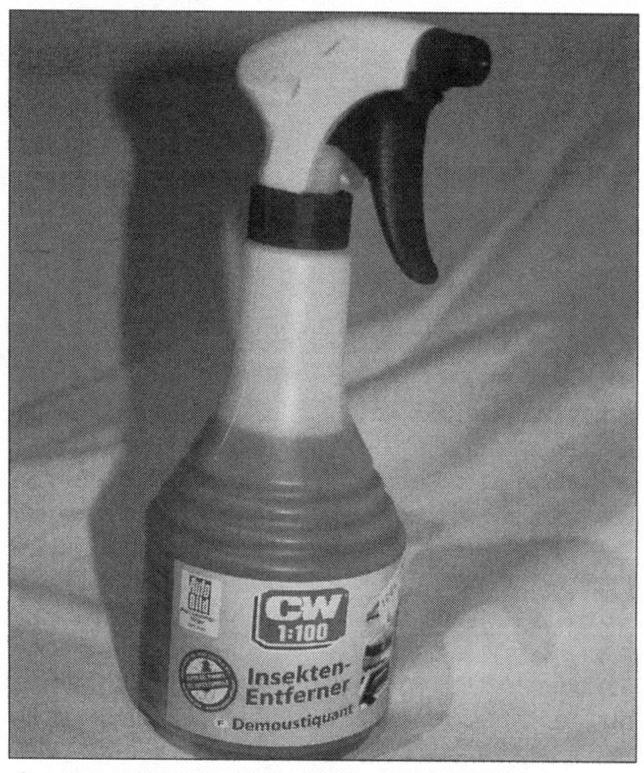

Gegen Insektenreste: Besonders hartnäckig können Insektenreste auf den Streuscheiben der Scheinwerfer anhaften. Rücken Sie dem Fliegendreck mit einem Zellstoffpapier und etwas Schaumreiniger oder Insektenlösemittel zu Leibe.

Grober Dreck an der Karosse: Die starken Verschmutzungen lösen Sie zunächst mit der Waschbürste. Vorsicht: Kontrollieren Sie den Bürstenkopf, bevor Sie loslegen. Übriger Sand und Staub könnte Ihren Lack verkratzen.

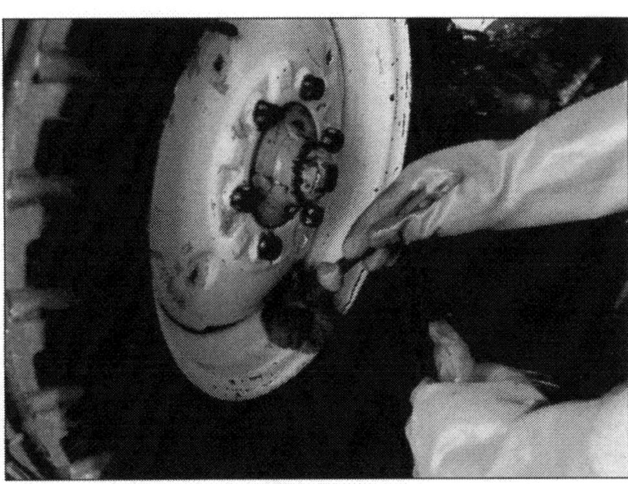

Kleiner Schwamm und Bürste: Die Feinarbeit an den Felgen erledigen Sie am besten mit einem kleinen Haushaltsschwamm und einer Bürste an einem flexiblen Drahtstil.

Dampfstrahler marsch: Den Schaum mit dem Dampfstrahler von oben nach unten abwaschen. Dabei stets auf genügend Abstand, insbesondere von den Reifenflanken, achten.

⚠ Vorsicht beim Dampfstrahlen

GEFAHRENHINWEIS

Heißes Wasser, das unter extrem hohen Druck aus einer Düse schießt, löst fast jede Schmutzkruste. Besonders gut natürlich dicke Ölkrusten an Motor und Getriebe. Hiervon raten wir jedoch dringend ab. Bei zu intensiver Behandlung mit dem Dampfstrahler kann leicht Wasser in die diversen Ölkreisläufe ihres Treckers eindringen und so auf Dauer erhebliche Schäden anrichten. Der Motor und das Fahrgestell sollten zuerst mit geeigneten, so genannten Kaltreinigern und in Handarbeit mit Pinsel und Bürste gesäubert werden. Auch für Kühler ist ein Dampfstrahler Gift, denn der scharfe Strahl dringt mit großem Druck durch die feinen Lamellen und kann diese deformieren. Bleiben noch die Felgen: Es kann vorkommen, dass der harte Strahl abprallt und Sie im Hagel abplatzender Schmutzpartikel stehen – dies kann zu schweren Verletzungen führen. Und wehe Sie kommen dem Reifen zu nahe! Auch in der Seitenwand moderner Pneus kann der enorme Druck des Wasserstrahls Schaden anrichten. Also wenigstens 50 cm Abstand halten!

besten entfernen Sie mit einer gründlichen Vorbehandlung hartnäckige Verunreinigungen, bevor Sie mit dem eigentlichen Waschen anfangen. Wir haben darum für Sie hier die wichtigsten Utensilien zusammengestellt, die Sie beim Waschgang parat haben sollten.

Nachbehandlung der kritischen Stellen

Ein perfektes Finishing macht den Unterschied. Also ist nach dem Waschgang nochmals Handarbeit angesagt. Nehmen Sie sich insbesondere der schwierigen Stellen an. Hierzu zählen besonders das Instrumentenbrett mit allen Anzeigen und Schaltern, aber auch der Sitz und das Verdeck. Fahren Sie auf gar keinen Fall sofort nach der Wäsche los, denn sonst war die Arbeit bis dahin vergebens. Die noch feuchten Stellen, zum Beispiel am Motor, nehmen sofort wieder Straßenschmutz auf, der durch die Räder und den Fahrtwind aufgewirbelt wird.

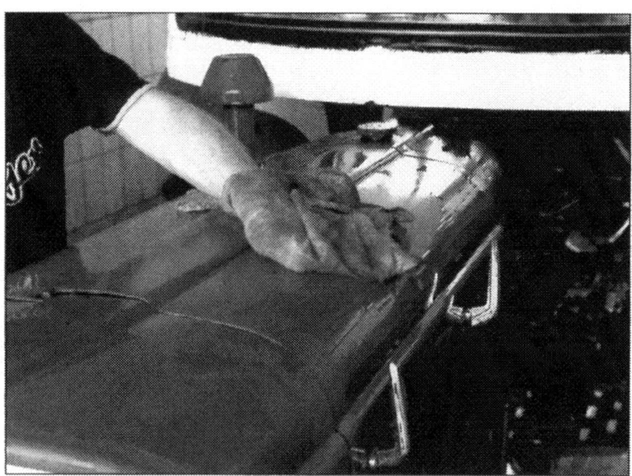

Große Flächen: Um die restlichen Wassertropfen zu entfernen, ist das gute alte Leder immer noch unschlagbar. Aber Vorsicht: Niemals über noch schmutzige Stellen wischen!

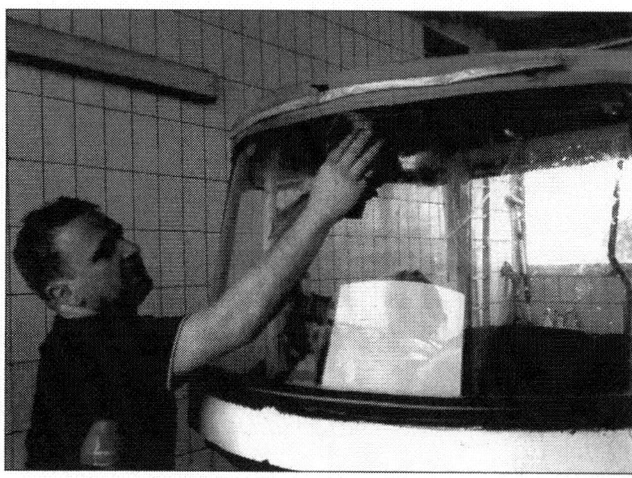

Glas: Für die Reinigung der Scheiben gibt es normale Haushaltsmittel. Wichtig ist ein nicht fusselnder Lappen. Sie können aber auch Spiritus nehmen und mit einer Tageszeitung nachreiben.

Polieren und Konservieren

Dem Lackkleid sollten Sie von Zeit zu Zeit eine Politur gönnen. Dadurch kann der Schmutz nicht so leicht anhaften und auch das Wasser perlt einfach ab. Das ist übrigens ein guter Indikator für den richtigen Zeitpunkt: Bildet das Wasser größere Pfützen auf der Karosserie, sollten Sie die Oberfläche neu versiegeln. Im Handel sind zahllose Produkte zu finden, vom leichten Mittel bis zum schleifenden Reiniger für stark verwitterte Lacke. Lesen Sie also die Beschreibung aufmerksam durch und verwenden Sie im Zweifelsfall stets das weniger aggressive Produkt. Langfristigen Schutz kann auch die Versiegelung mit Wachs vom Fachmann bieten. Sie kostet summiert auf die Wirkdauer, etwa soviel wie die Wagenwäsche und hält bis zu einem ganzen Jahr. Neuerdings bieten manche Pflegefachbetriebe auch die Versiegelung mittels Nanotechnologie (siehe Kasten rechts) an. Diese Art das Fahrzeugäußere zu versiegeln kostet zwar mehr, hält dafür aber auch mitunter bis zu drei Jahre.

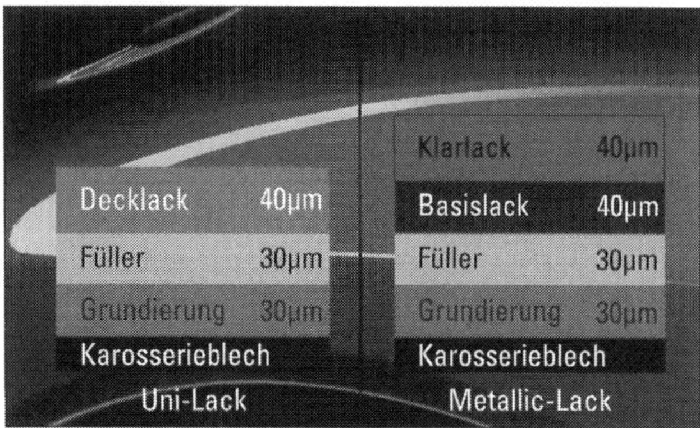

Unterschiedlich stark: Die Lackoberfläche ist durch unterschiedlich dicke Schichten aufgebaut und schützt das Blech darunter vor Korrosion.

Kleiner Schmierdienst

Überall, wo sich Teile der Karosserie relativ zueinander bewegen, entstehen Reibungskräfte, die nach und nach aber vor allen Dingen bei mangelnder Schmierung, das Material der Kontaktflächen verschleißen. Schlösser und Scharniere müssen daher mit einem Schuss oder vielmehr einem Spritzer Öl in Gang gehalten werden. Die Aufbringung der Schmiermittel bereitet wenig Aufwand. Bei den meisten Spraydosen wird zum gezielten Einbringen des Schmiermittels ein längliches, flexibles Röhrchen mitgeliefert, das in die Düse des Sprühkopfes aufgesteckt werden kann. Dadurch ersparen Sie sich zumindest aufwendige Demontagen. Der langfristige Effekt dieser Arbeit ist aber dennoch nicht zu unterschätzen. Empfehlenswert sind sogenannte Gelsprays. Sie haften aufgrund ihrer weniger flüchtigen Konsistenz besser und verteilen sich zugleich sehr weitläufig bis in den letzten Winkel. Außerdem haften diese Mittel länger als normales Öl an. Weiterhin sollten nach jedem intensiven Waschgang, insbesondere mit dem Dampfstrahler, alle Schmiernippel entsprechend abgeschmiert werden. Dadurch ist gewährleistet, dass in Gelenke eingedrungenes Wasser wieder herausgedrückt wird.

WISSENSWERTES

Nanotechnologie

Was für alle anderen Fahrzeuge gut ist, sollte ihnen für ihren Trecker gerade mal gut genug sein. Als Forschungsfeld mit Zukunftspotenzial bietet die Nanotechnologie schon heute viele Anwendungen im und rund ums Fahrzeug. Beispiele sind blendfreie Tachoverglasungen oder auch Verbundglas das Infrarotstrahlung absorbiert und so die Wärmeeinwirkung aufs Fahrzeuginnere reduziert. Der berühmteste Nanoeffekt ist aber der Lotusblüteneffekt, der selbstreinigende Oberflächen ermöglicht. Zur längerfristigen Versiegelung der Lackoberfläche bieten nun auch einige Pflegefachbetriebe diesen Lackschutz an. Was für den Oberflächenschutz durch Anstreichfarben an Häuserfassaden oder auch Dachziegeln gut funktioniert, birgt beim bewegten Fahrzeug noch gewisse Schwierigkeiten. Die Rauigkeit der mikroskopisch kleinen Strukturen, welche eine geringe Benetzbarkeit und damit auch ein hohes Maß an Selbstreinigung bewirken, könnten nämlich schnell durch Insekten verkrustet werden. Dennoch bieten immer mehr Pflegefachbetriebe Nanotechnologie als Langzeitschutz an. Im Unterschied zu einer Wachsversiegelung hält der Nanoschutz mitunter bis zu drei Jahre und das bei vergleichbaren Kosten. Wenige Fahrzeughersteller bieten mittlerweile auch den Nanoschutz ab Werk. Eine Nanoschicht im Klarlack sorgt für höhere Resistenz gegen mechanische Beanspruchung und Korrosion. Was in der Praxis eine höhere Kratzfestigkeit bedeutet. Die Forschung arbeitet derzeit an weiteren praktischen Anwendungen. Selbstreinigende Felgen oder auf Knopfdruck wechselnde Farbe sind so vielleicht schon bald mehr als nur eine Vision.

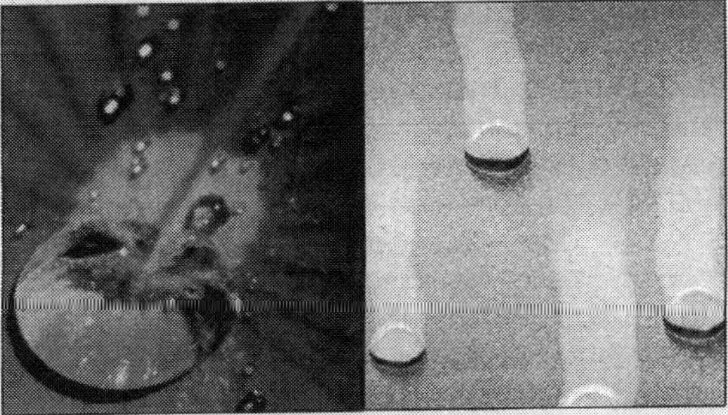

Von der Lotusblüte übernommen: mikroskopisch kleine Raustrukturen auf der Oberfläche. Schmutzpartikel finden darauf keinen Halt.

Pflege im Cockpit und des Verdecks

Knöpfe und Schalter: Etwas Cockpitspray auf einen Lappen sprühen und die Knöpfe gründlich säubern. Schon setzt sich kein Speck mehr darauf ab.

Sitz: Der Sitz, bzw. der Sitzbezug ist meistens aus Kunstleder. Dieses ist von Haus aus ja schon sehr widerstandsfähig. Mit ein wenig Pflege jedoch haben Sie deutlich länger Freude daran. Also immer gut trocken wischen, auch in den Falzen. Und danach mit Kunststoffpflege und einem weichen Lappen abreiben.

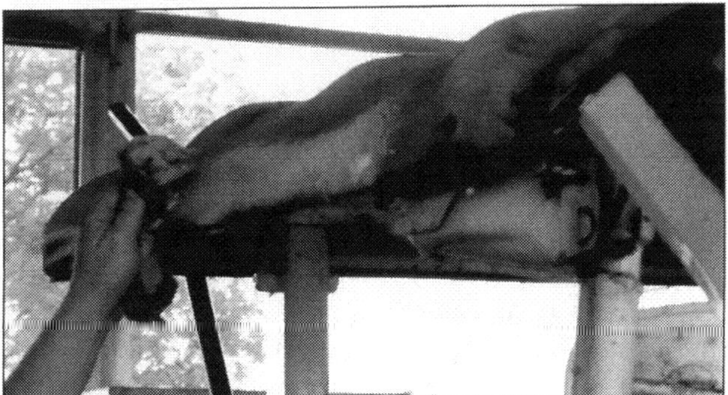

Verdeck: Das Verdeck ist im Prinzip genauso zu behandeln wie der Sitz. Bei genähten Verdecken sollten die Nähte von Zeit zu Zeit versiegelt werden. Hierzu eignet sich Verdeckimprägnierung für Cabrios sehr gut.

Auspolieren kleiner Kratzer im Lack

Kleinere Kratzer lassen sich oft mit wenig Aufwand und ohne besondere Hilfsmittel entfernen. Wichtig hierbei ist, dass die Kratzer nur in der oberen Lackschicht vorhanden sind.

- Zuerst einmal muss das Fahrzeug gründlich gewaschen werden. So wird sichergestellt, dass man beim Polieren nicht mit Schmutzpartikeln weitere Kratzer in den Lack einarbeitet.
- Für den nächsten Schritt darf das Blech der zu polierenden Stelle nicht heiß sein. Bei einem zum Beispiel durch die Sonne aufgeheizten Lack trocknet die Politur zu schnell ab und erschwert die Arbeit ungemein.
- Für das Auspolieren reicht ein kräftiger Lackreiniger aus. Er übernimmt quasi die Schleifarbeit. Der Trick liegt darin, die Lackdicke etwas abzuschleifen, um sie wieder in die gleiche Höhe zu bekommen wie den Kratzer. So fällt diese Stelle nicht mehr auf. Je nach Aggressivität des Lackreinigers kann das sehr schnell gehen.
- Grundsätzlich sollte dann, in einem zweiten Schritt, die Umgebung des Kratzers leicht mitbehandelt werden. So wird vermieden, dass sich die aufbereitete Stelle von dem umliegenden Lackbild abhebt.

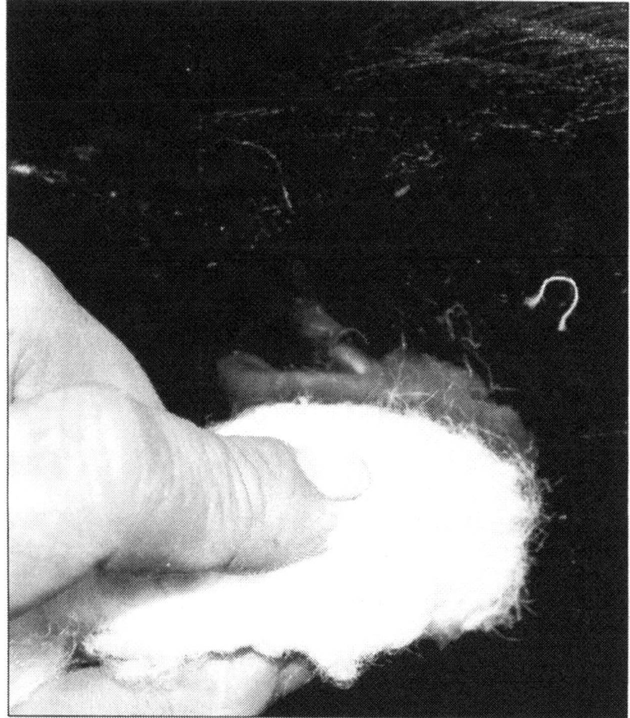

Auspolieren eines Kratzers: Auch wenn es nicht so aussieht, es wird geschliffen.

- Eine weitere Möglichkeit ist das Polieren mit Nassschleifpapier. Die Körnung sollte dann aber um 1500 liegen. Die Vorarbeit wird dann mit dem Schleifpapier und viel Wasser erledigt.
- Es sollte aber trotzdem mit Lackreiniger nachgearbeitet werden.
- Im nächsten Schritt werden die Rückstände des Lackreinigers vollständig entfernt.
- Zum Abschluss wird die geschliffene Fläche mit einer Wachspolitur versiegelt und nach dem Abtrocken der Wachsschicht gründlich mit einem weichen Lappen poliert.

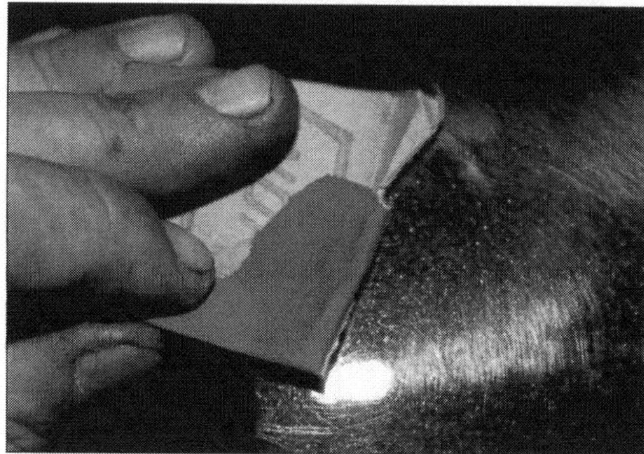

Auspolieren eines Kratzers mit Schleifpapier: Sieht eigenartig aus, ist aber sehr effektiv. Wichtig ist die Handhaltung und etwas Erfahrung.

Polieren der Fläche: Zum Abschluss muss nun Glanz entstehen.

Wartungsarbeiten

Unter Wartungsarbeiten stellt man sich zuerst einmal den Ölwechsel vor. Der Traktor allerdings ist ein Fahrzeug, das ursprünglich für den alltäglichen Gebrauch in der Landwirtschaft ausgelegt wurde.

Bei neuen Fahrzeugen erscheint es selbstverständlich, sich in regelmäßigen Abständen um die technischen Details des Fahrzeuges zu kümmern. Mit zunehmendem Alter liegt hier schnell einiges im Argen. Werden die Wartungen zum richtigen Zeitpunkt durchgeführt, sind wichtige Grundvoraussetzungen für den zuverlässigen Betrieb des Traktors gegeben. Vergleicht man die Reparaturkosten, die sich durch mangelhafte Wartung ergeben mit den Kosten für die Wartung, wird einem schnell deutlich, dass hier neben der Zuverlässigkeit auch ein nicht unerhebliches Sparpotenzial versteckt ist.

Flüssigkeiten

Unterschiedlichste Flüssigkeit finden im Traktor unterschiedlichste Aufgaben. Achten Sie immer auf die genaue Spezifizierung der Flüssigkeit, der Sie sich im Rahmen der Wartung annehmen. Schon die falsche Kühlflüssigkeit oder nur der nicht zulässige Einsatz von Leitungswasser kann durch Korrosion erhebliche Schäden sogar an Motorgehäuseteilen verursachen.

Die Qual der Wahl: Unterschiedlichste Flüssigkeit finden im Traktor unterschiedlichste Aufgaben.

Wartungsarbeiten am Motor

Die Wartung der Antriebseinheit ist zwar sehr wichtig und erscheint jedem unabwendbar. Die Wartung sollte sich aber niemals nur auf diese Komponente beschränken. Alle anderen Baugruppen sind genauso wichtig.
Betrachten wir uns trotzdem die wichtigsten Arbeiten rund um das Antriebsaggregat etwas genauer.

Ölwechsel und Ölstand

Der Ölstand wird in der Regel vom Hersteller vorgegeben. In der Regel muss er zwischen der Maximum- und der Minimummarkierung auf dem Ölstab liegen. Die Ölversorgung der Viertaktmotoren erfolgt durch zwei unterschiedliche Systeme:

Die Trockensumpfschmierung benutzt den Motorblock als Abtropfgehäuse und führt das frische Drucköl aus einem externen Tank den Schmierstellen zu. Eine Überfüllung bringt gar nichts, da der Ölstand lediglich im Vorratsbehälter ansteigt und eine Schmierungsunterbrechung durch Schräglage ist nicht zu erwarten.

Die Druckumlaufschmierung sammelt das Motoröl im Motorblock und pumpt es an die Schmierstellen. In extremen Lagen kann bei zu geringem Ölstand Luft angesaugt werden. Die Schmierung würde dann kurz-

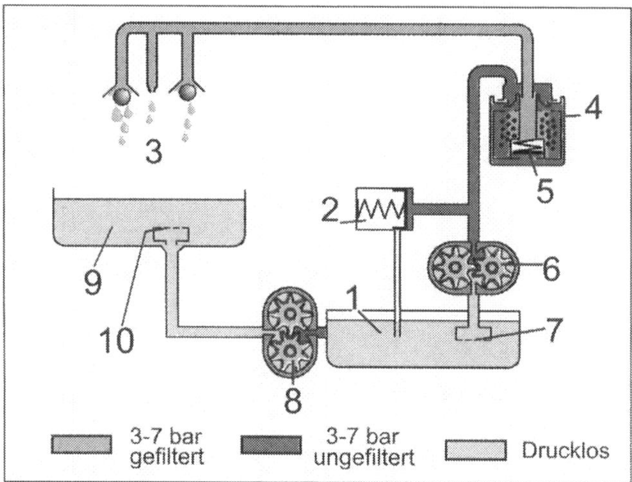

Sie arbeitet lageunabhändig und stellt in allen Betriebslagen die Ölversorgung sicher, die Trockensumpfschmierung: 1 Öltank, 2 Druckregelventil, 3 Schmierstellen, 4 Ölfilter, 5 Sicherheitsventil, 6 Druckpumpe, 7 Filtersieb, 8 Rückförderpumpe, 9 Auffangwanne, 10 Filtersieb.

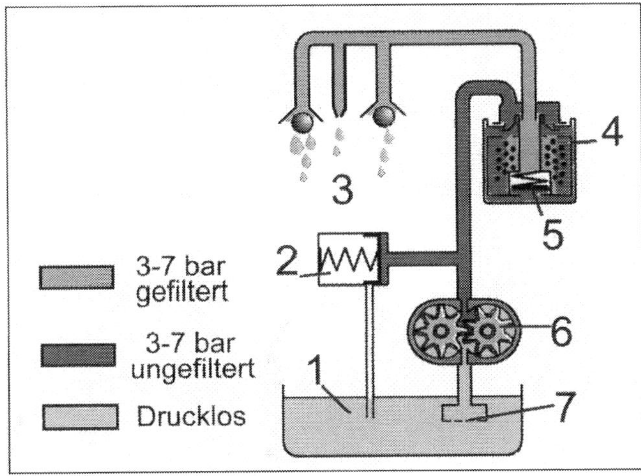

Funktionsprinzip des Ölkreislaufes.

zeitig ausfallen. Aufgrund der Lagernotlaufeigenschaften bleibt das aber ohne Folgen. Man sollte grundsätzlich darauf achten, dass der Ölstand sich im Bereich Maximum befindet. Eine Überfüllung bringt auch hier in der Regel nichts. Durch die Hubbewegungen des Kolbens und den entsprechenden Druckausgleich über die Motorenlüftung könnte der zu hohe Ölstand eher viel »Sauerei« im Luftfiltergehäuse oder in der Umwelt anrichten.

Auswahl des Öls

Die Herstellungsweisen der Öle unterscheiden sich recht deutlich. Synthetische Öle werden im Labor kreiert und mit definierten Eigenschaften versehen. Gerade hochdrehende Sportmotoren sind zum Teil mit so dünnen Ölversorgungskanälen ausgestattet, dass ein kaltes Öl, das sehr zähflüssig ist, zu lange brauchen würde, um an die entferntesten Schmierstellen zu gelangen. Hier werden zum Teil vom Hersteller sehr dünnflüssige Öle verlangt. Die Unterscheidung erfolgt nach SAE Klassen (**S**ociety of **A**utomotive **E**ngineers). Die Klassifizierung erfolgt nach Temperaturbereichen. Worin liegt eigentlich der Unterschied zwischen den einzelnen Ölen? Meistens zuerst einmal im Preis. Ein Grund für die Preisunterschiede liegt sicherlich in der Additivierung. Diese chemischen Zusätze können unter 1% und bis zu 25% des Öls ausmachen. Je größer der Wert der SAE Klasse um so dickflüssiger ist das Öl. Der Nachteil der dünnflüssigen Öle mit den niedrigen SAE Klassen liegt klar im Ölverbrauch des Motors. Es kann durchaus vorkommen, dass mit einem OW50 Öl einen merklichen Ölverbrauch verursacht. Die Hersteller weisen bestimmte Viskositätsangaben auch für unterschiedliche Temperaturbereiche aus. Im Grundsatz wählt man das dickste, vom Hersteller freigegebene Öl, für einen Temperaturbereich aus. Da dieses Öl freigegeben ist, besteht keine Gefahr durch einen, sich »langsamer« aufbauenden Öldruck.

Motorölwechsel

Motorölwechsel

Einen Ölwechsel regelmäßig durchzuführen ist auf jeden Fall ratsam. Wenn schon länger kein Ölwechsel mehr gemacht wurde, kann das Öl durch den Dieselruß schon mal zu einer extrem zähflüssigen Masse werden, welche von der Konsistenz her schon eher an Fett erinnert. Daher sollte, bevor das alte Öl abgelassen wird, der Motor auf Betriebstemperatur gebracht werden. So ist gewährleistet, dass das Öl dünnflüssig genug ist, um aus dem Motor heraus zu laufen und die sich in der Ölwanne befindlichen Schmutzpartikel mitnimmt.

- Lassen Sie den Motor im Leerlauf warm laufen.
- Stellen Sie einen Auffangbehälter unter den Motor. Vergewissern Sie sich vorher, dass das Volumen des Auffangbehälters ausreicht, um die Altölmenge aufzunehmen. Die Ölmenge kann bei einigen Motoren beeindruckend groß sein.
- Öffnen Sie die Ablassschraube und lassen Sie das Motoröl ablaufen.
- Reinigen Sie oder wechseln Sie den Motorölfilter.
- Ersetzen Sie den Kupferdichtring und drehen Sie die Ablassschraube wieder ein.
- Wischen Sie die Ölrückstände von der Ölwanne ab.

Filtersysteme

Grundsätzlich unterscheidet man drei verschiedene Filtersysteme. Zum einen den Anschraubfilter (die sogenannte Filterpatrone), welcher komplett mit Gehäuse ist und an einem Flansch am Motor verschraubt wird, zum anderen den Filtereinsatz. Dieser sitzt in einem separaten Gehäuse. Hierbei ist darauf zu achten, dass das Gehäuse ordentlich gereinigt wird. Auch die Dichtungen müssen erneuert werden. Vor dem Anschrauben des Filters sind die Dichtungen leicht einzuölen. Dadurch wird verhindert, dass sie beim Festziehen beschädigt werden und der Filter beim nächsten Wechsel leichter gelöst werden kann. Weiterhin gibt es noch den Schleuderölfilter. Eigentlich ist dies nicht wirklich ein Filter, sondern eher ein Schmutzabscheider. Der Schleuderfilter funktioniert nach dem Prinzip einer Zentrifuge. Sie arbeiten mit Drehzahlen bis zu 100.000/min. Hierbei wird der im Öl enthaltene Schmutz an die Außenwände der Glocke geschleudert und setzt sich dort fest. Dieser festgesetzte Schmutz kann dann von Zeit zu Zeit herausgekratzt werden. Verschiedene Anbieter haben mittlerweile Umbausätze in ihrem Programm, um die Schleuderfilter durch herkömmliche Filterpatronen zu ersetzen, sodass das Öl dann wirklich gefiltert wird.

Schleuderölfilter.

Anschraubfilter.

Filtereinsatz.

Ölpumpe mit Siebfilter für die grobe Arbeit.

Der Luftliter mit Ölbad unterliegt auch der Wartung.

Motorölfilter wechseln

Der Ölfilter ist ein, für den Motor, lebenswichtiges Bauteil. Ohne den Filter würden alle im Öl enthaltenen Schmutzpartikel, wie z.B. Ruß und Metallabrieb, ungehindert wieder an die Schmierstellen gelangen und somit einen wesentlich erhöhten Verschleiß hervorrufen. Weiterhin würde die Gefahr bestehen das sich die zum Teil sehr engen Kanäle zusetzen und das Öl daher nicht mehr an alle Schmierstellen gelangen kann.
Natürlich sollte auch der Ölfilter auf jeden Fall gewechselt werden. Was nützt schon frisches Öl, wenn es dann durch einen alten verdreckten Filter gepumpt wird. Also, Filter immer mit wechseln!!

- Lassen Sie zuerst das Motoröl ab. Lassen Sie die Ölablassschraube offen! Es wird meist nach der Demontage des Filters etwas Öl nachlaufen.

Papierfiltereinsatz

- Lösen Sie das Filtergehäuse und ziehen Sie den Filter heraus.

- Ersetzen Sie den Filter durch einen neuen Einsatz. (Oft steht die Teilenummer und der Hersteller auf dem Filtereinsatz. Die Neubeschaffung fällt so leichter).

- Ziehen Sie das Filtergehäuse nach Herstellervorschrift an. (Steht oft auch auf dem Filtergehäuse).

Filterpatrone

- Lösen Sie die Filterpatrone und drehen Sie den Filter heraus.

- Ersetzen Sie den Filter durch einen neuen Einsatz. (Oft steht die Teilenummer und der Hersteller als Schriftzug auf dem Filtereinsatz.).

- Streichen Sie den Dichtring mit etwas Öl ein.

- Ziehen Sie die Filterpatrone handfest an.

Schleuderölfilter

- Lösen Sie das Filtergehäuse und ziehen Sie das Gehäuse ab.

- Reinigen Sie das Gehäuse gründlich von den Ablagerungen rund herum. Betrachten Sie sich auch die Zentrifuge bei dieser Gelegenheit genauer. Sind Schäden oder Verschmutzungen erkennbar, muss sie zerlegt werden.

- Ziehen Sie das Filtergehäuse nach Herstellervorschrift an. (Steht oft auch auf dem Filtergehäuse).

- Füllen Sie nun das Motoröl soweit auf, das der Ölstand die Maximalmarkierung erreicht. Lassen Sie den Motor solange laufen, bis die Ölkontrollleuchte ausgeht.

- Warten Sie einige Minuten, bis das Motoröl zurück in die Ölwanne gelaufen ist, und kontrollieren Sie den Ölstand erneut.

- Füllen Sie, wenn erforderlich, etwas Motoröl nach.

Kraftstofffilter ersetzen und entwässern

Auch diese müssen gut gereinigt und ggf. neu abgedichtet werden. Ein Papierfilter sollte auf jeden Fall ersetzt werden und das Schauglas der Entwässerung wird mit einem neuen O-Ring abgedichtet. Das Schauglas nur »handfest« anschrauben, damit es nicht platzt. Die Leitungen vom Filter zur Pumpe werden auf mögliche Risse oder Durchrostungen kontrolliert. Dann bläst man sie noch mit Pressluft durch, um evtl. festgesetzte Schmutzpartikel in der Leitung zu entfernen.

- Schließen Sie den Benzinhahn des Traktors.
- Halten Sie einen Behälter unter die Kraftstofffiltereinheit.
- Entfernen Sie den Filterkammerbehälter (gelegentlich auch ein Schauglas).
- Entleeren Sie den Filterkammerbehälter und reinigen Sie ihn gründlich.

Drahtfiltereinsatz

- Reingen Sie den Filter gründlich. Vermeiden Sie mechanische Gewalt, um das Filtergeflecht nicht zu beschädigen.

Kraftstofffilter.

Papierfiltereinsatz

- Wechseln Sie den Filter aus.
- Montieren Sie die Filtereinheit wieder. Verwenden Sie immer neue Dichtungen und O-Ringe bei der Montage.
- Entlüften Sie die Filtereinheit mit Hilfe der angebauten Handpumpe (soweit verbaut) und der Entlüftungsschraube an der Filtereinheit.

Auswahl des Getriebe- und Achsöls

Unterschieden werden die Öle eigentlich in der Bezeichnung. Man unterscheidet hier zwischen Einbereichs- und Mehrbereichsölen. Einbereichsöle finden heute aber eher nur noch als Achs- oder Getriebeöl einen Anwendungsbereich. Der Temperaturunterschied ist nicht sehr groß und deshalb können die Eigenschaften auf diesen Temperaturbereich abgestimmt werden. Aber selbst da werden aufgrund der gestiegenen Anforderungen sehr häufig Mehrbereichsöle eingesetzt.

Hypoidgetriebeöle sind spezielle hochdruckfeste Öle, die für die Ansprüche von Achsgetrieben ausgelegt sind, die achsversetzte Antriebsräder besitzen. Die sogenannten »Hypoid-Achsgetriebe« sind meist auch leicht von außen erkennbar, da der Achsantrieb deutlich über dem Differenzialmittelpunkt liegt.

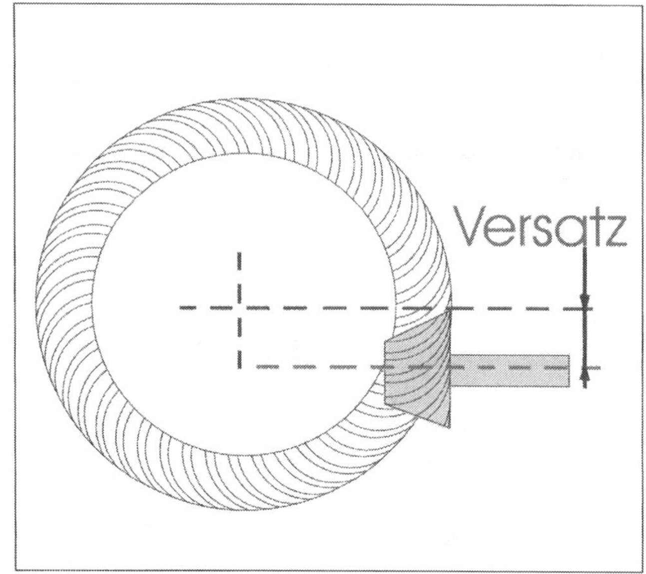

Hypoid Achsgetriebe: Versatz der Antriebswelle.

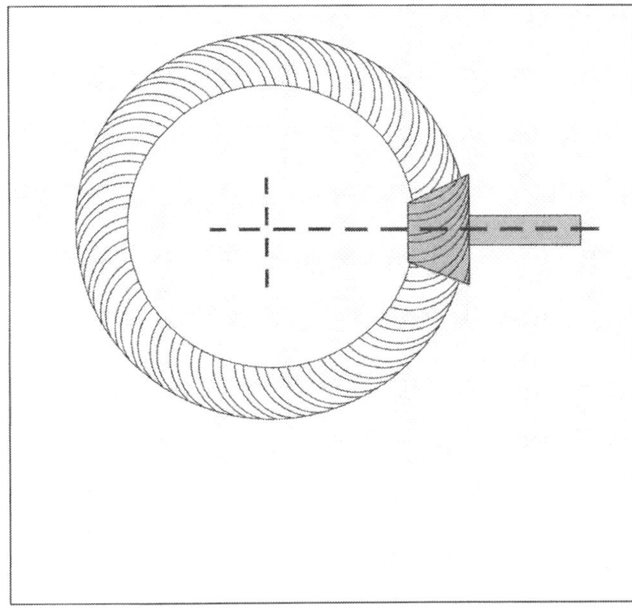

Normales Achsgetriebe.

Hypoidöle können aber durchaus auch in normalen Getrieben verwendet werden. Es ergeben sich keine Nachteile. Bei den meisten Herstellern kann die Klassifizierungskürzel auf den Etiketten weiter helfen.

Was ist ein Hypoid Getriebeöl?

Hypoidgetriebeöl ist ein spezielles Getriebeöl, welches Hochdruckfest ist. Eine Hypoidachse ist ein Achsantrieb, dessen Antriebskegelrad außen mittig gelagert ist. Diese Bauweise ermöglicht es, mehr Zähne als im konventionellen Achsgetriebe in den Eingriff zu bekommen. Es wird so zum einen eine höhere Laufruhe erreicht, zum anderen können größere Kräfte bei kleinerer Bauweise übertragen werden. Durch die Bauweise werden die Zähne nicht nur durch den Druck bei der Kraftübertragung belastet, sondern gleiten gleichzeitig aufeinander. Zur Schmierung werden spezielle Öle gebraucht, die deutlich druckfester sind.

API Klasse	MIL Spezifikation	Einsatzbedingungen
GL1	Keine	Gering belastete Schaltgetriebe.
GL2	Keine	Industrie/Schneckengetriebe.
GL3	Keine	Normal belastete Schaltgetriebe.
GL4	MIL – L 2105	Hoch belastete Schaltgetriebe. Gering belastete Hypoidgetriebe.
GL5	MIL – L 2105 B MIL – L 2105 C MIL – L 2105 D	Hoch belastete Hypoidgetriebe. Schaltgetriebe wenn vorgeschrieben oder freigegeben.
MT-1	MIL – PRF – 2105 E	Unsynchronisierte Schaltgetriebe meist amerikanischer Bauart.

Getriebe- und Achsölwechsel

Oftmals wurden Wartungen an Traktoren in der Landwirtschaft weniger ernsthaft durchgeführt. Gerade in den letzten Jahren des »alten« Schleppers lag er weniger im Blickfeld und der Pflegezustand ging deutlich zurück. Diese Wartungslücken lassen sich zwar nicht mehr ausgleichen, verursachen aber durchaus etwas mehr Arbeitseinsatz um die Inbetriebnahme eines Treckers zu gewährleisten. Der Ölwechsel am Getriebe muss regelmäßig durchgeführt werden. Wenn schon länger kein Ölwechsel mehr gemacht wurde, kann das Öl durch die Luftfeuchtigkeit mit Wasser versetzt sein. Das Getriebeöl kann dadurch nicht wirklich warmlaufen, jedenfalls nicht im Leerlauf. Hier ist beim Ablassen etwas Geduld erforderlich.

- Stellen Sie einen Auffangbehälter unter die Getriebeablassschraube. Vergewissern Sie sich, dass das Volumen des Auffangbehälters ausreichend ist. Die Ölmenge ist bei einigen Getrieben groß!
- Öffnen Sie die Ablassschraube und lassen Sie das Getriebeöl ablaufen.
- Öffnen Sie die Füllschraube um das Getriebe zu belüften.
- Reinigen Sie den Magneten an der Ablassschraube.
- Ersetzen Sie den Kupferdichtring (soweit verbaut) und drehen Sie die Ablassschraube wieder ein.

Getriebeöl ablassen, freigegebenes Öl in guter Qualität einfüllen. Wenn Sie keine Herstellerangaben zur Füllmenge haben, messen Sie den Ölstand beim Einfüllen regelmäßig.

- Wischen Sie die Ölrückstände am Getriebeblock ab.
- Füllen Sie das neue Getriebeöl (richtige Ölsorte) bis zur Maximal-Markierung ein und schließen Sie die Einfüllschrauge (Achtung, nur leicht anziehen).

Kontrollieren Sie auch, gerade bei älteren Semestern, die Simmeringe zu den Hinterrädern und auch zu allen Nebenabtrieben. Natürlich altern die Simmeringe im Laufe der Zeit. Der einzelne Simmering ist sicherlich nicht so teuer. Wenn aber die Bremsbeläge erneuert werden müssen, weil das Getriebeöl die Bremsbelöge verölt und somit unbrauchbar gemacht hat, werden die Kosten unangebracht höher. Ein kurzer Blick kann hier schon einige Euros und Arbeitsstunden retten.

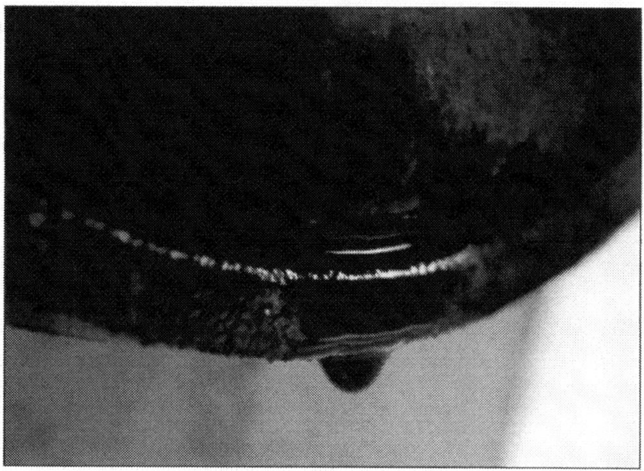

Tropfen an der Ankerplatte weisen auf einen undichten-Dichtring hin. Mit dem Wechsel sollte man nicht allzu lange warten, es können kostspielige Zusatzschäden entstehen.

»Gucke kost nix«, sagt der Volksmund! Es stimmt, wer vorher nachsieht, hat nachher keine Nachsicht.

Kühlwasserkreislauf

Ähnlich verhält es sich mit der Kühlflüssigkeit. Sie muss den Dreck im Kühlsystem binden und die Bauteile des Kühlsystems vor Korrosion schützen. Die Kühlflüssigkeit besteht eben meist nicht nur aus Wasser. Bei den Oldies der ersten Tage wurde allerdings kein Kühlmittel sondern reines Wasser im Kühlsystem gefahren.
Achten Sie bei wassergekühlten Fahrzeugen auf den bei offenem Kühlerdeckel erkennbaren »Rundlaufstrudel« im Kühler. Kontrollieren Sie immer auch die Spannung des Antriebsriemens für das Lüfterrad.
Auch wenn Sie die Temperatur des Kühlwassers kaum im Leerlauf in den Grenzbereich erwärmen können, sollten Sie die gleichmäßige Erwärmung der Bauteile im Kühlsystem regelmäßig kontrollieren. Auch die Funktion der Warnleuchte muss geprüft werden.

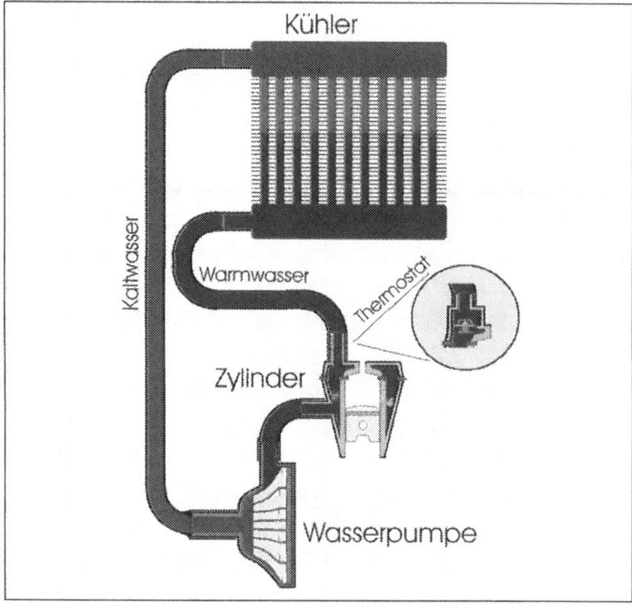

Kühlsystem mit Wasserfüllung.

Ventilspiel

Ventile hängen im Zylinderkopf und steuern beim Viertaktmotor den Gaswechsel, d.h. verschließen oder öffnen den Brennraum zum Vergaser / Einspritzanlage oder zur Auspuffanlage hin. Dieser Gaswechsel wird im Motor über die Nockenwelle bestimmt. Über Zahnräder, Kette oder einen Zahnriemen angetrieben, läuft diese Welle mit halber Geschwindigkeit der Kurbelwelle.
Die Nockenwelle kann im Motor verschiedene Plätze haben, gängige Abkürzungen in englischer Zunge sind: »OHV – overhead valves«, Ventile hängen im Zylinderkopf, die Nockenwelle ist im Motorblock angeordnet. »OHC – overhead camshaft«, Nockenwelle befindet sich über dem Zylinderkopf oder »DOHC – double overhead camshaft«, zwei Nockenwellen rotieren über dem Zylinderkopf, eine treibt meist Einlassventile, die andere die Auslassventile an.
Das Ventil wird über die Nockenwelle geöffnet und schließt sich »von selbst« durch die Rückstellkraft der Ventilfedern. Bei hohen Drehzahlen reicht diese Kraft nicht mehr aus, die Ventile »flattern«: der Gaswechsel ist nicht mehr optimal. Für schnelldrehende Motoren baut man deshalb zwangsgesteuerte Ventile ein, die auch per Nockenwelle wieder geschlossen werden.
Die »Verbindung« zwischen Nockenwelle und Ventil kann direkt oder durch Stößelstangen und Kipphebel passieren. Die Ventile, besonders das Auslassventil, sind Temperaturen von bis zu 800° C ausgesetzt. Diese Wärme werden sie in geschlossenem Zustand über den Ventilsitz an den Zylinderkopf wieder los.
Schließen die Ventile nicht mehr richtig, verbrennen diese und auch der Ventilsitz. Das geht bei grundverkehrt eingestelltem Spiel schnell.
Bei Erwärmung dehnt sich das Material im Motor aus. Die Wärmeausdehnung ist im Ventiltrieb aber unterschiedlich groß. Um das auszugleichen, sieht man ein Ventilspiel vor. Es garantiert, dass die Ventile auch bei betriebswarmem Motor anständig schließen und abkühlen können.

Ventilspiel einstellen

Ventile einstellen

Ventilspiel ist nicht nur lebenswichtig für die Ventile und die Sitzringe im Motor, auch die Füllung mit Frischgasen und das Auslassen der Altgase sind vom Öffnungswinkel der Ventile abhängig. Technisch hat das Ventilspiel zwei wichtige Aufgaben. Das Ventil ist eines der Bauteile des Motors die recht schlecht zu kühlen sind. Zum einen sitzen sie direkt am Geschehen, eben im Brennraum des Motors und zum anderen liegen sie nie vollflächig an einem Bauteil, an welches als Kühlung hergenommen werden könnte. Wie die meisten Stoffe dehnt sich das Metall der Ventile mit der Zunahme an Motortemperatur aus. Die Folge wäre, dass die Ventile irgendwann offen stehen würden. Möglicherweise werden sie auch durch die Heißgase im Motor erheblich beschädigt.
Das Ventilspiel wird immer in der Nockenposition eingestellt, wo das Ventil am wenigsten betätigt wird. Das ist im oberen Totpunkt des Arbeitstaktes der Fall. Da der Viertakt-Motor 720° (also zwei Kurbelwellenumdrehungen für einen Arbeitstakt benötigt. Muss man die beiden OT (oberen Totpunkte) voneinander unterscheiden können. Am Einfachsten ist es, die Ventilstellung zu beobachten. In unserem Fall handelt es sich um einen Zweizylinder-Motor. Wie auch bei den Vierzylindern wird der jeweilige gegenüberliegende Zylinder in Überschneidung stehen, wenn der Zylinder den wir einstellen, möchten auf dem Zünd-OT steht. In der Regel ist der genaue OT dann er-

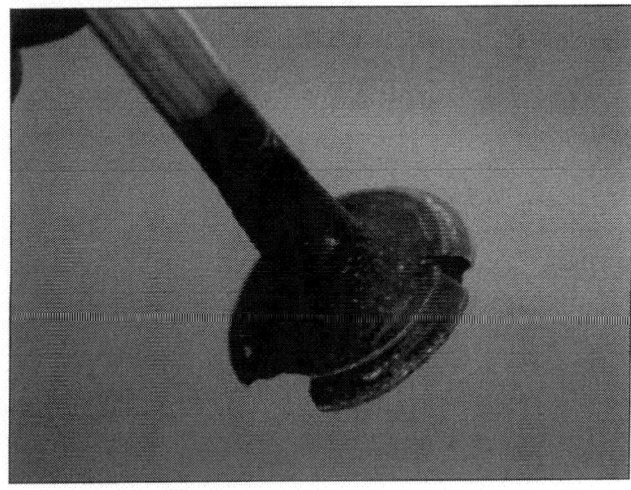

Durchgebranntes Ventil.

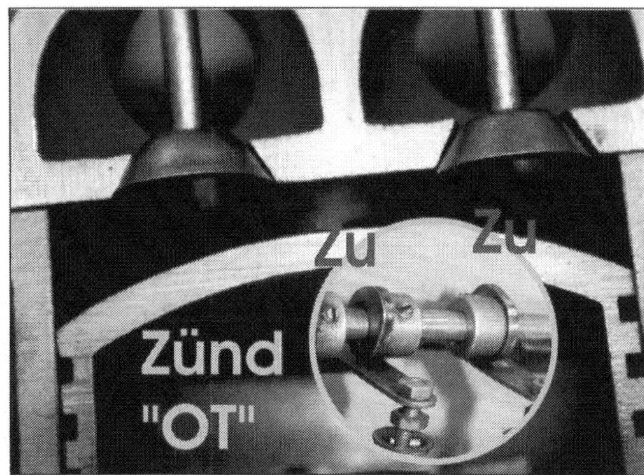

Zylinder auf Zünd-OT.

Zylinder auf Überschneidung.

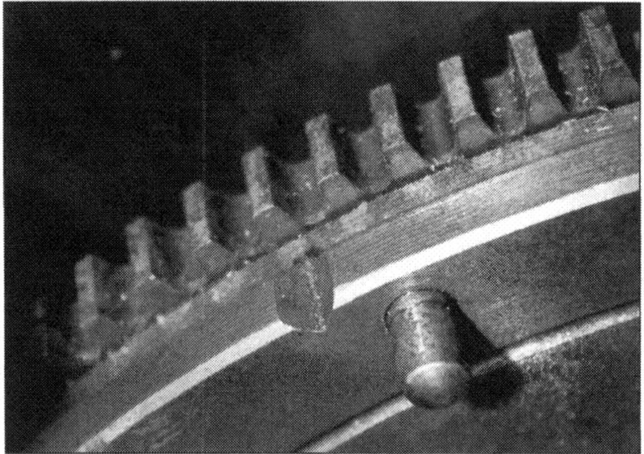
Markierung auf der Kurbelwelle – hier auf der Schwungscheibe (Pfeil).

Fühlerlehre, auch Spion genannt, im Fächerpäckchen.

Ventilspiel einstellen.

Festhalten der Schraube und anziehen der Kontermutter.

reicht, wenn das Auslass- und das Einlassventil um das gleiche Maß betätigt sind. Man kann das recht gut an der gleichen Höhe der Ventilteller erkennen.
Zur Sicherheit und Kontrolle muss die Kurbelwellenmarkierung (meistens auf der Schwungscheibe) mit der Markierung auf dem Motorblock übereinstimmen. Bei unserm Zweizylinder sind zusätzliche Markierungen für die Einstellung der Einspritzanlage vorhanden.
Entsprechend der Herstellerangaben wird nun das Ventilspiel für das Einlass- und für das Auslassventil herausgesucht und die entsprechenden Messplättchen aus dem Fühlerlehrenfächer heraus geklappt.
Das Spiel für das Auslassventil fällt meistens etwas größer aus. Die Einstellmaße müssen unbedingt aus den Herstellerunterlagen heraus gesucht werden. Ungefähre Ersatzwerte sind unzureichend.
Nachdem der Motor auf die jeweilige OT-Stellung gebracht wurde, wird nun mit der Fühlerlehre der Spielraum zwischen Ventil und Kipphebel ausgemessen. Lässt sich das Einstellplättchen mit dem vorgeschriebenen Maß etwas stramm hinein und heraus ziehen (man nennt das »saugend«) ist das richtige Einstellmaß erreicht.

In jedem Fall ist es besser das Ventilspiel etwas zu groß zu lassen (lockeres Gleiten des Einstellplättchens) als es zu klein (sehr strammes Einstellplättchen) einzustellen. Zu großes Ventilspiel wirkt sich zwar negativ auf die Zylinderfüllung aus und kann in extremen Fällen auch ein klappern oder tickern verursachen. Technisch gesehen hat das Ventil aber mehr Zeit zum Abkühlen. Ist das Ventilspiel beim Einstellen noch etwas zu weit, dreht man die Einstellschraube zusammen mit der Kontermutter etwas beim Anziehen mit. Achtung! Immer mit der Lehre nachprüfen!

Lässt es sich zu leicht bewegen, ist das Ventilspiel zu groß und muss nachgestellt werden. Dasselbe gilt auch für den Fall das sich bei zu kleinem Ventilspiel das Fühlerlehrenplättchen nicht einschieben oder viel zu schwer bewegen lässt.
Die Handhabung ist reine Übungssache selbst Ungeübte können recht schnell das Ventilspiel in den gegebenen Toleranzen einstellen. Selbst wenn der Kraftaufwand für das »saugende« Plättchen zu gering ist, hat das kaum Auswirkungen auf den Motorlauf.

Einstellen der Kupplung

Einstellung der Kupplung

Die Kupplung wird bei jedem Lastwechsel, jedem Schaltvorgang sowie beim Anfahren und Anhalten belastet. Natürlich bewirkt diese Belastung auch Verschleiß. Da die Kupplungsbeläge sich abnutzen, wird das Lüftspiel kleiner. Je kleiner das Lüftspiel wird, um so mehr kann das Ausrücklager belastet werden. Das klingt zuerst nicht logisch liegt aber daran, dass die Andruckfedern mehr in Richtung des Ausrücklagers ausfedern.
Das Lüftspiel der Kupplung sorgt dafür, dass die Betätigungseinrichtung und die Druckstangen nicht unter Druck stehen. Im Gegensatz zu den Betätigungseinrichtungen werden die Kupplungsbauteile durch den Motor gedreht. Wenn kein Lüftspiel vorhanden ist, kann es sein, dass die einzelnen Bauteile der Kupplung beschädigt werden.
Um die Kupplung eines Traktors einstellen zu können, muss der Zustand der Bauteile für die Betätigung be-

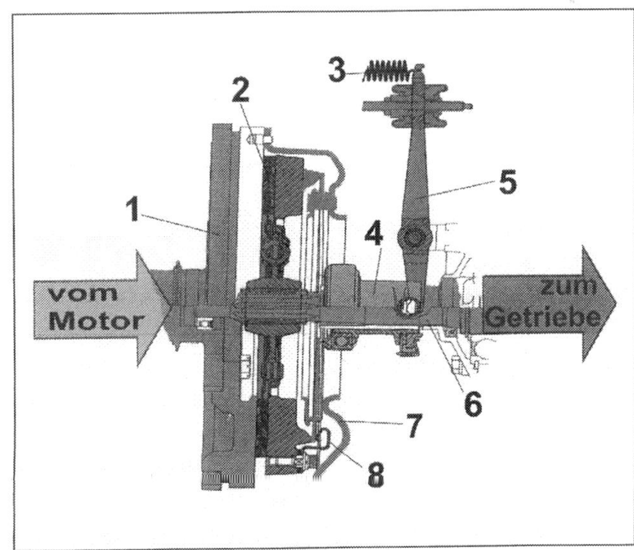

Kupplungsbetätigung im Schnitt: 1 Schwungscheibe am Motor, 2 Mitnehmerscheibe mit Reibbelag, 3 Rückzugsfeder, 4 Ausrücklager, 5 Ausrückhebel, 6 Getriebewelle, 7 Druckplatte, 8 Kupplungsfedern.

kannt sein oder zumindest als intakt und funktionsfähig angesehen werden. Die Hubwelle betätigt in der Regel ein Ausrücklager. Dieses wiederum drückt auf die Andruckfedern und nimmt so die Federkraft von der Mitnehmerscheibe. Lastet die Federkraft nicht mehr auf der Mitnehmerscheibe, trennt die Kupplung. Die Einstellung muss so erfolgen, dass das Ausrücklager nicht unter Vorspannung steht. Wenn das der Fall ist, kann das Lager schnell verschleißen. Dann wird die Drehbewegung der Kupplung übertragen Andruckfedern der Druckplatte laufen ein. Diese Beschädigung sorgt für ein verklemmen der Betätigung und oftmals für recht unangenehme Geräusche. Der Teiletausch und damit auch die Trennung vom Motor und Getriebe ist kaum abzuwenden.

- Prüfen Sie die Leichtgängigkeit der Gelenkstellen und Lagerstellen des Kupplungszuges oder des Hebelwerkes.
- Reinigen Sie die Einstellgewinde.
- In der Regel kann man das erforderliche »Freispiel« bereits am Ausrückhebel erfassen. Bis zum Ansprechen der Kupplung sollte ein Lüftspiel am Kupplungspedal von ca. 3–4 mm eingestellt werden. Die genauen Werte können in den Herstellerunterlagen nachgelesen werden.

PRAXISTIPP

Freispiel an der Kupplung

Stimmt die Einstellung der Hubwelle nicht, wird der Hubweg geringer und die Kupplung trennt nicht mehr richtig. Diese fehlerhafte Einstellung lässt sich dann auch nicht durch die Korrektur am Kupplungszug oder dem Kupplungsgestänge wettmachen. Schon ein ausgeleierter Bowdenzug kann das Freispiel negativ beeinflussen. Zwar ist dann Spiel am Hebel erkennbar, die gesamte Kupplungsbetätigung wird aber durch den Zug auf Spannung gehalten und verschleißt auch dann sehr schnell.

- Ersetzen Sie nötigenfalls die Konterschrauben oder die verbauten Sicherungssplinte.
- Fetten Sie die Lagerstellen neu ein. Achten Sie auf alle Auflagerstellen, bei denen Reibung durch die Betätigung der Kupplung entsteht.

Sind mehrere Einstellmöglichkeiten gegeben wird eine Einstellschraube auf die Mittelposition gebracht. Diese wird zu einer späteren Korrektur benötigt.

- Betätigen Sie die Kupplung mehrfach, um Lagerstellen oder Bowdenzug sich setzen zu lassen.
- Kontrollieren Sie das Lüftspiel erneut und korrigieren Sie es, wenn dies erforderlich sein sollte.

Auspuffanlage

Die Auspuffanlage unterliegt unterschiedlichen Belastungen. Sie muss Steinschlag, starken Temperaturschwankungen, Vibrationen widerstehen können. Dazu kommen noch die winterlichen Belastungen wie Salz und sehr anhänglichem Gemisch aus Schnee, Schlamm und Steinen, die die Beschichtung und der Substanz der Auspuffanlage stark zusetzen.

Dementsprechend muss bei einer Wartungsdurchsicht auch die Auspuffanlage genauer unter die Lupe genommen werden. Krümmerbolzen und Dichtschellen sollten auch überprüft und gegeben falls nachgezogen werden.

- Kontrollieren Sie den festen Sitz der Verschraubungen.
- Ziehen Sie die Befestigungsschrauben nach, wenn es erforderlich sein sollte.
- Klopfen Sie mit einem Schraubendreher die Roststellen ab um festzustellen ob die Auspuffanlage an einer Stelle »dünn gerostet« ist.
- Sehen Sie auch unter den Krümmer und kontrollieren Sie die Krümmerdichtungen an den Zylinderköpfen.

Elektrische Anlage

Auch die elektrische Anlage sollte in regelmäßigen Abständen gewartet werden. Natürlich fragt sich, was denn in diesem Bereich gewartet werden kann. Schließlich handelt es sich hier um Komponenten und Bauteile, die am Fahrzeug verbaut worden sind. Gerade aber beim Traktor entstehen im Laufe der Betriebszeit in Schaltern und Steckern, aber auch in Lampenfassungen Korrosion, die früher oder später zum Ausfall oder zu mindestens zu Fehlfunktionen der Bauteile führen können. Eine regelmäßige Kontrolle und (wenn nötig) etwas Spray können hier Geld einsparen.

Warnanzeigen und Kontrollleuchten

An den Warnanzeigen wird es natürlich sofort deutlich, warum im Rahmen der Wartung auch die elektrische Anlage regelmäßig überprüft werden sollte. Ein defekter Temperatursensor kann leicht dafür verantwortlich sein, wenn die Überhitzung des Motors während der Fahrt unentdeckt bleibt und daraus ein Motorschaden resultiert. Zum Ende einer Wartung sollten die Schaltfunktionen überprüft werden.
Es ist wichtig, dass die normale Funktion jeder Kontrollleuchte beobachtet wird. Das Leuchten der Ölkontrollleuchte im Stand und ihr Erlöschen bei laufendem Motor stellen sicher, dass diese Warnleuchte ihre vorgesehene Funktion hat und bei zu geringem Öldruck den Fahrer warnt.

- Schalten Sie die Zündung ein.
- Schalten Sie alle Verbraucher aus.
- Kontrollieren Sie ob die Generatorkontrollleuchte, die Öldruckleuchte und andere möglicherweise verbaute Warnleuchten erkennbar leuchten.
- Schalten Sie die Lichtanlage und die Blinker an und kontrollieren Sie auch hier die Funktion der Kontrollleuchten.

Lassen Sie als Nächstes den Motor laufen. Die Kontrollleuchten mit Warnfunktion wie Öldruck oder Generatorladestrom sollten nun erlöschen. Liegen Fehlfunktionen ind den Kontrollleuchten vor sollten Sie dem sofort nachgehen.

Im Dunkeln erkennbar: vorne schmal und hinten breit!

Licht- und Signalanlage

Die Lichtanlage am Traktor übernimmt wie bei den meisten Fahrzeugen zwei Funktionen. Sie soll zum einen die Fahrbahn ausleuchten und zum anderen das Fahrzeug für die anderen Verkehrsteilnehmer kenntlich machen. Die Farben und die Funktionen der Lichtanlagen werden durch die STVZO oder einem entsprechenden Paragraphen der europäischen Gesetzgebung geregelt. Natürlich sieht es originell aus, mit roten Standlichtern vorne durch die Dunkelheit zu huschen ... die Erkenntnis über das Erscheinungsbild für den entgegenkommenden Autofahrer könnte allerdings zu spät kommen. Auch die Auswahl der Leuchtmittel und die Nachrüstung von Lampen müssen unter sicherheitsrelevanten Aspekten gut überlegt sein. Gebrochene Lampen und defekte Birnchen gehören seid je her zum landwirtschaftlichen Nutzfahrzeug. Selbst sehr hochwertige Komponenten halten den Stress auch Steinschlag, Tauchbad und Schlammpackung nicht ewig aus. Korrosion findet sich irgendwann dann auch im schickesten Rücklicht.
Je nach Einsatzgebiet sollte man also durchaus auch die Beleuchtungsanlage geldbeutelschonend auswählen. Der eine oder andere Ersatzlampe im Regal spart sicherlich auch Versandkosten.

Scheinwerfer einstellen

Scheinwerfer einstellen

Um nachts eine optimale Straßenausleuchtung zu erreichen und am besten niemanden zu blenden, sollten die Scheinwerfer richtig eingestellt werden. Um die Einstellung richtig ausführen zu können, müssen zuerst einige Rahmenbedingungen erfüllt sein:

- Zuerst den Reifenluftdruck überprüfen und gegebenenfalls korrigieren.

- Den Traktor rechtwinklig 5 m von einer senkrechten Wand entfernt aufstellen.
  (Der Boden vor der Wand sollte eben sein und nicht in irgendeine Richtung abfallen).

- Die Scheinwerferhöhe ermitteln (Mitte des Scheinwerfers bis zum Boden).

- Das Licht sollte nun mit der Hell-Dunkel-Grenze ca. 6 cm niedriger, als die Scheinwerferhöhe auf der Wand auftreffen.

- Gegebenenfalls die Höheneinstellung korrigieren.

- Die Mitte des Abblendlichtes markiert die asymmetrische Ablenkung im Lichtbild. Sie darf auf keinen Fall nach links abweichen. Eine Abweichung nach rechts sind bis 20 cm zulässig.

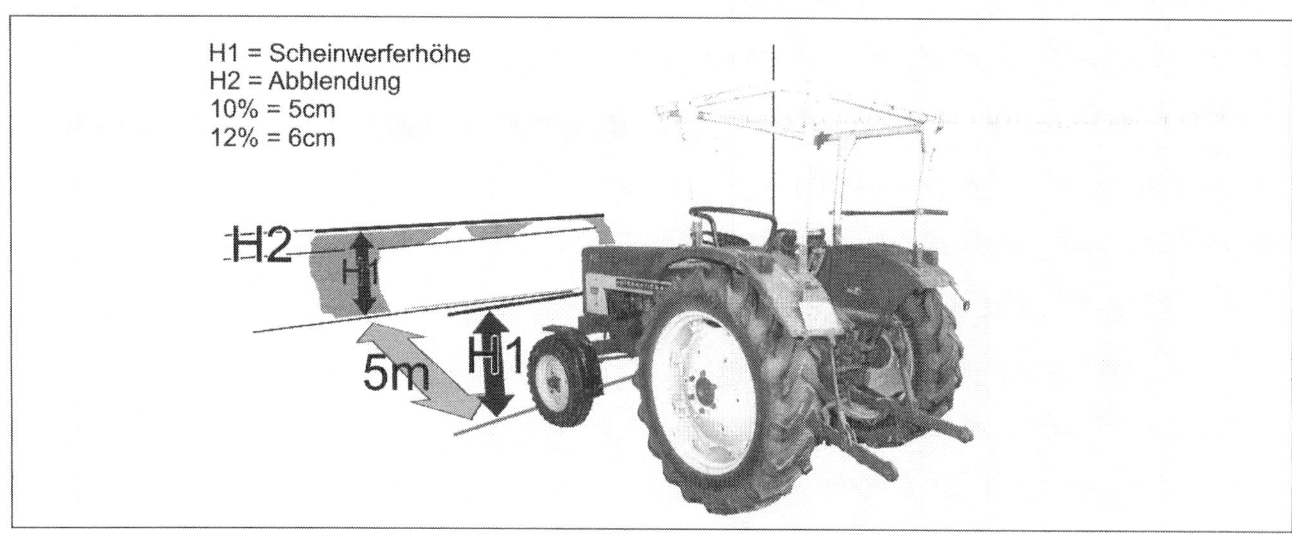

Einstellen an der Wand.

Fahrwerk und Karosserie

Auch das Fahrwerk und die Karosserie unterliegen hohen Beanspruchungen. Vibrationen und Schwingungen wirken durch den Fahrbetrieb auf alle Kunststoffteile. Grundsätzlich sind eigentlich alle Anbauteile eines Traktors immer in Bewegung. Neben den vorgesehenen Bewegungen in Lager und Drehpunkten ergeben sich viele Stellen, die durch Schwingungen oder Überbeanspruchung bewegt werden und irgendwann brechen. Ausgerissene oder eingerissene Verkleidungen stellen hier eher ein kleineres Problem da. Verdeckt auftretende Brüche an Tragrahmen oder an Fahrwerksteilen können deutlich problematischer werden. Die genaue Untersuchung der Abbauteile macht eine gründliche Reinigung zwingend notwendig.

Lagerbuchsen

Am Traktor finden Sie viele Gleitlager, die lediglich durch Lagerfett geschmiert werden. Sind diese ausgeschlagen, werden recht schnell Verschleißspuren an den Lageraufhängungen oder an den Lagerträgern entstehen. Das die Lagerträger oftmals auch der Motor- oder Getriebeblock sind wird die Reparatur aufwendig und meist recht teuer. Genau wie andere Bauteile des Traktors müssen die Lager einer regelmäßigen Kontrolle unterliegen. Hier finden sich in der Regel nur axiales Spiel und Höhenspiel. Sowohl axial als auch in der Höhenrichtung sollte das Spiel fast nicht feststellbar sein. Bei einigen Fahrzeugherstellern sind diese Lagerstellen auch mit Schmiernippeln ausgerüstet, was die Arbeit an diesen Schmierstellen wesentlich erleichtert. Sind keine Schmiernippel vorhanden, sollte die Lagerung demontiert und regelmäßig gefettet werden.

Lagerbuchsen an der Vorderachse prüfen

Lagerbuchsen der Vorderachse prüfen

Lagerbuchsen und Kugelbolzen lassen sich zumeist recht einfach überprüfen.

- Heben Sie mit einem Wagenheber den Traktor soweit an, dass Sie die Lagerstelle lastfrei prüfen können.

- Belasteten Sie die Bauteile wechselseitig mit Druck oder Zug, stellt sich oft schon ein eventuell vorhandenes Spiel in den Lagern oder Bolzen heraus.

Das Spiel eines Lager wird meist vom Hersteller angegeben sollte aber sehr gering ausfallen. In axialer Richtung ist ein Lagerspiel zwischen 0,5 mm und 1 mm ausreichend. In der Tragrichtung sollte annähernd kein Spiel feststellbar sein. Erhöhtes Lagerspiel kann die Radführung deutlich beeinflussen.

- Prüfen Sie, ob die Lager nachstellbar sind.

- Ersetzen Sie die Lager, wenn das Spiel ungleichmäßig oder zu groß ist.

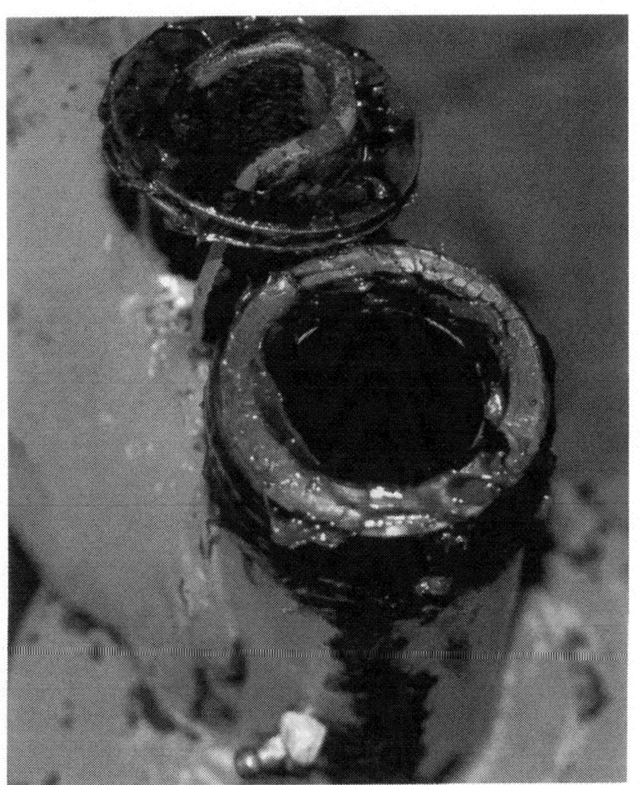

So soll es nicht aussehen: Ausgeschlagen und ausgewaschen!

Kugelbolzen der Lenkung

Der Aufbau der Lenkungsbolzen ist recht einfach. Sie besitzen im Inneren eine Stahlkugel, die in Kunststoff gelagert ist. Sie sind zweidimensional beweglich und unterliegen natürlich auch dem Verschleiß. Um auch ein sehr kleines Lagerspiel feststellen zu können, kann man den Gelenkbolzen fest mit einer Hand umfassen. Bei einer schnellen Hin- und Herbewegung der Lenkung wird das Spiel »spürbar«. Das Höhenspiel kann durch Hochziehen und Herunterdrücken des Bolzens überprüft werden. Der einwandfreie Zustand ist genauso wichtig wie der Zustand der anderen Lenkungslager. Defekte Bauteile sollten sofort ersetzt werden.

Kugelbolzen der Querlenker Vorderachse

Ähnlich wie die Lagerbuchsen können auch die Kugelbolzen überprüft werden. Da sie sich zweidimensional bewegen können, müssen sie auch zweidimensional geprüft werden. Zudem kommt noch dazu, dass der Verschleiß des Kugelbolzens, oder besser Kugelgelenkbolzens, ein Höhenspiel verursachen kann.

- Bewegen Sie die Lenkung wechselseitig nach links oder rechts, hier stellt sich oft ein eventuell vorhandenes Spiel in den Kugelgelenkbolzen heraus.
- Fühlen Sie mit der Hand ob und wo Spiel in den Gelenkbolzen feststellbar ist.

Es darf kein Spiel in den Kugelgelenköfen bemerkbar sein. Wird Spiel, also Verschleiß festgestellt, muss der Gelenkbolzen ersetzt werden. Ausgeschlagene Gelenkbolzen kollabieren oft recht schnell.

- Das Höhenspiel kann aber durch Ziehen und Drücken in die Bewegungsrichtung der Querlenker erkannt werden.

Die Gelenkbolzen an Spurstange und Schubstange der Lenkung.

Lenkwelle

Die Lenkwelle beim Traktor wird in der Hauptsache durch die Lenkbewegungen und durch Vibrationen belastet. Es handelt sich hier nicht nur um Belastungen in der Drehrichtung. Genauso treten Kräfte auf, die diese Welle auf Biegung beanspruchen. Da die Lenkwelle nicht nur das Lenkgetriebe der Vorderachse zusammenhält, sondern zudem noch für einen sicheren Sitz des Lenkers zuständig ist, muss sie steht im einwandfreien Zustand sein. Lagerungen und Umlenkpunkte müssen spielfrei und leichtgängig sein.

Lenkrad

Gerade das Material der alten Lenkräder stellt ein Problem dar. Rissbildungen im Kunststoff ermöglichen das Eindringen von Wasser. Der entstehende Rost auf dem Tragrahmen aus Stahl des Lenkrades bedingt neue Rissbildungen. Hier bleibt nur die im Traktorsonderband »Kauf, Kosten und Restauration« beschriebene Lenkradreparatur oder der Neuteilersatz. Eingerissene, verbogene oder anderweitig beschädigte Lenker und Armaturen sollten unbedingt sofort ersetzt werden. Beschädigungen an Lenker- und Bedienungsteilen bergen ein sehr großes Verletzungsrisiko.

Bremsanlage

Alle Bremsanlagen der Fahrzeuge unterliegen den Anforderungen der STVZO oder einer entsprechenden Richtlinie der Europäischen Union. Die Leistung der Bremse ist definiert. Um die Funktion einer Bremsanlage prüfen zu können, muss die Funktion, der Aufbau und die Anforderung an die Bremsanlage bekannt sein.

Mechanische Trommelbremse

Im Gegensatz zur Scheibenbremse werden die Beläge axial in den Eingriff gebracht. Der Nachteil liegt darin, dass bei zunehmender Wärme die Bremstrommel sich an der Befestigungsseite stärker abkühlt und die Anlagefläche der Beläge zunehmend geringer wird. Die Bremsleistung einer Trommelbremse fällt somit deutlich geringer aus als die der Scheibenbremse. Ein weiterer Nachteil liegt darin, dass der Antrieb des Belages in der Trommel verbleibt. Bei Fahrzeugen mit Trommelbremse ist es somit sehr wichtig, die Trommel im Rahmen der Wartung regelmäßig zu öffnen und auch zu reinigen. Achten Sie immer auch auf die

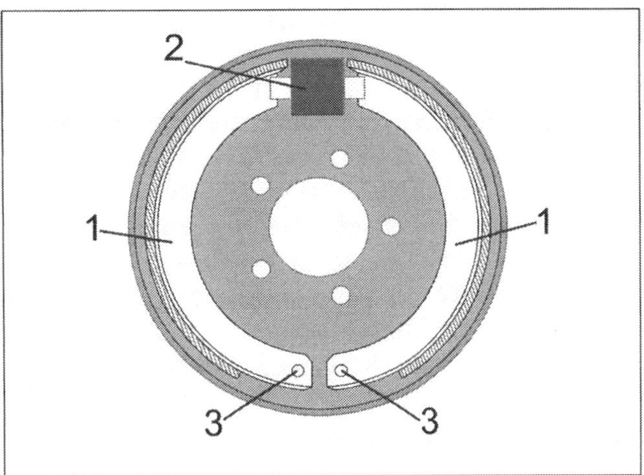

Simplexbremse: 1 Bremsbacken, 2 Bremszylinder, 3 Auflagerpunkte.

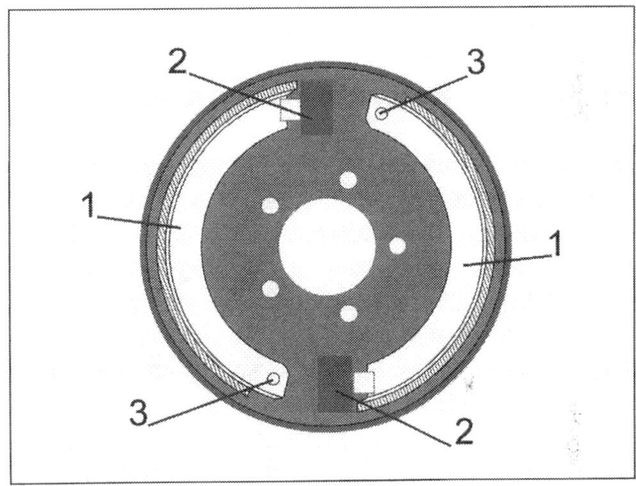

Duplexbremse: 1 Bremsbacken, 2 Bremszylinder, 3 Auflagerpunkte.

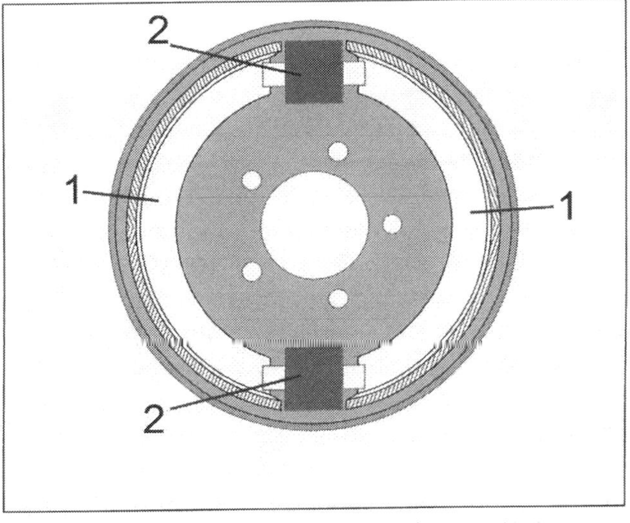

Duo Duplexbremse: 1 Bremsbacken, 2 Bremszylinder.

Leichtgängigkeit der Wellen Zugstreben und Seilzüge. Sehr wichtig ist auch die gleichmäßige Einstellung der Koppelbremse.

- Legen Sie Unterlegkeile unter die Vorderräder.
- Heben Sie das hintere Ende des Traktors, soweit an das die Hinterräder frei drehen können.
- Drehen Sie die Verstellungen der Bremsanlage soweit zu, bis die Bremsbeläge anliegen.
- Lösen Sie die Verstellungen etwa 1 Umdrehung gleichmäßig für beide Räder.
- Achten Sie darauf das beide Räder wieder frei drehen.
- Sichern Sie die Verstellungen und fetten Sie die Gewinde als Korrosionsschutz leicht ein.
- Stellen Sie den Traktor wieder auf die Räder und entfernen Sie die Sicherungsmaßnahmen.
- Führen Sie eine Probefahrt durch.

Prüfen der hydraulischen Anlage

Neben der normalen Funktion der hydraulischen Anlage unterscheidet man zwischen Sichtprüfung, Druckprüfung und Dichtheitsprüfung. Die Niederdruckprüfung wird heute in der Regel nicht mehr durchgeführt. Die Dichtheitsprüfung wird in der Regel im Zusammenhang mit der Hochdruckprüfung durchgeführt. Lassen Sie den Motor laufen und betätigen Sie die Ackerschiene oder den Frontlader.
Achten Sie darauf, ob im Bereich der Pumpe, der Betätigungszylinder oder der Betätigungsventile Undichtheiten erkennbar sind.

Probefahrt

Die Probefahrt dient nicht dazu um sich mit dem Fahrzeug fortzubewegen, sondern gibt dem Mechaniker die Möglichkeit die Funktionen und das Verhalten des Fahrzeugs und seiner Bauteile zu überprüfen. Fehlfunktionen können meist recht gut erkannt werden.
Gerade diese »Prüfungsfunktion« erfordert meist den größten Teil der Aufmerksamkeit. Um sich selbst und den anderen Straßenverkehr nicht unnötig zu gefährden, sollte man sich eine Probefahrtstrecke suchen, die möglichst wenig befahren ist. Günstigstenfalls finden sich ein Gefälle und eine Steigung auf der »Probefahrtstrecke«. So können auch leicht Höchstgeschwindigkeit, Gasannahme und das Schaltverhalten des Getriebes sowie eventuell auftretende Geräusche überprüft werden.

Die Probefahrt gehört durchaus zu den anspruchsvollen Arbeiten: Das Zusammenspiel der Fahrzeugsysteme und das Fahrverhalten müssen bewertet werden.

Bremstest

In der Regel wird bei Traktoren nur die Hinterachse gebremst. Das wiederum ergibt die Möglichkeit, die Bremswirkung während der Fahrt zu testen. Zieht der Schlepper beim Bremsen in eine Richtung, sollten in jedem Fall die Beläge und natürlich auch die Einstellung der Betätigung überprüft werden.
Die Bremsleistung, also die tatsächliche Kraft der Bremse kann nur während der Fahrt oder auf einem Prüfstand ermittelt werden. Die Grundeinstellung der Bremsanlage ist recht einfach zu bewerkstelligen. Zum einen muss der Hebelweg so eingestellt sein, dass der Hebel am Druckpunkt, also da wo die Bremse beginnt zu ziehen, gut zu betätigen ist. Zum anderen darf der Hebel bei einer Vollbremsung sich nicht bis zum Anschlag treten lassen. Diese Prüfung kann natürlich auch noch im Stand durchgeführt werden. Grundsätzlich muss die Bremse in der Lage sein, das Rad während der Fahrt auf trockener Straße zum Blockieren zu bringen. Man kann sich vorstellen, dass gerade bei dieser Probefahrtsituation sehr große Aufmerksamkeit und auch Fahrzeugbeherrschung gefragt ist. Man muss also sehr genau darauf achten, diese Prüfung als definierte Situation kurz, gut vorbereitet und sehr aufmerksam durchgeführt wird.

Höchstgeschwindigkeit

Gerade beim Diesel kann die Höchstgeschwindigkeit ein Indiz für die Leistungsentfaltung sein. Die Kraftstoffmenge bestimmt die mögliche Motorlast und auch die Motordrehzahl. Wird die werksmäßig angegebene Fahrgeschwindigkeit nicht erreicht, sollte der Kraftstoffversorgung oder der Einstellung der Einspritzpumpe erhöhte Aufmerksamkeit geschenkt werden.

Lenkverhalten

Ob der Geradeauslauf in Ordnung ist oder permanent Kraft eingesetzt werden muss um den Traktor in der Spur zu halten ist genauso wichtig wie das Lenkverhalten des Schleppers. Stellt sich die Lenkung nach der Kurvenfahrt selbsttätig wieder in die Geradeausstellung? Muss die Fahrtrichtung häufig korrigiert werden? Wie verhält sich die Lenkung bei der Rückwärtsfahrt eventuell sogar bei vollem Lenkeinschlag? All diese Fragen und möglicherweise auffällige ungleichmäßige Reaktionen können ein wertvoller Hinweiß auf defekte oder fehlerhafte Einstellungen sein, die im Rahmen der Inspektion genauer unter die Lupe genommen werden müssen.

Inspektions- und Wartungsplan

Natürlich hat jedes einzelne Fahrzeug seinen speziellen vom Hersteller erstellten Wartungsplan.
Wie man aus dem Inspektionsplan entnehmen kann, gibt es Intervalle, bei denen die Flüssigkeiten gewechselt werden sollen. Auch wenn der Traktor nur wenig bewegt wurde, verlieren beispielsweise die Additive im Öl langsam ihre Wirkung. Bei Fahrzeugen, die recht häufig stehen, zumindest alle 5 Jahre die Öle wechseln. Im Traktor sind in der Regel größere Ölmengen zu erwarten. Auch sind in den meisten Fällen besondere Öle vorgeschrieben. Die Kosten müssen immer etwas im Auge behalten werden.
Bei Fahrzeugen, die unter erschwerten Bedingungen betrieben werden wie beispielsweise im Arbeitseinsatz, werden die Wartungsintervalle verkürzt. Auch nach längerer Standzeit sollte zuerst eine Inspektion durchgeführt werden.

Tipps zu den Wartungsarbeiten

PRAXISTIPP

- Schalten Sie vor den Wartungsarbeiten immer den Motor aus.
- Ziehen Sie die Handbremse an.
- Sauberkeit im Umgang mit Ölen und anderen Schmiermitteln ist sehr wichtig.
- Prüfen Sie das abgelassene Öl grundsätzlich auf Abrieb und Späne. Sich anbahnende kostspielige Reparaturen können eventuell frühzeitig erkannt werden.
- Bei der Überprüfung von Flüssigkeitsständen muss der Traktor immer auf einer ebenen Fläche stehen.
- Die Flüssigkeitsstände sollten immer im kalten Zustand überprüft werden. Die Wärmeausdehnung kann sonst die Ergebnisse verfälschen.
- Vermeiden Sie die Berührung der Heißteile des Motors, solange sie noch erwärmt sind.
- Halten Sie die Oberflächen des Motors immer sauber. Zum einen werden Leckagen schneller gefunden und zum anderen kann auch die Motoroberfläche einen Betrag zur Kühlung leisten.
- Reinigen Sie die Kühlluftkanäle zum Zylinder und vom Gebläse aus regelmäßig.
- Montieren Sie nach jeder Arbeit alle Schutzverkleidungen und Abdeckungen wieder.
- Entsorgen Sie abgelassene Flüssigkeiten immer umweltgerecht.

Abschmieren mit der Fettpresse

PRAXISTIPP

- Reinigen Sie die Schmiernippel vor dem Aufsetzen der Fettpresse gründlich.
- Ersetzen Sie verschlissene Fettnippel sofort.
- Pumpen Sie, so lange Schmierfett in den Nippel, bis sauberes Schmierfett aus den Lagerstellen austritt. (Achten Sie dabei auf eventuell anderslautende Anweisung des Treckerherstellers!)
- Wischen Sie überschüssiges Fett gründlich ab.
- Beim Abschmieren von Lagern oder Gelenkstellen müssen diese entlastet werden. Wenn irgend möglich, sollte die Abschmierung in unterschiedlichen Stellungen der Lagerstelle erfolgen. Ein Verdrehen des Lagers oder beispielsweise das Einschlagen der Lenkung kann hier schon helfen.

Abschmierplan am Beispiel unseres Porsches

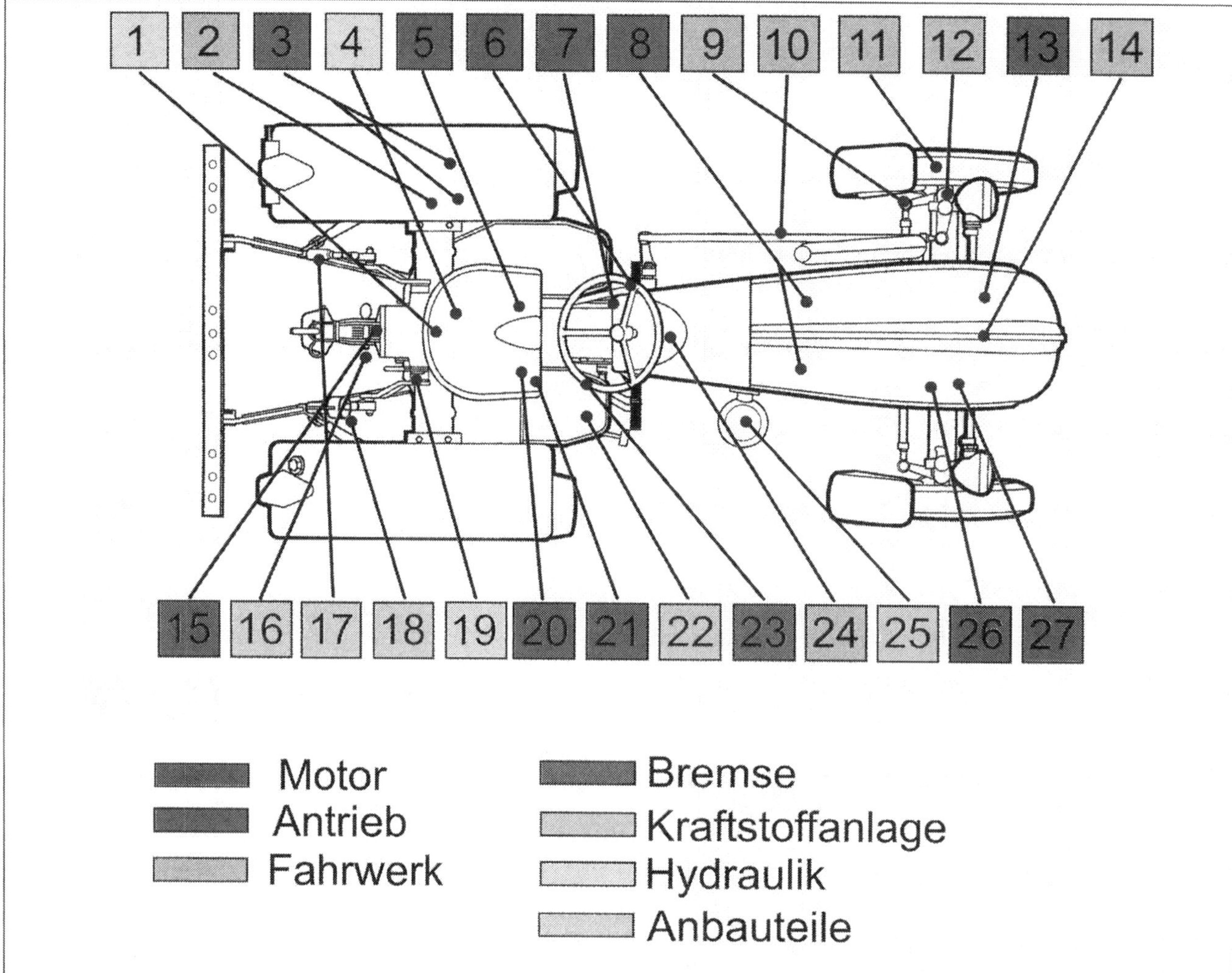

Nr.	Baugruppe	Bauteil	Jeden Tag	Jede Woche	Jeden Monat	Jedes Jahr
1	Hydraulik	Einfüllstutzen Hydrauliköl			K	
2	Fahrwerk	Achslager hinten			S	
3	Bremse	Bremswellenlager			S	
4	Hydraulik	Ablassstopfen				W*
5	Antrieb	Getriebeölkontrollschraube			K****	
6	Antrieb	Lager für Kupplungs- und Bremswelle			S	
7	Antrieb	Lager für Kupplungsgestänge			S	
8	Antrieb	Welle für Ausrückhebel			S	
9	Fahrwerk	Spurstangengelenke		S		
10	Fahrwerk	Lenkschubstangengelenke		S		
11	Fahrwerk	Vorderradnaben	S			
12	Fahrwerk	Achsschenkel	S			
13	Motor	Motorölwechsel		Etwa alle 100–150 Betriebsstunden		

Nr.	Baugruppe	Bauteil	Jeden Tag	Jede Woche	Jeden Monat	Jedes Jahr
14	Fahrwerk	Achsbolzen Pendelachse		S		
15	Antrieb	Getriebeölablassschraube für den Ölwechsel				W****
16	Anbauteile	Anhängekupplung			S	
17	Anbauteile	Verstellspindel		S		
18	Anbauteile	Verstellhandrad		S		
19	Hydraulik	Schauglas Hydraulik			K	
20	Antrieb	Einfüllöffnung Getriebeöl				W****
21	Antrieb	Differenzialsperrhebel			S	
22	Kraftstoffanlage	Gaspedallagerung		S		
23	Bremse	Bremspedallagerung		S		
24	Fahrwerk	Lenkgetriebegehäuse				W**
25	Kraftstoffanlage	Reinigung und Ölwechsel am Ölbadluftfilter	W*****	W*		
26	Motor	Ölmessstab	K***			
27	Motor	Filter reinigen, Motoröleinfüllstutzen und Ölfilterreinigung	Etwa alle 100–150 Betriebsstunden			

* Motorenöl SAE 10 oder Hydrauliköl; ** Getriebeöl SAE 104; *** SAE 10 im Winter, SAE 20 im Sommer, SAE 30 bei Temperaturen über 30°C (heute: SAE 10W30 für alle Bereiche); **** Getriebeöl SAE 90; ***** bei Arbeiten in starkem Staub und Schmutz muss der Wechsel täglich erfolgen.

PRAXISTIPP

Anbauteile

In keinem Wartungsplan finden sich die Bauteile, die nachgerüstet oder umgebaut wurden. Diese Teile und ihre Befestigung müssen auch regelmäßigen Kontrollen unterliegen. Gerade Anbauteile aus Aluminium verchromte Schrauben und ein Stahlrahmen können aufgrund chemischer Prozesse Korrosion bilden. Dementsprechend sollte den Verbindungsstellen und natürlich auch den Bauteilen selbst regelmäßig ein kontrollierender Blick geschenkt werden. Sich lösende Schrauben sollten bei dieser Gelegenheit durch entsprechende Sicherungen wie Gewindekleber oder selbst sichernde Muttern nach gebessert werden.

Wartungsplan zur universellen Verwendung

Dieser Wartungsplan wurde aus mehreren Wartungsplänen zusammengefasst und soll als Muster herhalten. Insoweit für Ihren Traktor ein Eigener besteht, muss diesem natürlich der Vorzug gegeben werden, insoweit er diesem nicht entspricht. Die Reihenfolge der Arbeiten gibt einen systematischen Ablauf vor.

Alle anderen Inspektionen sind bei Erreichen von weiteren 3000 km fällig. Alle 12 bzw. 24 Monate fallen zusätzliche Arbeiten an. Auch bei geringen Laufleistungen ist die Jahresinspektion durchzuführen. Die Angabe in „h" bezeichnet die Betriebsstunden.	Bemerkung	1000 km 20 h	3000 km 80h	6000 km 160h	12 Monate 160h	24 Monate 320h
Motoröl	Zustand, Füllvolumen, Intervall.	W	W	K	K	
Getriebeöl	Zustand, Füllvolumen, Intervall.	K	K	W	K	

Alle anderen Inspektionen sind bei Erreichen von weiteren 3000 km fällig. Alle 12 bzw. 24 Monate fallen zusätzliche Arbeiten an. Auch bei geringen Laufleistungen ist die Jahresinspektion durchzuführen. Die Angabe in „h" bezeichnet die Betriebsstunden.	Bemerkung	1000 km 20 h	3000 km 80h	6000 km 160h	12 Monate 160h	24 Monate 320h
Achsgetriebeöl	Zustand, Füllvolumen, Intervall.	K	K	W	K	
Bremsflüssigkeit	DOT 4	K	K	K	K	W
Kühlwasser	Kühlerfrostschutz -25°C	K	K	K	K	W
Batteriefüllung	Destilliertes Wasser	K	K	K	K	
Luftfilter	Nach Bedarf (siehe Schmierplan)		R	R	R	
Ölfilter	Einsatz		W/R	W/R		
Kraftstofffilter	Einsatz	K	K	W/R	K	
Ölfiltersieb			R	R		
Luftfilter	Nach Bedarf (K+N) ISO VG150		R	R/W	K	
Ölfilter			W/R	W/R		
Motorentlüftung	Schlauch und Filter.	K		K		R
Kraftstofffilter	6544-553	K	K	W	K	
Kraftstoffleitung	Auf Dichtheit und Zustand prüfen.	K	K	K	K	
Verschraubungen an Rahmen und Motor	Festziehen oder nachziehen.	K		K	K	
Ölfiltersieb	Vorfiltersystem		R	R		
Ventilspiel (Motor muss kalt sein!)	Daten siehe Herstellerangaben.	K		K	K	
Keilriemen	Verschleiß, Laufspuren.			K	K	
Zündkerze	Zustand, Elektrodenabstand prüfen.		K	W	W	
Kerzenstecker prüfen eventuell reinigen	Zustand, Funkenspuren Anschluss an Kabel und Kerze.	K	K	K	K	
Vergasereinstellung	CO Tester					
	Synchrontester					
	Kaltstarteinrichtung testen.	K	K	K	K	
Zündungseinstellung	Zündzeitpunkt,					
Zündspannung, Brenndauer ...	K		K			
Batterieladung	13V-14,5V	K		K	K	
Dichtheit Kraftstoffanlage	Kraftstoffpumpe, Vergaser, Einspritzsystem und Leitungen bei Motorlauf.	K	K	K	K	

Alle anderen Inspektionen sind bei Erreichen von weiteren 3000 km fällig. Alle 12 bzw. 24 Monate fallen zusätzliche Arbeiten an. Auch bei geringen Laufleistungen ist die Jahresinspektion durchzuführen. Die Angabe in „h" bezeichnet die Betriebsstunden.	Bemerkung	1000 km 20 h	3000 km 80h	6000 km 160h	12 Monate 160h	24 Monate 320h
Dichtheit Auspuffsystem	Übergänge, Schellen, Flansche.	K	K	K	K	
Dichtheit Ölversorgung		K	K	K	K	
Dichtheit Kühlmittel	Schläuche, Dichtungen, Kühler und Behälter.	K	K	K	K	
Funktion des Thermostates		K	K	K	K	
Verschmutzung des Kühlers		K	K	K	K	
Bremsbeläge hinten	Min. 2 mm		K	K		
Elektrische Anlage		K	K	K		
Bowdenzüge		K		K	K	
Bremsleitungen		K		K	K	
Reifendruck	Nach Herstellerangaben.	K	K	K	K	
Reifenzustand	Min. 5 mm Profil, Keine Beschädigungen, Dichtheit.	K	K	K	K	
Felgenzustand	Keine Beschädigungen.					
Rundlauf		K	K	K	K	
Lichttest		K	K	K	K	
Tachoantrieb und Tachowelle		K		K		
Sitz der Schrauben		K	K	K	K	
Gelenkbolzen		K		K	K	
Spurstangen		K		K	K	
Achsvermessung	Spur 0				W	
Schmierpunkte Vorderachse	NL GI 1-2 Lagerfett säurefrei.	W		W	W	
Schmierpunkte Hinterachse	NL GI 1-2 Lagerfett säurefrei.	W		W	W	
Radlagerspiel	NL GI 1-2 Lagerfett säurefrei.		K	K	K	
Spiel Lenksäule	NL GI 1-2 Lagerfett säurefrei.			K	K	
TÜV Untersuchung						W
Korrosionskontrolle		K	K	K	K	
Lack- und Oberfläche		K	K	K	K	
Funktion der Kupplung	Anfahren, Auskuppeln, Leerlauf einlegen.	K	K		K	
Fahrverhalten	Richtungsstabilität, Bremsverhalten.					
Lenkverhalten		K	K	K	K	

R = Reinigen
W = Wechseln
K = Kontrollieren
C = Einsenden zum Wartungscheck (zum Hersteller)

Der Motor

Der Motor ist das Herzstück des Traktors. Ihn instand zu halten, ist nicht weiter schwierig. Im folgenden Kapitel geben wir Ihnen Anleitungen und Tipps, damit es unter der Motorhaube dauerhaft brummt.

Prüfungen und Reparaturen am Motor

Der Viertaktmotor

Der Viertaktmotor hat seinen Namen aufgrund der Unterteilung der einzelnen Arbeitsschritte (auch »Takte« genannt) bekommen. Wie der Name schon sagt, finden vier einzelne Arbeitstakte statt.

Der erste Takt wird »Ansaugtakt« genannt.
Der Kolben bewegt sich nun von OT nach UT, also abwärts. Der Raum über dem Kolben wird größer und so ein Unterdruck erzeugt. Durch das geöffnete Einlassventil wird nun Frischgas angesaugt - beim Benziner handelt es sich hier um ein Benzin-Luft-Gemisch, beim Diesel lediglich um Luft.
Wenn sich die Kurbelwelle nun weiterdreht, wird der Raum über dem Kolben durch die Aufwärtsbewegung des Kolbens verkleinert. Das Auslassventil wird geschlossen. Da das angesaugte Frischgas nicht entweichen kann und es somit zusammengepresst wird, nennt sich der zweite Takt »verdichten«.
Im dritten Takt, kurz vor dem oberen Totpunkt, wird mit Hilfe einer Zündkerze gezündet. Der Druck des »explodierenden« Gemisches treibt den Kolben nun wieder in Richtung »UT« abwärts. Diesen Vorgang, der übrigens der einzige ist, bei dem der Motor »Arbeit« verrichtet, nennt sich »Arbeitstakt«.
Mit der Kolbenbewegung von UT nach OT beginnt der vierte Takt. Nun wird der Raum über dem Kolbenboden verkleinert und das verbrannte Abgas durch das geöffnete Auslassventil heraus geschoben. Dieser Arbeitsschritt nennt sich »Auslasstakt«.
Diesen Arbeitszyklus, der sich fortwährend wiederholt, nennt man auch ein Arbeitsspiel. Um ein Arbeitsspiel durchlaufen zu können, benötigt der »Viertakter« zwei Kurbelwellenumdrehungen. Das bedeutet, dass bei einer Drehzahl von 3000 1/min auf dem Drehzahlmesser lediglich 1500 Arbeitstakte stattfinden.
Gewicht spielt bei den Traktoren nur eine untergeordnete Rolle, Langlebigkeit und großes Drehmoment sind für den Arbeitsdienst deutlich wichtiger.

Kompressionsdruck messen

Bevor wir mit dem Zerlegen des Motors beginnen, müssen erst einige Arbeitsschritte durchgeführt werden. Schließlich soll zuerst nachvollziehbar festgestellt werden, was mit dem Motor los ist. Zuerst wird die Kompression geprüft.

- Demontieren Sie die Einspritzleitungen. Achtung: Hier tritt eine Restmenge Kraftstoff aus. Die Leitungen legt man am besten fein säuberlich auf einem fusselfreien Tuch auf der Werkbank ab. Es ist darauf zu achten, dass sie in der richtigen Reihenfolge ablegt werden. So erspart man sich ein lästiges Suchen und Probieren beim Einbau.
- Nun werden die Einspritzdüsen entfernt. Hier gibt es zwei Varianten der Befestigung. Entweder ist die Düse in den Zylinderkopf eingeschraubt oder sie ist gesteckt und durch einen Klemmbügel gehalten. Ist die Düse direkt in den Kopf geschraubt, so ist das daran zu erkennen, dass sie außen einen Sechskant hat. Zum Lösen solcher Düsen empfiehlt sich eine spezielle Nuss, welche extra-lang ist, sodass sie komplett über die Düse gestülpt werden kann. Beim Entfernen der Düse aus dem Kopf ist darauf zu achten, dass zwi-

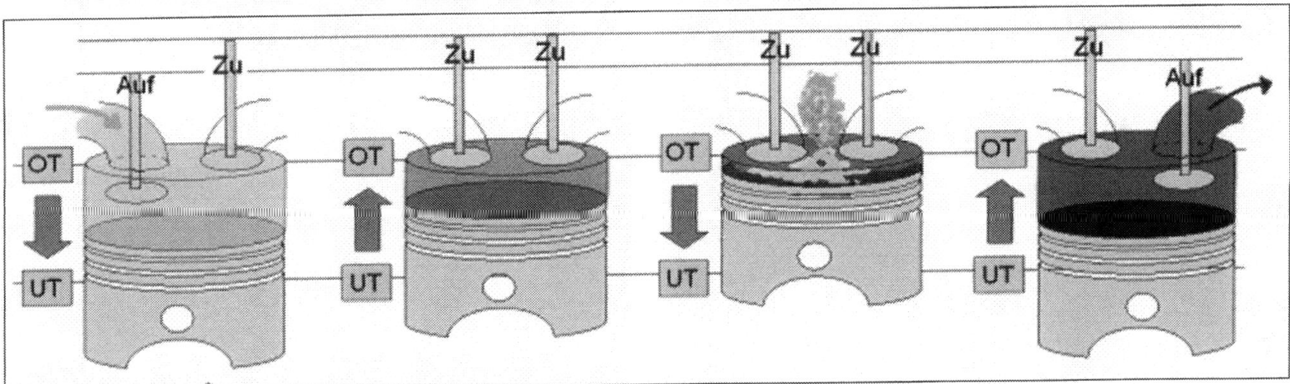

Die Takte am Viertaktmotor: Das läuft alles in einem Zylinder ab.

Eingeschraubte Düse.

Geklemmte Düse.

Festgerostete Düse.

schen Düse und Kopf noch eine Dichtscheibe ist. Diese fällt einem gerne unbemerkt herunter und wird dann beim Einbau schnell vergessen.

Bei geklemmten Düsen muss zuerst die Mutter des Klemmbügels gelöst werden, um diesen dann abzunehmen. Bei einigen Herstellern ist der Haltebügel auch direkt mit dem Düsenkörper verbunden. Nun kann die Düse aus dem Zylinderkopf herausgezogen werden. Dies gestaltet sich häufig etwas schwierig, da die Düsen gerne im Kopf festsitzen. Daher gut mit Rostlöser einsprühen und durch vorsichtiges Drehen und Hebeln der Düse versuchen, diese zu lockern. Aufpassen, das nichts beschädigt wird! Sind die Düsen dann aus dem Zylinderkopf entfernt, legt man diese ebenfalls auf einem fusselfreien Tuch auf der Werkbank ab.

■ Damit bei der Kompressionsmessung kein Kraftstoff austritt, muss entweder der Zug zum Abstellen des Motors gezogen oder, bei neueren Motoren mit elektrischer Abstellung, das Kabel vom Abschaltventil der Einspritzpumpe gelöst werden. So ist sicher gestellt, dass die Einspritzpumpe nicht fördert und daher auch kein Kraftstoff aus den Leitungen austritt.

■ Nun kommt der Kompressionsdruckmesser zum Einsatz. Dieser wird mit der Anschlussleitung in die Düsenöffnung eingeschraubt. Dichtring nicht vergessen und gut anziehen, damit der Druck nicht entweichen kann.

Wenn nun der Motor gestartet wird, bildet sich bei jedem Verdichtungshub ein Druck im Zylinder. Dieser wird von dem Messgerät aufgezeichnet. Um ein korrektes Ergebnis auf allen Zylinder zu erzielen, lässt man den Motor ca. 10–15 Umdrehungen pro Messvorgang drehen. Am besten macht man das mit einer

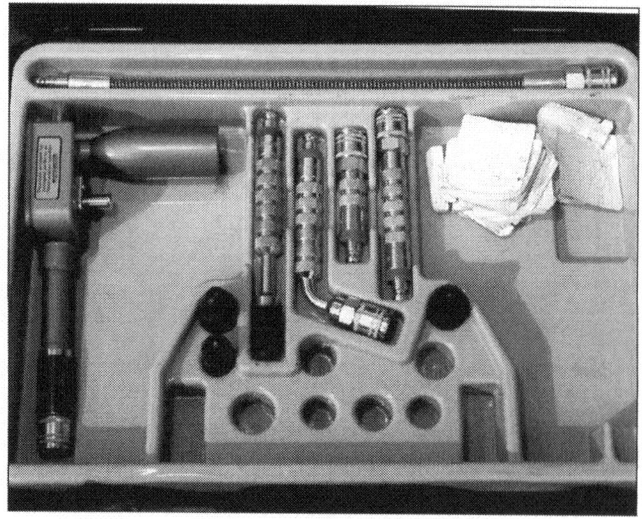

Messkoffer für den Kompressionsdruckmesser.

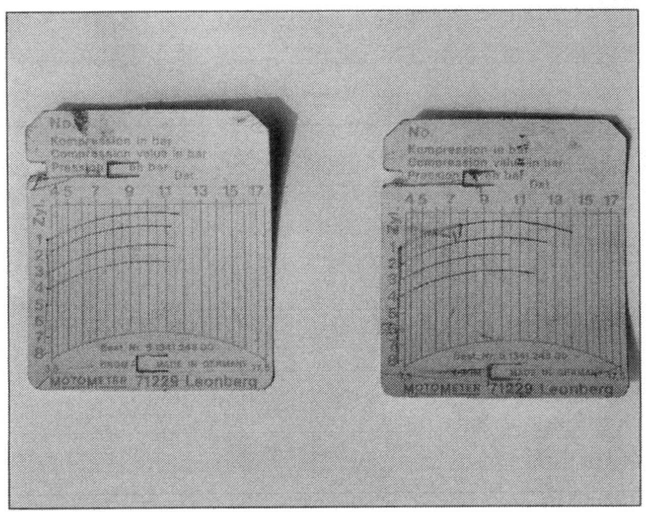

Kompressionsdruckverlaufskurven.

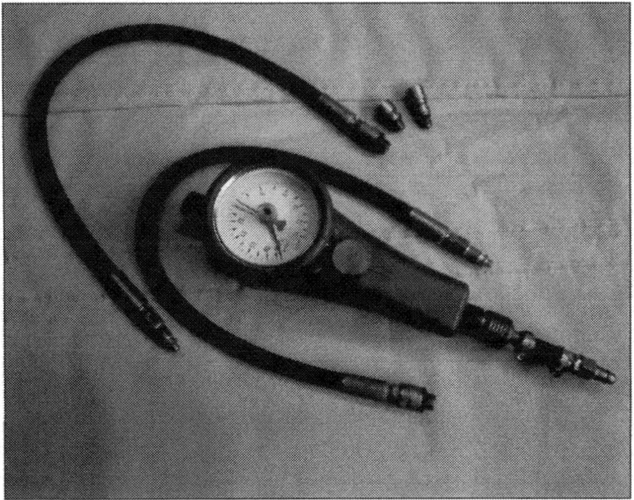

Druckverlusttester als Set.

zweiten Person zusammen. So kann einer starten und aufpassen, dass, falls noch vorhanden, der Abstellzug immer gezogen ist, und der andere hält das Messgerät. Wenn alle Zylinder durchgeprüft sind, kann die Diagrammscheibe aus dem Messgerät entfernt und die gemessenen Drücke abgelesen werden.

Die Kompressionsdruckverlaufskurven sollten nach Möglichkeit auf allen Zylinder in etwa gleich sein. Solldruck ist ca. 20 bar.

Sollte hier eine erhebliche Abweichung sein, so besteht bei diesem Zylinder ein Problem mit der Verdichtung. Dies kann mehrere Ursachen haben – angefangen bei einer defekten Zylinderkopfdichtung oder defekten Kolbenringen, zu eng eingestellten oder durchgebrannten Ventilen bis hin zum Kolbenfresser. Auf jeden Fall heißt es, dass bei diesem Zylinder mit etwas mehr Arbeit zu rechnen ist.

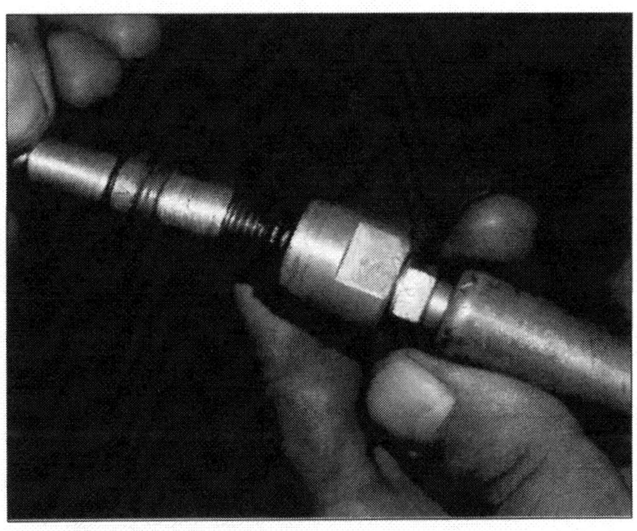

Anschlussadapter montieren.

Druckverlustprüfung

Die Druckverlustprüfung ergibt ein ähnliches Ergebnis wie der Kompressionstest. Die Auswertung erfolgt allerdings in Prozent. Er beschreibt den Druckverlust, also die Undichtheit des Zylinders. Im Gegensatz zum Kompressionstest kann aber eine Aussage getroffen werden, wo der Druckverlust stattfindet.

- Wie beim Kompressionstest werden entweder die Glühkerzen oder die Einspritzdüsen ausgebaut und ein Anschlussadapter montiert.
- Als Nächstes wird der Druckverlusttester auf den Kompressordruck eingerichtet. Mit dem Einstellrad wird die Anzeige bei abgezogenem Adapteranschluss »genullt«.

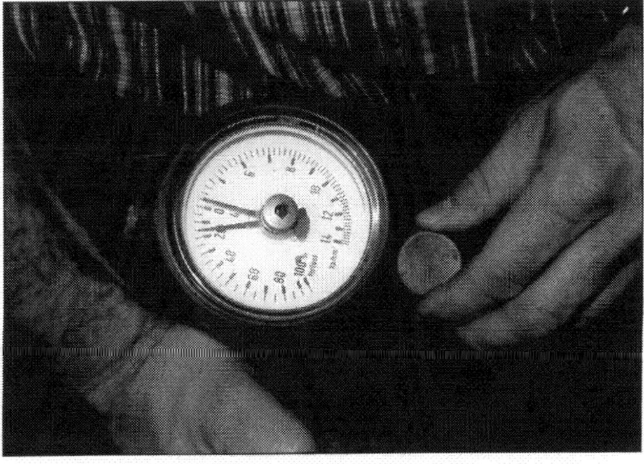

Druckverlusttester abgleichen: 0% = kein Druckverlust, 100% zeigt er an, wenn der Anschlussadapter nicht am Motor angeschlossen wurde.

Der Motor muss sich im Verdichtungstakt oder im Arbeitstakt befinden. Beide Ventile sind dann geschlossen.

Blockieren Sie den Motor. Oftmals reicht es aus, einen Gang einzulegen und die Bremse anzuziehen. Erst dann darf der Druckverlusttester mit dem Motor verbunden werden.

Versuchen Sie nie den Motor von Hand mit einem Schlüssel festzuhalten. Zuweilen entwickelt die Druckluft über den Kurbeltrieb unerwartet viel Kraft. Verletzungen können dann nicht ausgeschlossen werden!

Der Druckverlust auf diesem Zylinder kann nach dem Anschließen des Testers abgelesen werden.
Ein Druckverlust bis zu 20 % beim Dieselmotor kann als „normal" angesehen werden. In der Regel sollte der Verlust an den Kolbenringen vorbei ins Kurbelgehäuse entweichen. Das ist dann sehr gut durch zischende Geräusche im Kurbelgehäuse hörbar, wenn der Öleinfüllstutzen abgenommen wird. Zischende Geräusche im Ansaugtrakt weisen auf ein undichtes

Für gefühlvolle Dichter und Denker: Hammer-schnelle Ventilbetätigung zum Dichten.

Gerade bei Motoren, die schon länger stehen, kann sich Korrosion oder Dreck am Ventilsitz befinden. Schnelle Betätigung des entsprechenden Ventils kann hier Abhilfe schaffen. Diese schnelle Bewegung lässt sich vorsichtig mit einem Hammer und einem Hartholzklötzchen bewerkstelligen!

Einlassventil hin. Ein undichtes Auslassventil verursacht Geräusche aus dem Auspuff. Die Zischgeräusche sind oftmals nur dann wahrnehmbar, wenn es ruhig in der Werkstatt ist. Das Radio sollte also für diese Arbeiten ausgeschaltet bleiben.

In extremen Fällen kann sogar ein deutliches »Blubbern« im Kühlsystem zu hören sein. Das ist dann ein sicheres Zeichen, dass die Zylinderkopfdichtung oder sogar die Zylinderlaufbuchse beschädigt ist.Die Demontage ist dann unabwendbar.

Demontage der Zylinder

Zur Demontage der Zylinder sind einige vorbereitende Arbeiten notwendig. So muss z.B. der Ansaug- und der Auspufftrakt demontiert, die Einspritzleitungen und ggf. die Wasserschläuche gelöst werden.

Nun wird zuerst der Ventildeckel abgenommen. Sollte der Ventildeckel nach dem Entfernen der Befestigungsschrauben noch »festkleben«, so kann dieser durch leichte Schläge mit einem Kunststoffhammer gelöst werden.

Danach muss die Kipphebelwelle entfernt und die Stößelstangen gezogen werden. Hierbei sollte darauf geachtet werden, dass die Haltebügel und auch die Stößelstangen nicht vertauscht werden. Am besten also markieren.

Nun können die Zylinderkopfschrauben bzw. -muttern gelöst werden. Aber nicht einfach drauf los schrauben! Da sich ein Zylinderkopf leicht verziehen kann, werden die Schrauben über Kreuz gelöst, beginnend von außen her (also genau in umgekehrter Reihenfolge wie bei der späteren Montage).

Wenn nun alle Zylinderkopfschrauben bzw. -muttern gelöst sind, kann der Zylinderkopf vorsichtig abgenommen werden. Da zwischen Kopf und Zylinder Führungshülsen eingesetzt sind, kann es vorkommen, dass der Kopf erst einmal hängt. Dies kann durch leichtes, aber vorsichtiges Anhebeln mit einem Schraubendreher überwunden werden.

Der abgenommene Zylinderkopf wird nun auf einem Tuch abgelegt. Vorsicht! Es läuft dann etwas Öl aus.
Nun ist die Sicht auf die Zylinder mit den darin steckenden Kolben frei. Also können nun auch die Zylinder demontiert werden. Hier gibt es verschiedene Möglichkeiten der Befestigung. Am häufigsten ist die, dass der Zylinder mit den gleichen Schrauben bzw. Stehbolzen wie der Kopf befestigt ist. Bei der Version mit Stehbolzen kommt es sehr häufig vor, dass diese

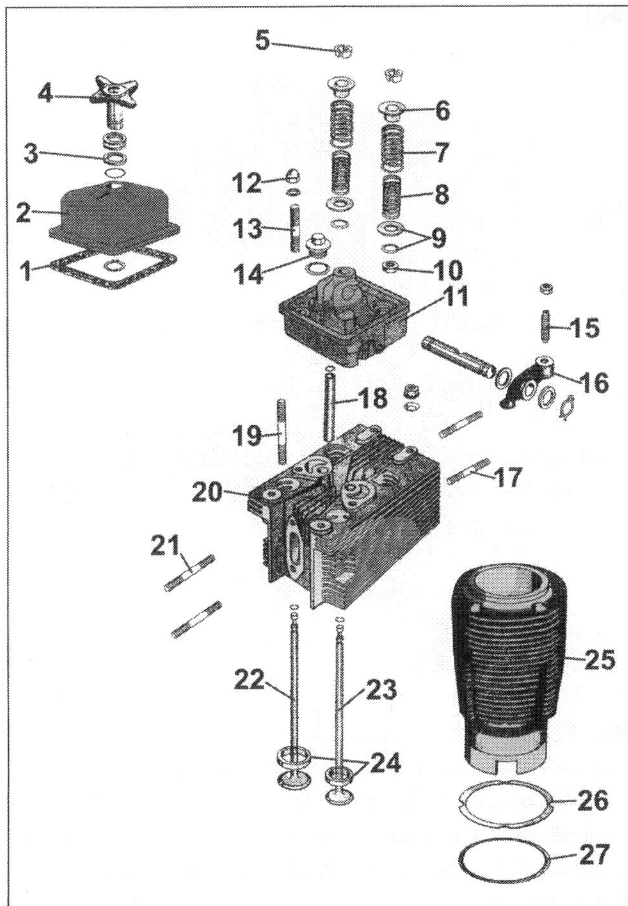

Zylinder in Teilen: 1 Ventildeckeldichtung, 2 Ventildeckel, 3 Scheiben und Dichtungen, 4 Ventildeckelschraube, 5 Sperrkeilchen, 6 Ventilfederteller, 7 äußere Ventilfeder, 8 innere Ventilfeder, 9 Unterlegscheiben, 10 Schaftdichtung, 11 Kipphebelkasten, 12 Kopfschraube, 13 Bolzen, 14 Verschlussschraube, 15 Einstellschraube Ventilspiel mit Kontermutter, 16 Kipphebel, 17 Krümmerbolzen, 18 Ventilführung, 19 Bolzen, 20 Zylinderkopf, 21 Bolzen, 22 Einlassventil, 23 Auslassventil, 24 Ventilsitzringe, 25 Zylinder, 26 Beilagscheibe, 27 O-Ring.

Ohne Kopf.

Zylinder abnehmen.

in den Schraubenlöchern im Laufe der Jahre festgammeln. Daher gut mit Rostlöser einsprühen.

■ Weiterhin kann es aber auch sein, dass der Zylinder noch einmal separat verschraubt ist, also völlig unabhängig vom Zylinderkopf. In diesem Fall müssen dann die Befestigungsschrauben ebenfalls, wie schon beim Zylinderkopf, über Kreuz gelöst werden.

■ Nun kann der Zylinder vorsichtig nach oben abgenommen werden. Da der Kolben ja noch eine Verbindung zum Pleuel hat, bleibt dieser in seiner Stellung und der Zylinder wird über den Kolben hinaus nach oben gezogen. In dem Moment, wo der Zylinder den Kolben völlig freigibt, ist zu beachten, dass dieser festgehalten wird, da er sonst mitsamt dem Pleuel zur Seite kippt und ggf. irgendwo anschlägt. Das gibt dann ungewollte Beschädigungen am Kolben, die leicht zu vermeiden sind.

■ Bei Fahrzeugen mit wassergekühltem Motor tritt nun eine nicht unerhebliche Menge an Kühlwasser aus. Das kommt daher, dass die Anschlüsse der Kühlwasserschläuche meist deutlich höher liegen als der Zylinderfuß. Deshalb sollte auf jeden Fall ein Gefäß (am besten eine große Schüssel) untergestellt werden. Es lässt sich nicht vermeiden, dass das Kühlwasser ebenfalls in das Motorgehäuse und somit in das Motoröl läuft.

■ Die abgenommenen Zylinder sollten, da immer noch etwas Öl und Wasser herunter läuft, ebenfalls wieder auf einem Tuch abgestellt werden. Entweder werden die Zylinder markiert, an welcher Stelle sie im

Motor eingebaut waren (1, 2, 3 ...), oder sie sollten in der Einbaureihenfolge abgestellt werden. Falls nämlich Zylinder und Kolben wieder verwendet werden, müssen die entsprechenden Paare auf jeden Fall wieder zusammenfinden. Das ist zum einen wichtig wegen der unterschiedlichen Maße (siehe: »Messung am Zylinder«), zum anderen laufen sie sich gegeneinander ein. Wenn nun ein Kolben aus einem anderen Zylinder, auch wenn er exakt das gleiche Maß hat, eingebaut wird, stimmen die Laufspuren nicht mehr übereinander und es kann zu Schäden kommen.

- Als Nächstes werden die Kolben von den Pleueln abgenommen.
- Hierzu werden die Kolbenbolzensicherungen entfernt. Dies sind meist Sicherungsringe, die in einer Nut im Kolben sitzen. Sie werden entweder mit einer Sicherungsring-Zange oder einem kleinen Schraubendreher herausgenommen. Nun kann der Kolbenbolzen herausgedrückt werden. Dies sollte im Normalfall mit dem Finger gelingen. Für besonders hartnäckige Fälle kann man auch mit einem Hammer und einem Durchschlag nachhelfen.

Aber Vorsicht! Auf jeden Fall muss hier eine zweite Person den Kolben mit der Hand gegenhalten. Weder Kolben noch Pleuel dürfen irgendwo angelegt oder angeschlagen werden.

- Beim Abnehmen des Kolbens vom Pleuel sollte noch geprüft werden, ob das Kolbenbolzenlager (Sitz ganz oben im Pleuel, im so genannten Pleuelauge) evtl. lose ist. In diesem Fall muss es auch herausgenommen werden, damit es nicht in den Motor fällt.
- Nun kann als Nächstes das Pleuel demontiert werden. Da es aber auch hier wieder von Hersteller zu Hersteller verschiedene Varianten gibt, ist es sinnvoll, zuerst einmal den Motorblock aus dem eigentlichen Trecker zu demontieren und die Demontage der Pleuel zu vertagen.

Demontage Motorblock

- Um den Motorblock zu demontieren, bedarf es wieder einiger Vorarbeiten. Zuerst muss die gesamte Verkleidung der Front entfernt werden. Bis hierher reichte es noch aus, die Haube zu öffnen bzw. zu entfernen. Aber jetzt muss alles weg, z.B. Tank, Kühler bzw. Lüftereinheit, Frontmaske und auch diverse Anbauteile, die noch angebaut sind, sollten jetzt weichen. So z.B. Anlasser, Lichtmaschine, Einspritzpumpe, Filtereinheiten (Kraftstoff, Luft, Öl), Hydraulikpumpe und -leitung.

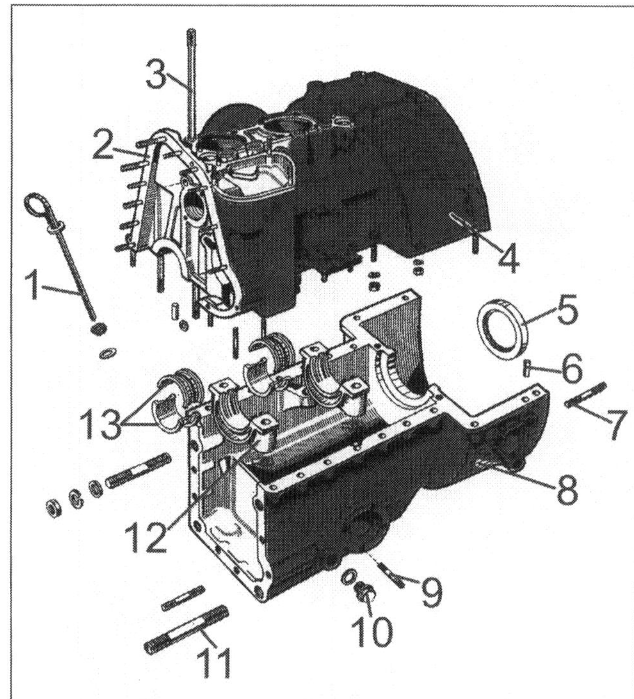

Der Motorblock: 1 Ölmessstab, 2 Nockentriebkasten, 3 Zylinderstehbolzen, 4 obere Motorblockhälfte, 5 Kurbelwellensimmering, 6 Zentrierstift, 7 Bolzen, 8 untere Motorblockhälfte, 9 Bolzen und Vorfilter Ölpumpe, 10 Ölablassschraube, 11 Bolzen Vorderachse, 12 Lagerdeckel, 13 Kurbelwellenlager.

Treckerfahrgestell.

- Nun ist die Sache schon überschaulicher. Aber der Motorblock ist immer noch im Trecker. Und irgendwie ist der Block ja auch der Trecker. Also wird nun die Lenkung bzw. die Spurstangen von der Vorderachse getrennt.
- Als Nächstes werden das Getriebe und der Motor mit jeweils einem Unterstellbock abgestützt. Die Unterstellböcke sollten so hoch sein, dass sie genau un-

Die Ablage der Bauteile sollte grundsätzlich sicher erfolgen!

Vorsichtig auseinanderziehen!

Nach dem Lösen kann nun die Ölwanne des Motors abgehoben werden.

ter das zu unterbauende Teil passen. So ist sichergestellt, dass sich weder beim Lösen der Verbindungsschrauben noch beim Auseinanderziehen von Motor und Getriebe eines der beiden Teile absenken und verkanten kann (Bild 1).

■ Jetzt können die Verbindungsschrauben der Motor-Getriebeeinheit gelöst und entfernt werden.

■ Danach kann die Hinterachse mitsamt dem Getriebe langsam und vorsichtig nach hinten verschoben und die Motor-Getriebeeinheit getrennt werden. Dabei immer darauf achten, dass sich nichts verkantet, da sonst die Getriebeeingangswelle nicht aus der Kupplung rutscht. Ebenfalls muss zwingend darauf geachtet werden, dass der Motor sich nicht bewegt, damit nichts ins Kippen gerät. Wenn nun der Motor vom Getriebe getrennt ist, hat man einen freien Blick auf die Kupplung (Bild 2 – siehe auch Kapitel »Kupplung«).

■ Nun muss der Motorblock noch von der Vorderachse getrennt werden. Dies erscheint auf den ersten Blick ja recht einfach. Ist es auch, jedenfalls vom arbeitstechnischen Anspruch her. Vom Gewicht her gesehen sieht es da schon ganz anders aus. Da geht ohne Gabelstapler oder Kran in den meisten Fällen nichts.

■ Daher wird also der Block zuerst einmal mit einem »Hebegerät« verbunden, am besten mit Ketten oder Drahtseilen, und leicht angehoben, so dass die Ketten bzw. Seile straff sind.

■ Danach können die Schrauben der Vorderachse gelöst werden. Um den Motor dann abzuheben, sind min. 2–3 Personen nötig. So kann gewährleistet werden, dass der Motor langsam und gleichmäßig angehoben wird und die Vorderachse nicht einfach umkippt.

■ Ist der Motor dann angehoben, ist es sinnvoll, sich dies gleich zunutze zu machen und erst einmal das Motoröl abzulassen.

■ Denn als Nächstes muss die Ölwanne runter. Hier sollte vielleicht noch erwähnt werden, dass die »Ölwanne« eigentlich auch ein Teil des Motorengehäuses ist und nicht wie z.B. bei Autos nur eine leichte Wanne zur Bevorratung des Motoröls. Daher ist sie bei einem Trecker auch deutlich stabiler, schwerer und wesentlich aufwändiger verschraubt. Hilfreich wäre auch hier wieder eine zweite Person, um die Ölwanne während des Lösens festzuhalten (Bild 3).

Demontage der Pleuel

Wenn die Ölwanne abmontiert ist, kann es endlich mit der Demontage der Pleuel weitergehen. Denn jetzt können diese von oben und unten erreicht werden.

Bevor die Pleuel nun ausgebaut werden, müssen diese zwingend markiert werden (ist bei manchen Herstellern schon vorhanden). Und zwar nicht nur, welches Pleuel zu welchem Zylinder gehört, sondern auch in welcher Richtung der Lagerdeckel auf dem Pleuel sitzt.

Zum Verständnis: Die Pleuel werden bei der Herstellung zusammen geschraubt und erst dann gebohrt und gehohnt. Daher kann es sein, dass der Lagerdeckel, wenn er falsch herum montiert wird, an der Lagerfläche nicht bündig sitzt und sich dann auf der Kurbelwelle festklemmt. Gleiches Verfahren gilt übrigens auch für die Hauptlager der Kurbelwelle. Zur Markierung empfehlen sich entweder Farbmarkierungen (diese halten aber auf dem öligen Untergrund schlecht) oder Körnerschläge. Da gibt es eine ganz einfache Methode: für den 1. Zylinder einen Körnerschlag je auf Pleuel und Lagerdeckel, für den 2. Zylinder je zwei Körnerschläge usw. So kann man leicht erkennen, welches Pleuel zu welchem Zylinder gehört und in welcher Richtung der Lagerdeckel montiert war. Wenn man nun noch auf der gleichen Seite diese Körnerschläge auf den Motorblock (z.B. am Rand der Dichtfläche der Ölwanne) anbringt, ist gleichzeitig sichergestellt, wie die Einbaurichtung sein muss.

Da es auch hier wieder verschiedene Hersteller gibt, gibt es natürlich auch wieder verschiedene Arten der Befestigung. Die wohl gängigste ist die Variante, dass der Lagerdeckel von unten her mit Schrauben befestigt wird. Weiterhin gibt es auch die Möglichkeit, dass sich im Pleuel Stehbolzen befinden und der Deckel mit Muttern gehalten wird. Im Falle unseres Porsche-Treckers wird der Deckel von oben her

Vor dem Ausbau: Position der Lagerdeckel mit Körnerschlägen markieren!

Auch die Pleuellagerdeckel müssen markiert werden!

mit Schrauben gehalten. Da könnte man jetzt natürlich sagen: »Warum mussten wir denn jetzt dafür den Motor ausbauen? Da wäre man doch auch so ran gekommen.« Das ist zwar richtig, allerdings kommt man von oben nicht an die Lagerdeckel, um diese festzuhalten. Was im Umkehrschluss bedeutet, dass diese dann in die Ölwanne fallen.
Weiterhin gibt es auch noch Hersteller, die die Pleuel nicht waagerecht sondern diagonal trennen. Dies hat eine leichtere Montage zur Folge.

Zur Demontage der Pleuel werden dann die Lagerdeckel losgeschraubt und entnommen. Da diese wahrscheinlich sehr fest auf den Pleueln sitzen, werden sie durch leichte Schläge mit einem Kunststoffhammer gelöst.

Sind dann die Pleuel ausgebaut, kann als letzter Schritt noch die Kurbelwelle entnommen werden. Hierzu müssen die Lagerdeckel der Hauptlager gelöst und abgenommen werden. Die Kurbelwelle ist ebenfalls vorsichtig zu behandeln. Zum einen ist sie sehr schwer, zum anderen aber auch empfindlich, was Stöße betrifft.

Messen des Zylinderverschleißes und andere Messungen am Motor

Ob und wie weit die Laufleistung oder auch ungünstige Betriebszustände dem Motor zugesetzt haben, muss mit einigen einzelnen Messungen kontrolliert werden. Für die Messungen werden ein Innenmessgerät, eine Messuhr, ein Messschieber, eine Fühlerlehre sowie eine Bügelmessschraube benötigt.
Die Messung beschreibt den Zustand von Zylinder und Kolben. Das Zusammenspiel dieser Bauteile wird durch die Auswertung der Messergebnisse bewertet. Be-

Innenmessgerät und Zubehör im Messkoffer.

Bügelmessschraube im Köfferchen.

Zylinder und Kolben gründlich reinigen: Nicht nur um das Messwerkzeug zu schonen, sondern auch um einen sicheren Blick auf die Bauteile werfen zu können. Ölrückstände und Dreck können vieles verdecken!

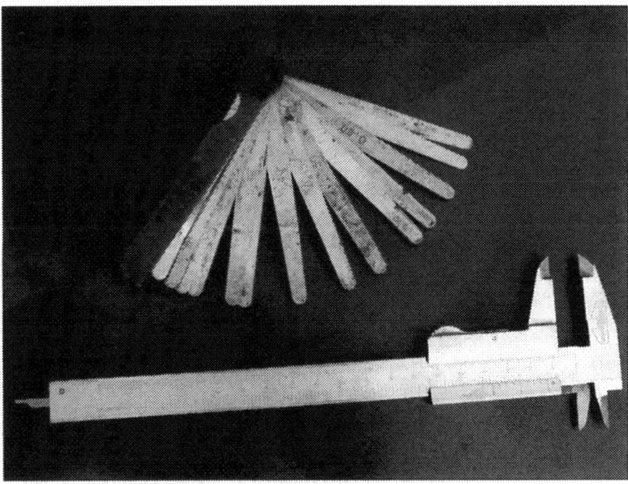

Messschieber und Fühlerlehre.

trachten wir einen solchen Messvorgang mal im Detail: Nach dem Zylinder und Kolben demontiert wurden, kann die Messarbeit bzw. die Vorbereitung zur Messarbeit beginnen.

Messungen am Zylinder

■ Mit Hilfe des Messschiebers wird der Zylinderdurchmesser (Bild 1) bestimmt. Hierbei geht es nicht um das genaue Maß, sondern es soll lediglich festgestellt werden, welche Adoptionsstücke in das Innenmessgerät eingebaut werden müssen. Nachkommastellen spielen noch keine Rolle. Es darf auf- und abgerundet werden. Das gerundete Ergebnis können wir auch als Grundmaß verwenden, wenn keine anderen Angaben vorliegen.

■ Entsprechend der Messung mit dem Messschieber wird nun ein Adaptionsstück ausgewählt und am Innenmessgerät montiert (Bild 2).

■ Nun wird die Messuhr in die Aufnahme gesteckt. Festgezogen wird sie aber erst, nachdem die Voreinstellung durchgeführt wurde (Bild 3).

■ Da der Zylinder normalerweise verschleißt, wird sich der Zylinderdurchmesser vergrößern. In einem geringen Maße wirken sich auch die Verformungen des Zylinders aus. Beide Veränderungen sorgen dafür, dass unser Messergebnis größer ausfallen wird als das Grundmaß, welches vor einigen Jahrzehnten vom Hersteller ausgewählt wurde. Um auch einen verschlissenen, also größer gewordenen Zylinder »ermessen« zu können, setzen wir die Messuhr mit Vorspannung in das Innenmessgerät ein. In unserem Fall haben wir 2 mm Vorspannung gewählt. Der Zylinder

Grobe Messung ..., grobe Richtung.

Die Qual der Wahl.

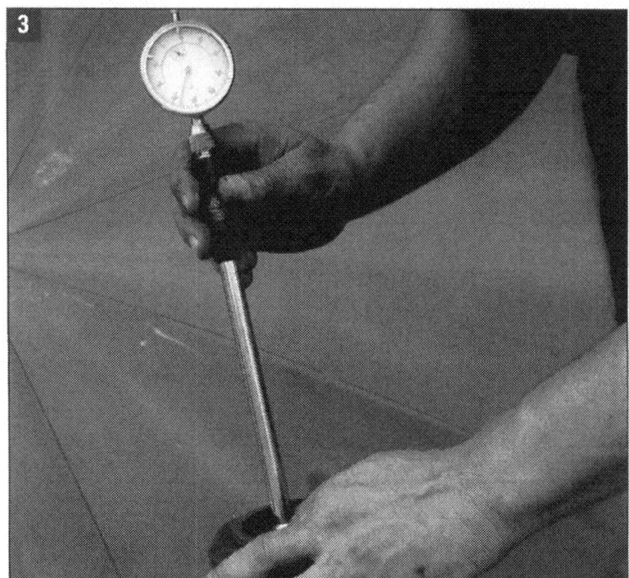

Einführen, ... aber noch nicht fest drehen!

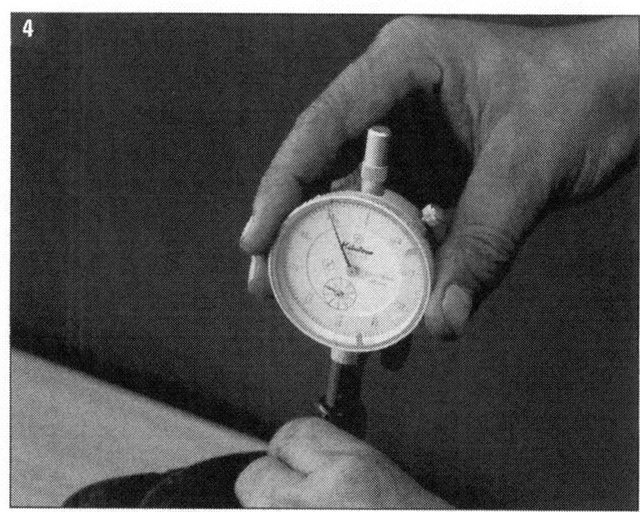

Voreinstellen der Vorspannung.

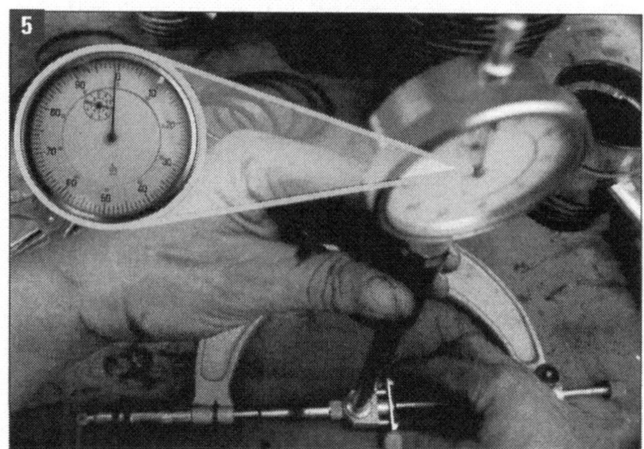

Bügelmessschraube im Einsatz.

Vorsichtig einschwenken ist hier gefordert.

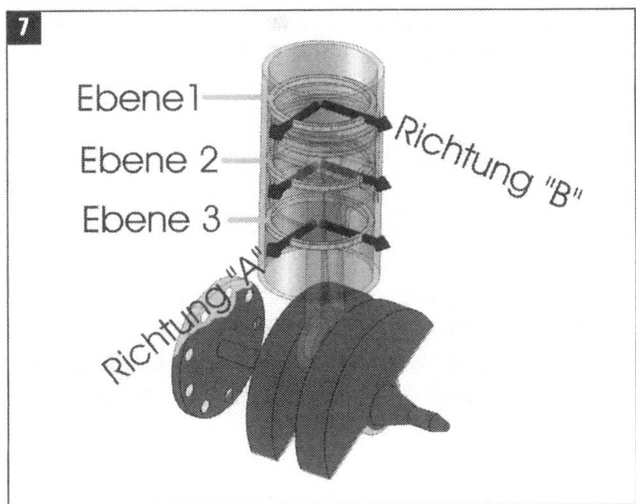

Messebenen und Richtungen am Zylinder.

Richtung »A« gemessen …

könnte also bis zu 2 mm größer werden als das angenommene Grundmaß. Am einfachsten ist es, die Vorspannung im Zylinder einzujustieren. Die Messung in der Bügelmessschraube erfordert deutlich mehr Geduld. Erst nach der Einstellung der Messuhr kann diese dann am Innenmessgerät gesichert werden (Bild 4).

■ Nun wird die Feinjustierung des Innenmessgerätes durchgeführt. Zuerst muss das Grundmaß (entweder das mit dem Messschieber ermittelte und gerundete oder ein vom Hersteller angegebenes) an der Bügelmessschraube genau eingestellt werden (Bild 5).

■ Als Nächstes wird nun das Innenmessgerät in den zu messenden Zylinder eingeführt (Bild 7).

■ Die Messung der Zylinderbuchse soll den Verschleiß genau darstellen. Da der Verschleiß im Zylinder in der Regel durch die unterschiedlichen Belastungszustände ungleichmäßig ausfällt, werden die Zylinder in zwei Richtungen und drei Ebenen beurteilt. Die Messrichtung wird in die Richtung »A« und »B« aufgeteilt, wobei »A« dann die Messung in Achsenrichtung der Kurbelwelle und »B« die Messung in Drehrichtung der Kurbelwelle darstellt. Die Messhöhe nennt sich recht einfach »1«, »2« oder »3«. So wird ein sehr genaues Bild des Zylinderverschleißes dargestellt.

»Zuerst sollten alle Messungen in Richtung »A« gemacht und in das Auswertungsblatt eingetragen wer-

Messblatt Motor

Zylinder und Kolben

Messung	Zylinder 1	Zylinder 2	Zyl
Kolben	– 0,08	– 0,10	
Grundmaß		98,00 mm	
A1	+0,01	+ 0,06	
R1	+0,10	+ 0,20	
A2	+ 0,16	+ 0,10	
R2	+0,15	+ 0,13	
A3	+ 0,05	+ 0,05	
R3	+ 0,06	+ 0,08	

Auswertung	Zylinder 1	Zylinder 2	Z

… Notizen im Messprotokoll

Erfahrene Mechaniker notieren sich lediglich die Abweichung vom Grundmaß. Die kleinen Zahlen lassen sich auch gut merken. Die Messung einer Zylinderlaufbuchse dauert so nur wenige Minuten.

den. Erst dann werden die Messungen in Richtung »B« durchgeführt und eingetragen. Das erspart das mehrmalige Einsetzen des Innenmessgerätes in den Zylinder. Werte, die über das Grundmaß hinausgehen, werden als »+«-Werte eingetragen. Werte, die das Grundmaß unterschreiten, werden in der Tabelle als »-«-Werte geführt. Diese Praxis erspart viel Rechnerei und somit auch mögliche Fehlerquellen.

Messungen am Kolben

■ Nachdem die Messungen für den Zylinder festgehalten wurden, werden nun die Kolben gemessen. Die Bügelmessschraube ist noch auf das Grundmaß des Zylinders eingestellt. Sie muss nun etwas geöffnet werden.
■ Die Messungen werden grundsätzlich 90° versetzt zur Kolbenbolzenachse (Bild 8).
■ Die Messung erfolgt nach Herstellerangaben am Kolbenhemd. Bei den meisten Herstellern liegt diese Messhöhe bei ca. 1,5 cm vom Hemdende, also vom unteren Ende des Kolbens.

Einsatz der Bügelmessschraube am Kolben.

■ Auch hier werden die Messergebnisse im Messprotokoll unter dem Begriff Kolbendurchmesser notiert.

Kolben und Ölabstreifringe

Neben dem Verschleiß am Kolbenhemd können auch die Kolbenringe beziehungsweise die Ölabstreifringe sowie die Ringnuten im Kolben verschleißen. Durch die Bewertung der Kolbenringe mit Stoß- und Höhenspiel kann hier eine ausreichend genaue Aussage über den Zustand der Bauteile getroffen werden.

Höhenspiel prüfen

Der Kolbenring dichtet den Kolben zum Zylinder ab. Er schleift bei jeder Kolbenbewegung an der Zylinderwand entlang. Zwar wird er durch das Motoröl geschmiert, Verschleiß entsteht aber dennoch. Der Verschleiß der Kolbenringe muss also auch beachtet und vermessen werden.
■ Hierzu werden die Kolbenringe zuerst einmal von Kolben abmontiert (Bild 9).
■ Die Ringnuten sollten dann vorsichtig von Öl-Kohle-Rückständen befreit werden.
■ Nun wird der Kolbenring in die Ringnut eingelegt.
■ Mit Hilfe der Fühlerlehre wird dann geprüft, wie groß das Spiel des Kolbenrings nach oben und unten ist (Bild 10).

Ein Holzspan oder die kleinen Keilchen für einen Euro aus dem Baumarkt können hier gute Dienste leisten. Metallene Reinigungshilfen hinterlassen oft Kratzer oder schlimmere Schäden!

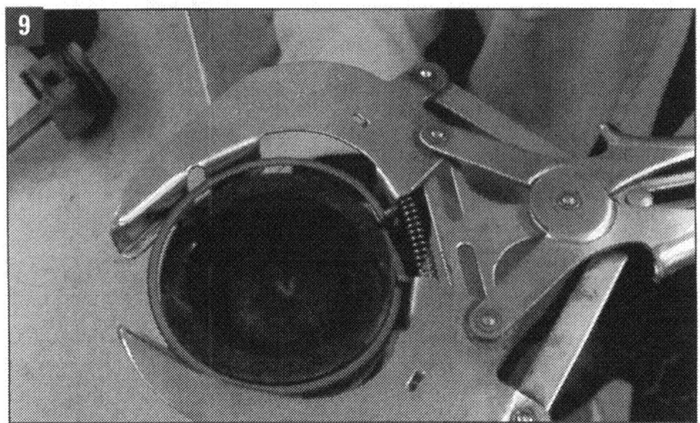

Demontage der Kolbenringe: Mit einer Kolbenringzange ist das kein Problem.

Höhenspiel prüfen.

■ Die Messwerte werden natürlich auch im Auswertebogen festgehalten.

Stoßspiel prüfen

Mit dieser Prüfung wird der Verschleiß des Kolbenringes selbst geprüft.

■ Zuerst einmal muss der Kolbenring ganz gerade in den Zylinder eingesetzt werden (Bild 11).

Nimmt man einen Kolben eines anderen Zylinders zu Hilfe, an dem der obere Kolbenring noch montiert ist, lässt sich das Geraderücken des Rings leicht bewerkstelligen. Der Kolbenring des »Hilfskolbens« sitzt am Zylinderrand auf und sorgt so automatisch für den geraden rechtwinkligen Sitz des zu prüfenden Ringes im Zylinder (Bild 12).

Ring mit Hilfe eines Kolbens »gerade rücken«.

Ergebnis: einfach und genau.

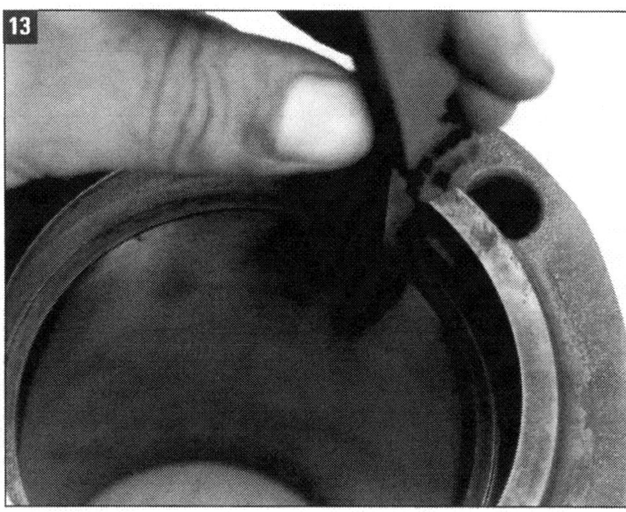

Stoßspiel prüfen.

■ Liegt der Kolbenring wie gezeigt im Zylinder ein, wird nun wiederum mit der Fühlerlehre das Spaltmaß zwischen den beiden Kolbenringenden gemessen.

■ Auch hier muss ein Maß aus den Herstellerunterlagen herausgesucht werden. Über den Daumen darf dieses Maß nicht größer als 1 mm ausfallen (Bild 13).

Auswertung Zylinder und Kolben

Die Messung ist der eine Teil, die Auswertung der Ergebnisse ist aber mindestens genauso wichtig.
Nachdem nun die Ergebnisse aus den Messungen des Zylinders und der Kolben vorliegen, können wir schon eine Aussage über die Verwendbarkeit von Zylinder und Kolben treffen.
Die Ovalität, also die Verformung des Zylinders, kann zum einen durch die Einwirkung von Temperatur und zum anderen durch den Verschleiß entstehen. Mitunter wirken die beiden sogar gegeneinander. Sie wird als die größte Ovalität angegeben und vergleicht die Ovalität der einzelnen Messebene eines Zylinders.

A1 – R1 = Ovalität Ebene 1
0,02 mm – 0,01 mm = 0,01 mm

Das Laufspiel beschreibt, wie viel Platz zwischen Kolben und Zylinder sind. Auch hier müssen wieder die Herstellerangaben zurate gezogen werden. Als Daumenwert kann von einem Laufspiel von 0,04 mm bis zu 0,09 mm ausgegangen werden. Aus den sechs Messungen ergeben sich entsprechend auch sechs verschiedene Messwerte. Aus diesen Werten wird nun der höchste und der niedrigste Wert herausge-

Messblatt Motor

Zylinder und Kolben

Messung	Zylinder 1	Zylinder 2	Zylinder 3	Zylinder 4
Kolben				
Grundmaß				
A1				
R1				
A2				
R2				
A3				
R3				

Auswertung	Zylinder 1	Zylinder 2	Zylinder 3	Zylinder 4
Ovalität				
Verschleiß				
Laufspiel				

Kolbenringe

Messung	Zylinder 1	Zylinder 2	Zylinder 3	Zylinder 4
Ring 1 Höhenspiel				
Ring 1 Stoßspiel				
Ring 2 Höhenspiel				
Ring 2 Stoßspiel				
Ring 3 Höhenspiel				
Ring 3 Stoßspiel				
Ring 4 Höhenspiel				
Ring 4 Stoßspiel				

Lagerspiel

Messung	Zylinder 1	Zylinder 2	Zylinder 3	Zylinder 4
Pleuellager oben				
Kolbenbolzen				
Pleuellagerspiel oben				

Messung	Bock 1	Bock 2	Bock 3	Bock 4	Bock 5
Kurbelwellenlager					

Auswertungsbogen Weg zum Schlüssel.

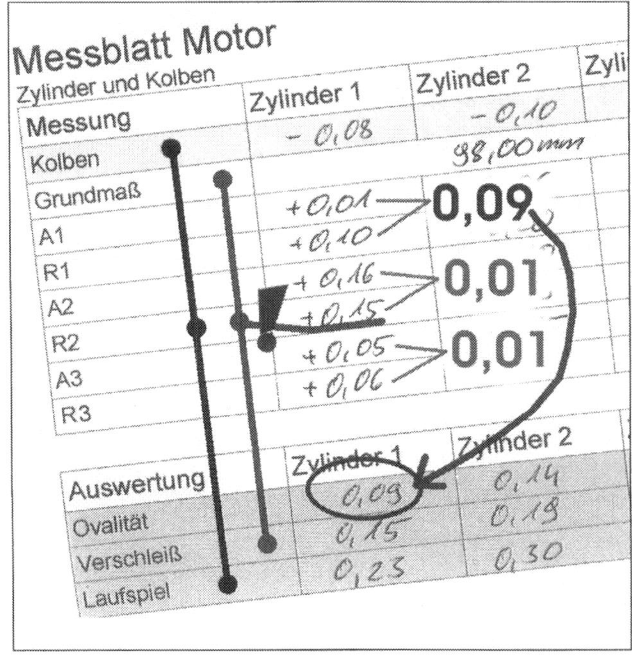

Messblatt Motor

Zylinder und Kolben

Messung	Zylinder 1	Zylinder 2
Kolben	– 0,08	– 0,10
Grundmaß	98,00 mm	
A1	+ 0,01	0,09
R1	+ 0,10	
A2	+ 0,16	0,01
R2	+ 0,15	
A3	+ 0,05	0,01
R3	+ 0,06	

Auswertung	Zylinder 1	Zylinder 2
Ovalität	0,09	0,14
Verschleiß	0,15	0,19
Laufspiel	0,23	0,30

Auswertungsbogen – Rechenaufgabe am Schreibtisch.

sucht und zur Ermittlung des »größten« und entsprechend des »kleinsten« Laufspiels verwendet.

Das Laufspiel errechnet sich, wenn man den Kolbendurchmesser vom größten und kleinsten Zylinderdurchmesser abzieht.

(Grundmaß + A1) –
Kolbendurchmesser = größtes Laufspiel
(90,00 mm + 0,02 mm) – 89,96 = 0,06 mm

(Grundmaß + A3) –
Kolbendurchmesser = kleinstes Laufspiel
(90,00 mm + 0,01 mm) – 89,96 = 0,05 mm

Aus den Ergebnissen und der Abweichung von den Herstellerdaten lässt sich oft schon ableiten, welche Reparaturen erforderlich werden, um den Motor wieder »in Marsch« zu setzen.

Wer einmal durch eine solche Messung und durch den Einsatz eines Kolbenringsatzes die Laufeigenschaften eines Motors deutlich verbessern konnte, wird jeden Motor, wenn es irgendwie einzurichten ist, ausmessen und bewerten.

Lagerspiel an der Kurbelwelle mit der Messuhr und Bügelmessschraube einmessen

Das Ergebnis dieser Messung ist ein Istwert, der auf 1/100 mm genau ausgemessen werden kann. Etwas Ruhe und Erfahrung sind für diese Arbeiten schon erforderlich. Wie auch beim Zylinder kann trotz guter Schmierung Verschleiß an Lagern und auch an der Kurbelwelle entstehen. Wird ein Motor zerlegt, sollte man auf keinen Fall die Lagerung des Motors außer Acht lassen. Ein verschlissenes Lager kann sehr schnell zu einem kapitalen Motorschaden führen. Das

Messung Pleuellager.

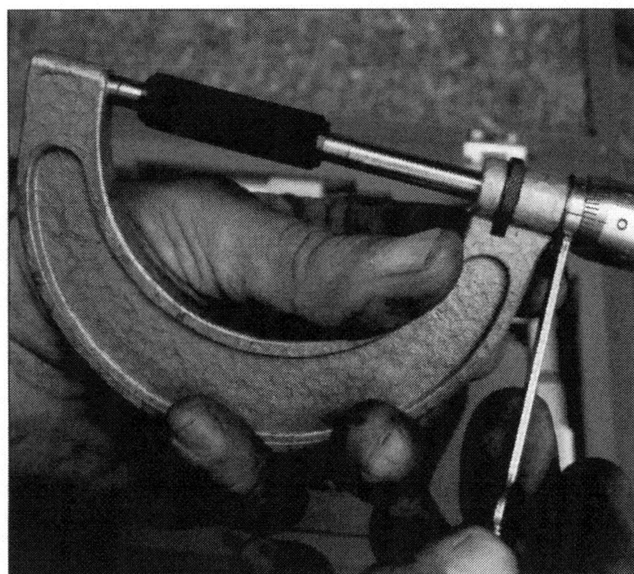
Bügelmessschraube justieren – Schritt 1.

Messuhr justieren – Schritt 2.

Kurbelwellenlager ausmessen – Schritt 3.

Laufspiel wird hier wie auch bei der Zylindermessung mit Hilfe von Bügelmessschraube und Innenmessgerät erfasst.

- Zuerst muss das Pleuellager mit seiner Lagerschale montiert und mit dem vorgeschriebenen Anzugsdrehmoment angezogen werden.
- Nachdem, wie schon bei der Zylindermessung, mit dem Messschieber eine grobe Einschätzung der Lagerdurchmesser erfolgt ist, wird das Innenmessgerät entsprechend adaptiert.
- Das adaptierte Innenmessgerät wird nun in das Lager eingesetzt und auf eine Vorspannung von ca. 2,00 mm festgeschraubt.
- Die Bügelmessschraube wird auf einen festgelegten Grundwert eingestellt. Der Grundwert wird auch, wie bereits bei der Zylindermessung durchgeführt, anhand des gerundeten Messergebnisses festgelegt.
- Nun kann die Messuhr in der Bügelmessschraube auf das Grundmaß abgeglichen werden.
- Nun kann die Messung selbst durchgeführt und die Messwerte wieder im Auswertungsbogen eingetragen werden.
- Als Nächstes wird dann mit der Messschraube die Lagerung der Kurbelwelle gemessen.
- Auch dieser Messwert wird entsprechend zum Zylinder zugeordnet in den Auswertebogen eingetragen.

Am besten alle Lagerstellen hintereinander messen. So erspart man sich die immer neue Einrichtung der Messgeräte! Die Messergebnisse können dann auch für jedes Lager hintereinander durchgeführt werden.

Kurbelwelle Lagerstelle ausmessen – Schritt 4.

5.1.21 Muster Auswertungsbogen Lagerspiel und Planflächen

Lager und Kurbelwelle Porsche Standard

	Zylinder 1	Zylinder 2	Zylinder 3	Zylinder 4
Hauptlagerspiel PLASTI AGE	0,073	0,063	0,075	–
Pleuellagerspiel PLASTI AGE				/
Abmessung Kubelwellzapfen Richtung 1	69,95	69,94	69,95	/
Abmessung Kubelwellzapfen 90° vers	69,95	69,95	69,95	/
Ovalität Pleuellagerzapfen	0,00	0,01	0,01	/
Innenmessung Lager im eingebauten Zustand	70,02	70,02	70,03	/
Innenmessung Lager im eingebauten Zustand 90° versetzt	70,03	70,02	70,04	/
Abmessung Pleuellagerzapfen Richtung	69,95	69,95	69,94	/
Abmessung Pleuellagerzapfen 90° versetzt	69,95	69,85	69,95	/
Ovalität Pleuellagerzapfen	0,00	0,00	0,01	–
Innenmessung Lager im eingebauten Zustand	70,03	70,03	70,03	/
Innenmessung Lager im eingebauten Zustand 90° versetzt	70,03	70,03	70,03	/
Höhenschlag Kurbelwelle Hautlager 1	0,00	0,00	0,01	–
Höhenschlag Kurbelwelle Hautlager 2	0,00	/	/	/
Höhenschlag Kurbelwelle Hautlager 3	0,01	/	/	
Achsialspiel Kurbelwelle	0,05			

Planflächen am Kopf und Block

Auswertungsbogen Lagerspiel errechnen.

Die Auswertung erfolgt dann recht einfach.
Lagerinnenmaß – Wellenmaß = Lagerspiel
60,00 mm – 59,95 = 0,05 mm
Natürlich müssen sowohl die Abmessungen der Welle als auch die Verschleißmaße und das Lagerspiel in den Herstellerunterlagen herausgesucht werden.

Lagerspiel an Kurbelwelle und Pleuel mit Plastigage einmessen

Im Gegensatz zu den Messungen mit dem Innenmessgerät ist die Messung mit Plastigage zwar ungenauer, aber dafür sehr schnell durchzuführen. Liegen keine besonderen Verschleißspuren oder eigenartig anmutenden Lagertragbilder vor, ist diese Messmethode durchaus legitim (Bild 1).

- Für die Messung werden die Lager komplett montiert (oder bleiben es). Um gut an die Lagerdeckel heranzukommen, empfiehlt es sich, die Kolben in eine Stellung zu bringen, an der die Lagerdeckel bequem de- und montiert werden können (Bild 2).
- Als Nächstes wird der Lagerdeckel demontiert und die Lagerstelle mit einem fusselfreien Lappen gereinigt (Bild 3).
- Nun wird ein Messfaden eingelegt, das Lager wieder montiert und auf das Solldrehmoment angezogen. Der Messfaden wird nun »platt gedrückt« (Bild 4).
- Nachdem man den Lagerdeckel wieder entfernt hat, lässt sich anhand der Breite des Messfadens mit der mitgelieferten Tabelle das Lagerspiel ermitteln (Bild 5).

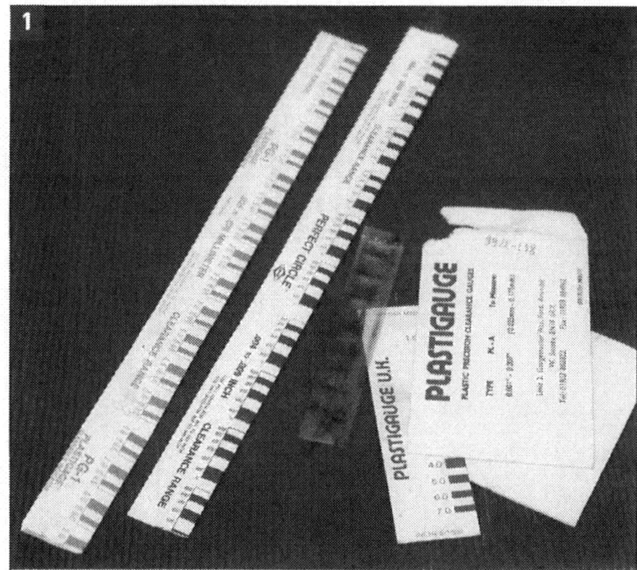

Auswahl an Plastigage.

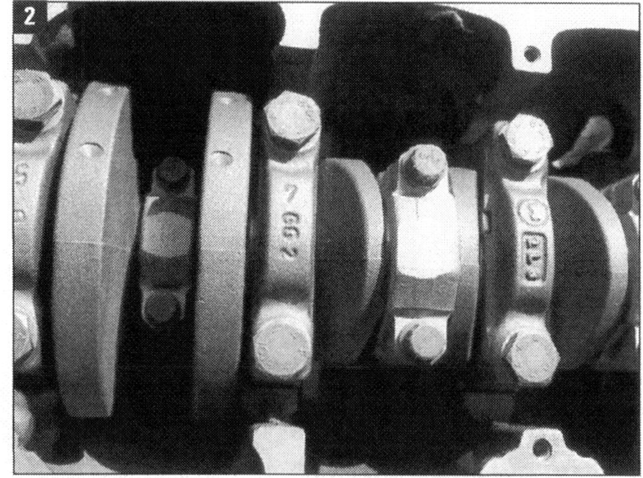

Montagestellung der Lagerdeckel.

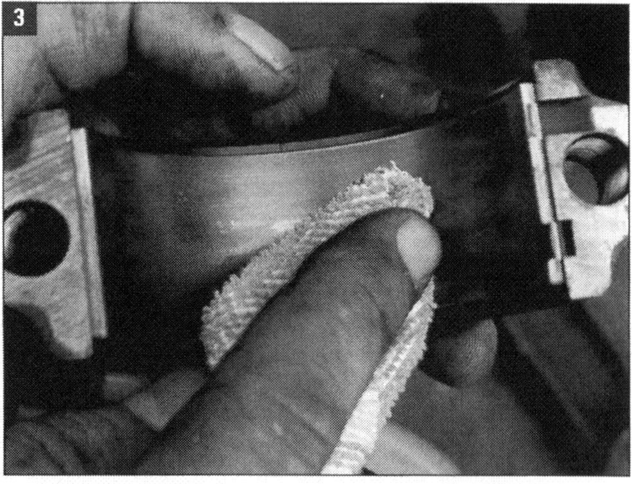

Lagerstelle reinigen.

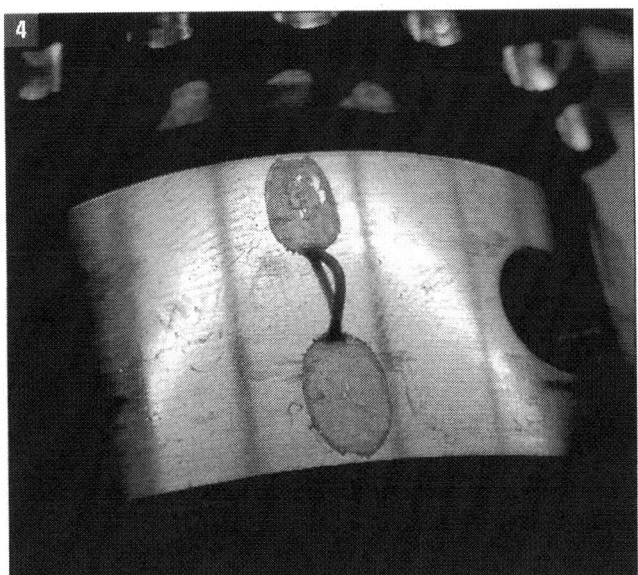

Platt gedrückter Messfaden.

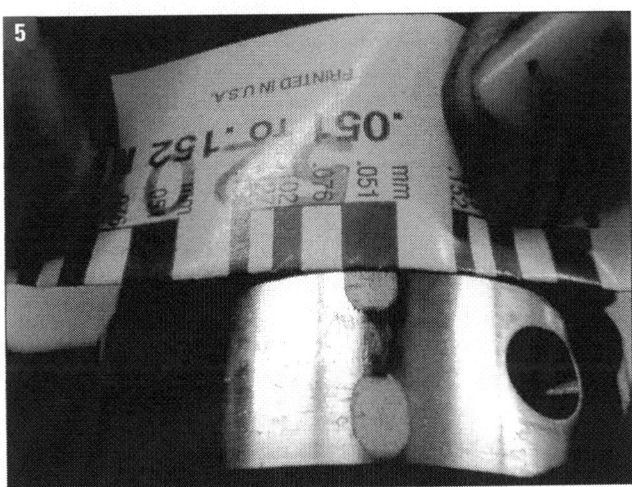

Auswerten des Messfadens.

Der Motor darf bei der Messung auf keinen Fall verdreht werden! Nach der Messung müssen die Rückstände des Fadens gründlich entfernt werden. Rückstände könnten Schwierigkeiten im Schmierungssystem oder im Lager verursachen!

Beurteilen von Planflächen

Für diese Prüfung ist ein Präzisionslineal erforderlich. Mit ihm wird geprüft, ob die Fläche des Zylinderkopfes noch gerade ist.

■ Zuerst einmal muss der Zylinderkopf von Dichtungs- und Verbrennungsresten befreit werden (Bild 6).

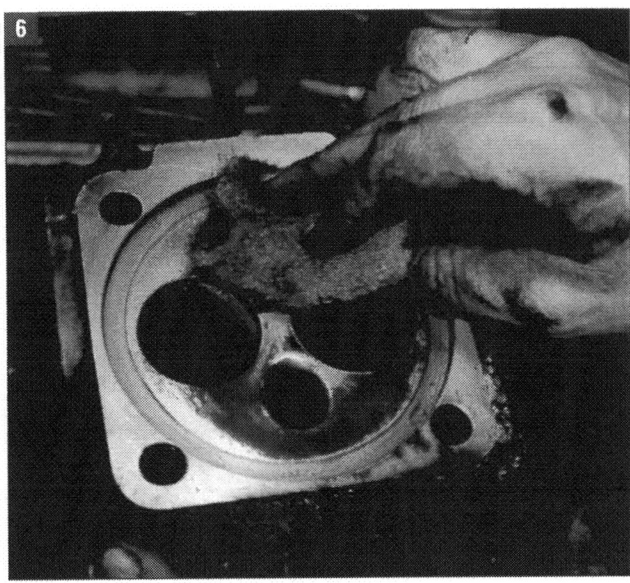

Reinigung der Zylinderkopfdichtfläche.

Lichtspalt am Zylinderkopf.

■ Als Nächstes wird das Haarlineal auf den Zylinderkopf aufgelegt und gegen das Licht der entstehende Lichtspalt begutachtet. Ist er gleichmäßig klein, ist der Bereich, auf dem das Lineal liegt, gerade (Bild 7).

■ Indem man diese Prüfung über Kreuz und an mehreren Stellen am Zylinderkopf durchführt, wird so die gesamte Fläche des Zylinderkopfes auf Ebenheit geprüft (Bild 8).

Überstandsmessung an »nassen« Zylinderbuchsen

Oftmals wurden Zylinderblock und Zylinderkopf getrennt hergestellt. Für die technische Ausführung ergeben sich zwei Möglichkeiten. Zum einen kann die

Unterschiedliche Messpunkte am Zylinderkopf als Collage.

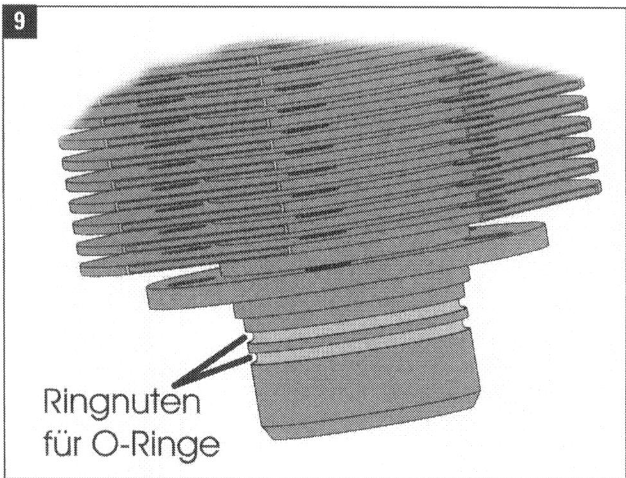

Skizze Zylinder mit O-Ringabdichtung.

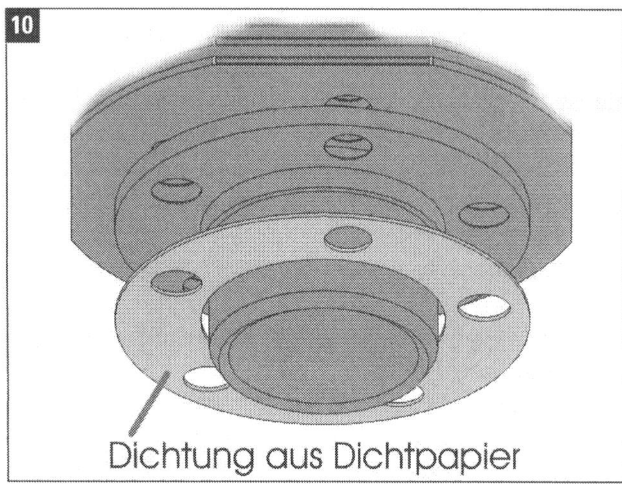

Skizze Zylinder mit Papierdichtring.

Wenn der Hersteller nichts anderes angibt, sollte die »Unebenheit« so klein ausfallen, dass sie nicht mehr mit einem Plättchen der Fühlerlehre erfasst werden kann. Liegen Herstellerangabe vor, können die Unebenheiten aber durchaus mit der Fühlerlehre erfasst werden.

Abdichtung durch O-Ringe im unteren Bereich der Laufbüchse erreicht werden, und zum anderen kann die Laufbüchse aber auch mit Hilfe einer Papierdichtung im Motorblock abgedichtet sein (Bilder 9 und 10). Die Laufbuchsen sitzen dann eingespannt zwischen einem Sitz im Inneren des Motorblocks und dem Zylinderkopf. Die Laufbüchsen werden mit Wasser umspült. Die Abdichtung erfolgt mit Pappdichtringen zwischen dem Sitz im Motorblocksitz unten und der Zylinderkopfdichtung oben. Die Abdichtung funktioniert nur dann, wenn die Dichtungen ausreichend vorgespannt aber nicht »zerquetscht« werden. Um die nötige Vorspannung zu erzeugen, gibt es unterschiedliche Dicken der unteren Dichtungen. Hierzu muss aber das so genannte »Überstandsmaß« der Laufbüchsen bestimmt werden. Das Überstandsmaß kann aber auch bei trockenen Laufbüchsen gefordert sein, um die Vorspannung der Zylinderkopfdichtung zu definieren. Genauere Angaben hierzu gibt es nur in den Herstellerunterlagen.

Prüfung der Ventilfedern

Heutzutage werden die meisten Prüfungen an der Ventilfeder lediglich auf die optische Beurteilung und auf die Länge der Ventilfeder beschränkt. Das mag sicherlich für die jungen Ventilfedern der Fahrzeuge von heute ausreichen. Wir allerdings haben technische Bauteile zu beurteilen, die deutlich mehr als 10 Jahre auf dem Buckel haben und ganz sicher auch damals noch andere Fertigungstoleranzen aufweisen. Also hilft nur die gute alte handwerkliche Arbeit nachzuvollziehen und die Ventilfedern des Motors vollständig und nach »guter alter Väter Sitte« unter die Lupe zu nehmen.

Ganz sicher ist es ein seltener Anblick, das Prüfgerät für Ventilfedern. Bei einigen Werkstätten lässt es sich aber noch in irgendeiner fast vergessenen Ecke auffinden. Da natürlich nicht jeder auf diese Technik zurückgreifen kann, stellen wir eine Möglichkeit vor, das Gerät durch eine Ständerbohrmaschine und eine Badezimmerwaage zu ersetzen. Ganz wichtig bei die-

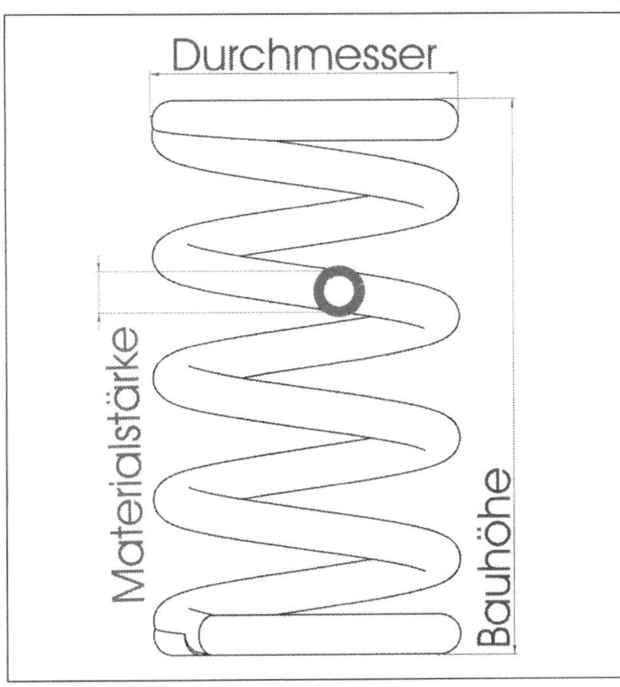

Länge der Ventilfeder an der Skala ablesen.

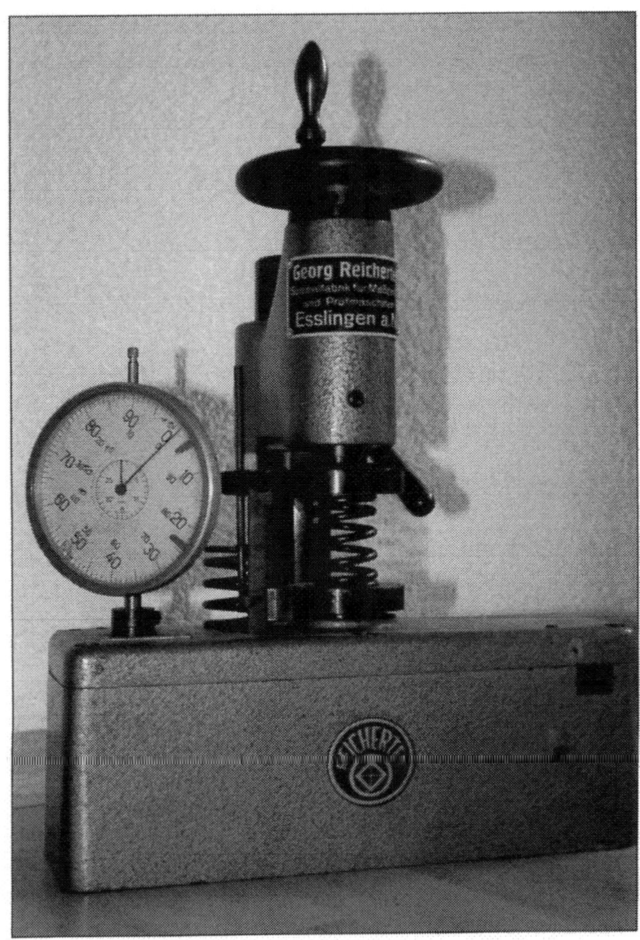

Ventilfeder im Prüfstand.

ser Variante ist es, darauf zu achten, dass die »bessere Hälfte« nicht mitbekommt, was wir mit der guten Körperwaage vorhaben.

Prüfung mit dem Ventilfederprüfgerät

- Zuerst wird die Ventilfeder in den Prüfstand eingelegt und der Arbeitskolben des Prüfstandes soweit herunter gedreht, dass er gerade so auf der Ventilfeder aufliegt.
- Nun kann die Länge der Ventilfeder abgelesen werden.
- Die Messuhr wird nun auf »null« abgeglichen. Bei den meisten Ventilfederprüfgeräten mit externer Messuhr zeigt die Skala zwar Millimeter an, ist aber seitens der Hersteller so abgestimmt, dass der Hub von 1/10 mm, ein kg also 10 Nm entspricht.
- Nun wird die Ventilfeder mit 5 kg belastet. Das entspricht der Anzeige der Messuhr von 50/100 mm bzw. 5/10 mm. Auf der Skala für die Ventilfederlänge kann nun abgelesen werden, auf welches Maß die Feder zusammengedrückt wurde. Zieht man diese Maß von der Ursprungslänge ab, erhält man das Maß, um das die Feder zusammengedrückt wurde.

Anfangsmaß – aktuelles Maß = Federweg
46,0 mm – 43,0 mm = 3 mm

- Nun wird die Feder nach und nach um 5 kg stärker belastet, bis sie den maximalen Hubweg der Nockenwelle erreicht hat. Nach jeder Stufe wird der Messwert in die Tabelle für die Federkennlinie eingetragen.
- Sicherheitshalber kann man durchaus noch drei bis fünf Stufen weiter messen, um das Verhalten der Feder im Betrieb beurteilen zu können. Beim Öffnen des Ventils durch die Nockenwelle folgt das Ventil dem Trägheitsgesetz. Es wird etwas weiter öffnen, als es die Nockenwelle eigentlich vorgibt. Das liegt daran, dass die Masse des Ventils natürlich durch die Nockenwelle beschleunigt wurde und gerne in der Richtung der Beschleunigung seine Bewegung fortsetzen würde. Diese Energie muss dann zuerst durch die Feder aufgenommen werden, bevor der Richtungswechsel in Richtung »schließen« erfolgen kann. Man kann sich auch jetzt leicht vorstellen, was den passieren würde, wenn die Ventilfeder schwächer ausfällt, als das durch die Motorkonstrukteure geplant war. Zum einen fällt die Öffnung noch etwas größer aus und zum anderen wird das Ventil langsamer geschlossen. Im ungünstigsten Fall ist der Kolben

Verbogenes Ventil.

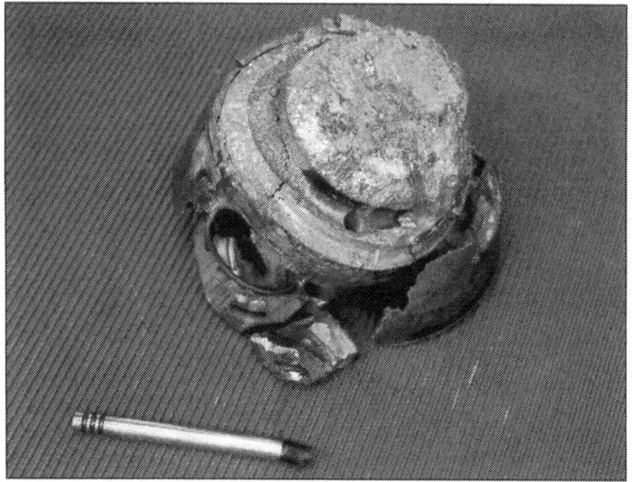

Abgebrochenes Ventil und zerstörter Kolben.

Auch wenn Ventilfedern »neu« sind, sollten sie mit den verbliebenen oder alten Ventilfedern verglichen werden. Zu harte Federn können Schäden am Ventiltrieb verursachen! Ungleichmäßige Federn im Motor können auch für einen »unrunden« Motorlauf verantwortlich sein!

schneller. Das Treffen von Kolben und Ventil geht allerdings selten »friedlich« aus und verursacht im günstigen Fall unnötige Arbeit. Im schlimmsten Fall endet die Begegnung katastrophal mit hohen Kosten.

■ Die Messungen sollten grundsätzlich für alle Ventilfedern durchgeführt werden. Trägt man alle Messwerte in die Tabelle ein, fallen abweichende Werte sofort in Auge.

Prüfung mit Bohrmaschine und Badezimmerausrüstung

■ Im Wesentlichen sieht die Messung so aus wie die, die wir schon mit dem Prüfgerät beschrieben haben. Lediglich die Länge der Ventilfeder muss mit einem Messschieber erfasst werden.

■ Der Federweg wird an der Skala der Bohrmaschine abgelesen. Um die Federkraft ablesen zu können, muss zuerst die Feder zwischen Bohrfutter und Körperwaage eingelegt werden. Die Körperwaage wird nun »genullt« und schon kann die Messung wie beschrieben beginnen.

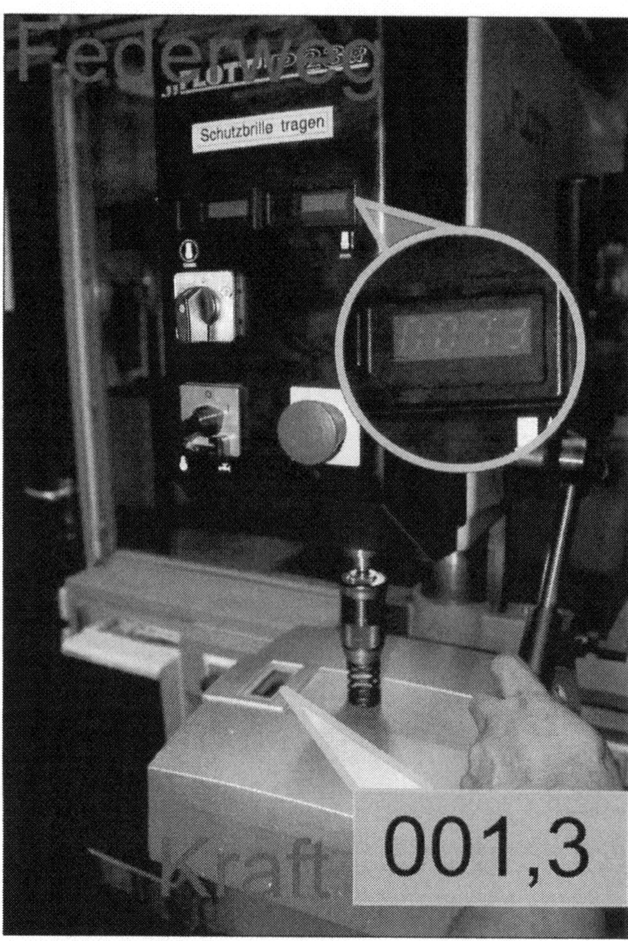

Ablesen der Tiefenskala an der Ständerbohrmaschine.

Prüfungen an der Nockenwelle

Für diesen Arbeitsschritt muss die Nockenwelle zuerst einmal ausgebaut werden.

- Demontieren Sie die Sicherungsmutter (1) und ziehen Sie das Nockenwellenrad (2) ab.
- Drehen Sie die Sicherungsschrauben des äußeren Nockenwellenlagers (3) heraus.

Um die Nockenwelle herausziehen zu können, drehen Sie den Motorblock am besten auf den Kopf. Die Stößel (8) und der Antriebsdruckbolzen der Einspritzpumpe (6) geben so die Nocken der Nockenwelle frei.

- Ziehen Sie die Nockenwelle heraus.
- Reinigen Sie die Nockenwelle und die Anbauteile gründlich.
- Prüfen Sie die Nockenwelle und die Anbauteile auf Verschleiß oder andere Schäden.

Auch die Nockenwelle unterliegt dem Verschleiß, oftmals finden sich bereits durch genaues Betrachten Mängel, die auch entsprechend bewertet werden müssen.

- Kleine Laufspuren dürfen gerade in Anbetracht des Alters des Motors als normal bezeichnet werden.

Tiefe Rillen und Ausbuchtungen müssen eine Ursache haben. Gradartige scharfkantige Ausformungen an den Lagerstellen sind ein deutliches Zeichen für Verschleiß. In diesen Fällen muss das Lagerspiel geprüft werden.

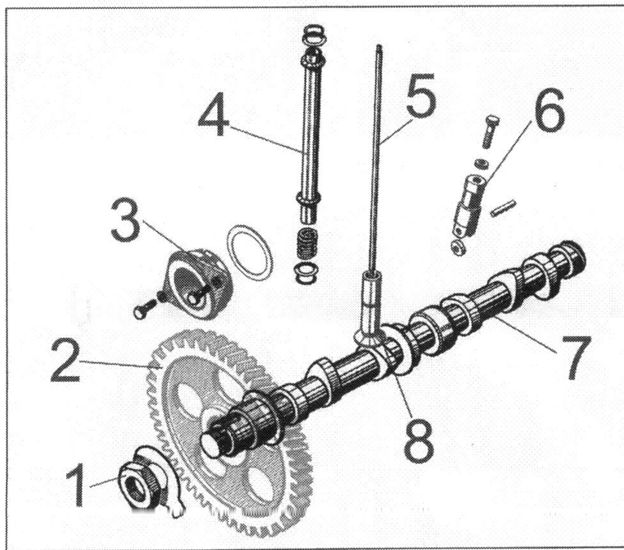

Nochenwelle im Detail: 1 Sicherungsmutter mit Sicherungsscheibe, 2 Nockenwellenrad, 3 Lagerung Nockenwelle außen mit Sicherungsschrauben, 4 Schutzrohr Stößelstangen mit Dichtungen, 5 Stößelstange, 6 Antriebsdruckbolzen Einspritzpumpe, 7 Nockenwelle, 8 Stößel.

Laufspuren.

Verschleiß an der Nockenwelle.

Wenn sich die Nocken abnutzen, bedeutet das immer eine geringere Ventilöffnung und somit Leistungsverlust des Motors. Da auch die Oberflächenqualität in diesen Fällen stark leidet, werden die Ventilbetätigungen, also die Kipp- oder Schlepphebel, mit beeinträchtigt. Die Lagerstellen für diese Bauteile sollten dann sehr gründlich untersucht werden. Lässt man durch Laufspuren beschädigte Teile weiterhin in Betrieb, kann es sein, das der Schaden sich auf der beispielsweise erneuerten Nockenwelle wieder einstellt.
Auch die Ursache für den Schaden muss festgestellt werden. Ist die Ölpumpe noch in Ordnung?
Betrachten wir einmal einige einfache Messungen, die an der Nockenwelle durchgeführt werden sollen:

Schlagprüfung

■ Spannen Sie die Nockenwelle zwischen die Spitzen der Drehbank oder legen Sie sie auf Auflager.

■ Richten Sie nun eine Messuhr mit Halter auf die einzelnen Lager aus und drehen Sie die Nockenwelle. Der Höhenunterschied wird auf der Messuhr schnell deutlich. Die maximalen Toleranzen müssen aus den Herstellerunterlagen entnommen werden. Als Daumenrichtwert kann ein Schlag bis zu 0,01 mm angenommen werden. Nockenwellen mit einer größeren Abweichung sollten ersetzt werden.

Nockenhubmessung

Mit dem gleichen Messaufbau wie bei der Schlagprüfung kann auch der Hub der Nocke festgestellt werden. Gemessen wird der Unterschied zwischen der tiefsten Stelle und der höchsten Stelle eines Nockens. Auch diese Maße werden von jedem Motorenhersteller angegeben und sind nicht ohne weiteres übertragbar. Sollte ein relevanter Verschleiß vorliegen, ist er in der Regel auch schon am Verschleißbild gut zu erkennen. Sinnvoll ist allerdings, die Nocken der einzelnen Zylinder untereinander auszumessen und zu vergleichen. Die Ursache für einen deutlichen Unterschied kann schon in mangelhafter Schmierung für den Ventiltrieb dieses Zylinders liegen.

Lagerspielmessung

■ Will man das Lagerspiel lediglich kontrollieren und hat keinen besonderen Befund, reicht es aus, die Lager mit Plastigage auszumessen. Die Vorgehensweise wurde bereits im Kapitel »Lagerspiel an Kurbelwelle und Pleuel mit Plastigage einmessen« vorgestellt.

■ Soll das Lagerspiel genau in Augenschein genommen werden, muss das gute alte Innenmessgerät und eine entsprechende Bügelmessschraube in Einsatz

Nockenwellen zwischen den Spitzen.

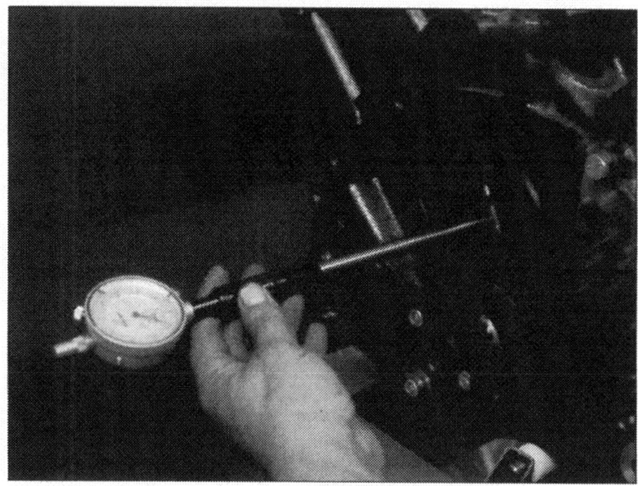

Innenmessgerät in der Nockenwellenlagerung.

Nockenwelle auf Auflagern Nockenhubmessung.

Axialspielmessung.

Gebrochene Nockenwelle.

kommen. Die Vorgehensweise wurde unter dem Kapitel »Lagerspiel an der Kurbelwelle mit der Messuhr und Bügelmessschraube einmessen« bereits vorgestellt und muss lediglich auf den kleineren Durchmesser der Nockenwelle abgestimmt werden.

■ Das Axialspiel ist das seitliche Spiel der Nockenwelle. Auch diese Richtung ist Beschränkungen unterlegen. Selbstverständlich müssen auch hier die Werte der Motorenhersteller herangezogen werden. Im Grundsatz kann aber davon ausgegangen werden, dass ein Axialspiel von 0,15 mm noch in Ordnung ist.

■ Am einfachsten lässt sich das Axialspiel ausmessen, wenn Ventile und oder Ventiltrieb nicht eingebaut sind. So entfällt die Reibung zwischen den betätigten Ventilhebeln und der Nockenwelle.

■ Als Messmittel kommt auch hier wieder die Messuhr mit Messuhrträger zum Einsatz. Sie sollte dann entweder mit dem Magnetfuß befestigt oder an einer geeigneten Stelle verschraubt werden.

Eine gebrochene Nockenwelle ist immer ein Zeichen großer mechanischer Kräfte. Oftmals bedeutet dies, dass Ventile und eventuell auch die Stößelstangen beschädigt wurden. Diese Teile müssen dann in jedem Fall genauer unter die Lupe genommen werden.

Ventilführung beurteilen

Ventil ausmessen

Natürlich gibt es auch Abmessungen am Ventil. Die Tellerbreite und die Ventilsitzbreite gehören zu den Abmessungen, die bei der Beurteilung eines Ventils sehr wichtig sind. Daran entscheidet sich, in wieweit ein Ventil wieder eingesetzt, überarbeitet oder erneuert werden muss.

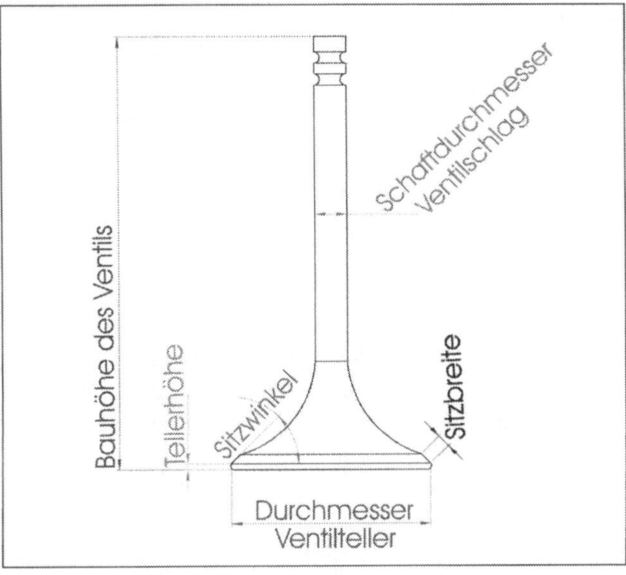

Bezeichnungen am Ventil.

Ventilprüfvorrichtung.

Ventil im Messprisma.

Um den Ventilschlag beurteilen zu können, muss das Ventil spielfrei gelagert werden. Das geht schon recht gut auf einem Messprisma. Besser jedoch ist die Aufnahme in einer Ventilprüfvorrichtung. Beurteilt wird der Ventilschlag am Ventilteller und in der Mitte des Schaftes.

Ventilführung ausmessen

Auch diese Messung ist mit Hilfe einer Messuhr recht einfach zu bewerkstelligen. Das Ventil wird ohne Ventilfedern, Klemmstücken und Ventilschaftdichtung eingeführt. Nun wird das Kippen des Ventils mit einer Messuhr erfasst. Auch hier gelten durchaus unterschiedliche Werte, die von den jeweiligen Motorenherstellern vorgegeben werden. Auch muss darauf geachtet werden, dass die Messlänge, also das Maß, um das das Ventil aus dem Kopf herausragt, eingehalten wird.

Ventile einschleifen

Neben dem Schlag muss auch die Dichtfläche beurteilt werden. Auch sie kann verschleißen.
Oft reicht es aus, den Ventilsitz mit dem Sauggummi und der Ventileinschleifpaste zu bearbeiten. Diesen Vorgang werden wir etwas später genauer beschreiben. In Härtefällen oder dann, wenn neue Ventile zum Einsatz kommen, macht es Sinn, den Ventilsitz nachzufräsen. Auch das ist eine Arbeit, die heutzutage mit aufwändigster Frästechnik erledigt werden sollte. Er funktioniert allerdings auch nach guter alter Väter Sitte mit einem Ventilsitzfrässatz, der mit Handkraft betätigt wird. Alte Technik hat hier keinen Nachteil gegenüber moderner.

Ventilführung ausmessen.

Ventilsitzdrehwerkzeug

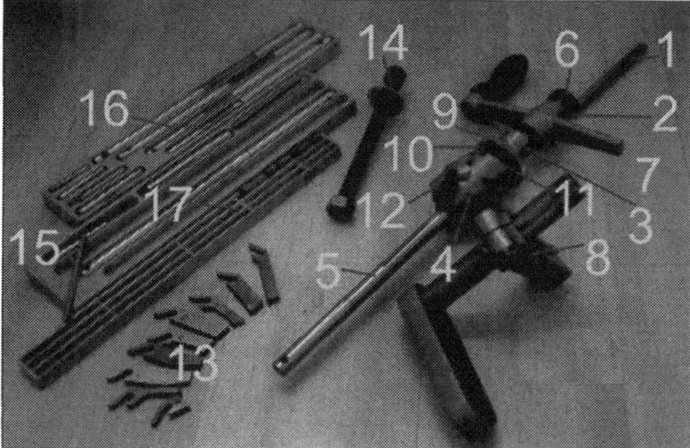

Ventilbearbeitungsset: 1 Pilotauflage (Fallstift), 2 Feststellschraube Pilotauflage, 3 Lünettenlager mit Kugel, 4 Kopf mit eingebautem Getriebe, 5 Pilot, 6 Spanzustellung, 7 Feststellschraube Spanustellung, 8 Normallünette, 9 Vorschubbetätigung, 10 Schnellverstellung, 11 Kupplungsmutter für Support, 12 Support, 13 Auswechselbarer Drehstahl, 14 Befestigungsschraube, 15 Montagestift für Piloten, 16 Pilotenset, 17 Drehstahlsortiment.

Ventilsitz Drehwerkzeug aufgebaut.

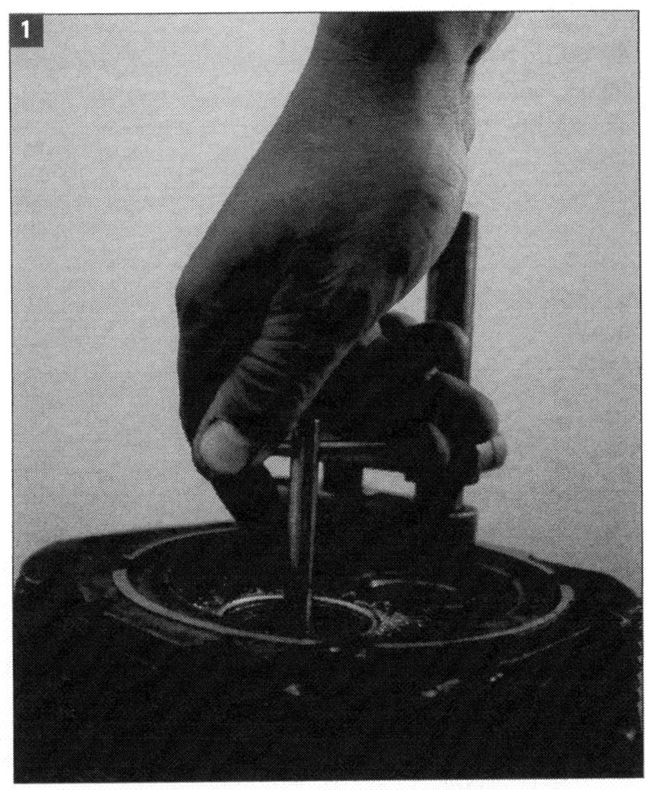

Pilot festziehen. Nun muss noch ein entsprechend passender Drehmeißel gewählt werden.

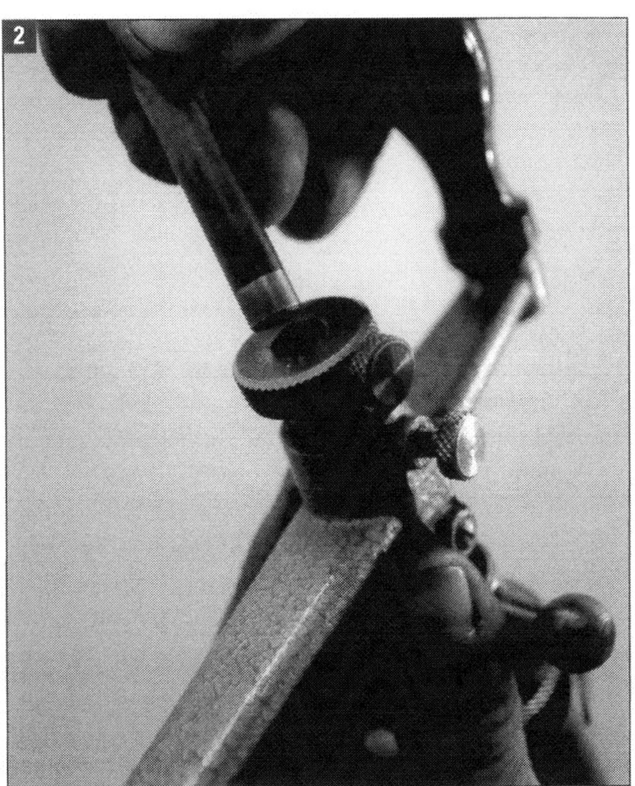

Auflage einführen.

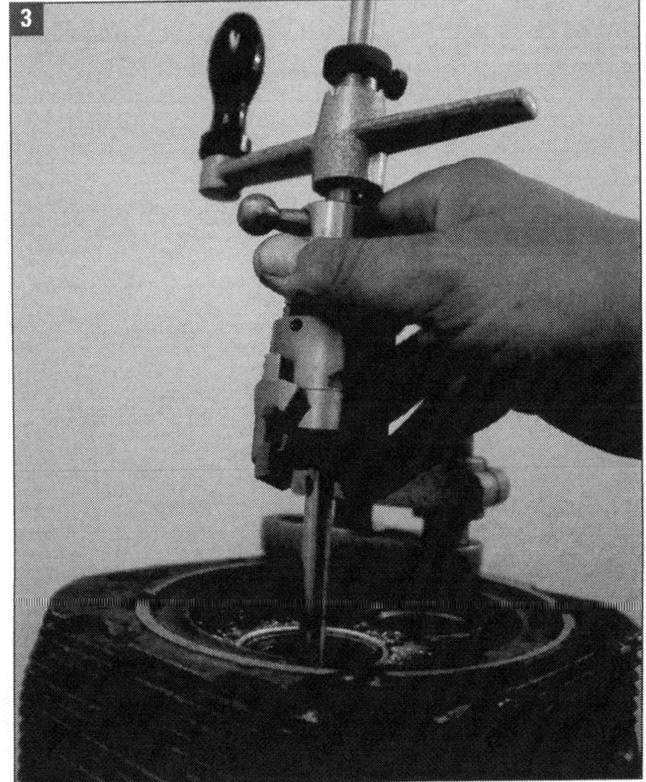

Aufstecken.

Ventilsitz fräsen.

Das Ventilsitz Drehwerkzeug ist in der Lage, zum einen den Ventilsitz nachzudrehen und zum anderen die beiden Korrekturwinkel im Kopf nachzufräsen. Die Arbeiten werden ausschließlich von Hand und ohne Maschinenkraft durchgeführt.

- Zuerst einmal muss der Ventilsitz und Ringsitzdrehwerkzeug aufgebaut werden. Der Pilot wird in den Ventilschaft eingeführt und festgedreht.
- Pilotauflage in den Kopf mit Getriebe einführen.
- Aufstecken auf den Piloten
- Soll nun der Ventilsitz gefräst werden, muss die Vorschubbetätigung festgehalten werden. Das Getriebe sorgt nun für eine Absenkung und einen Vorschub im Winkel von 45°.
- Soll einer der Korrekturwinkel nachgearbeitet werden, muss ein entsprechender Drehmeißel mit dem passenden Winkel ausgewählt und montiert werden. Das Getrieberad läuft nun beim Drehen an der Kurbel frei mit. Über die Spanzustellung wird dann langsam die Schnitttiefe abgesenkt, bis der Korrekturwinkel wieder hergestellt ist.

Die Winkel am Ventil und am Ventilsitz sind immer gleich und sowohl am Ventil als auch am Ventilsitz mit entsprechender Gerätschaft nachzubearbeiten. Sollten sich durch Verschleiß Grate an der Sitzfläche gebildet haben, ist eine Überarbeitung der Ventile möglich.

- Wichtig ist es, dass das Ventil schlag- und spielfrei gespannt werden kann. Nur so kann ein präziser Schliff des Ventils erreicht werden.
- Um die Einstellung zu erleichtern, sind die »gängigen« Winkel mit einem Absteckbolzen fixierbar.
- Wird nun der Antriebsmotor eingeschaltet, wird zum einen der Schleifstein angetrieben und zum anderen das Ventil gedreht. Das Ergebnis ist ein gleichmäßiges Schleifbild für Ventilsitz und den Korrekturwinkel.

Ventilsitzschleifmaschine.

45° Sitzwinkel fixieren und schleifen.

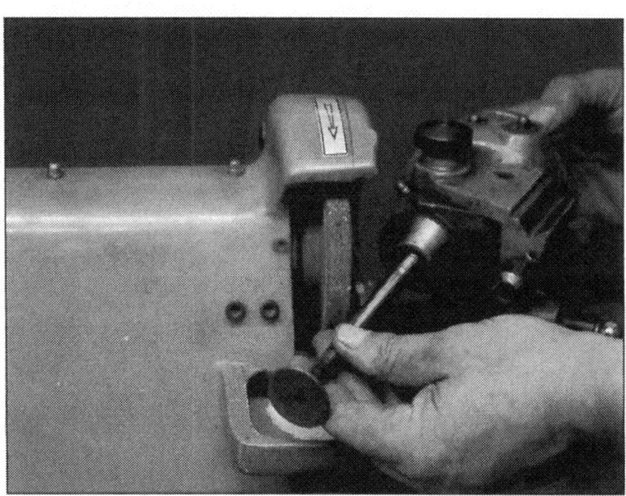

Ventil in eine passende Spannvorrichtung einsetzen.

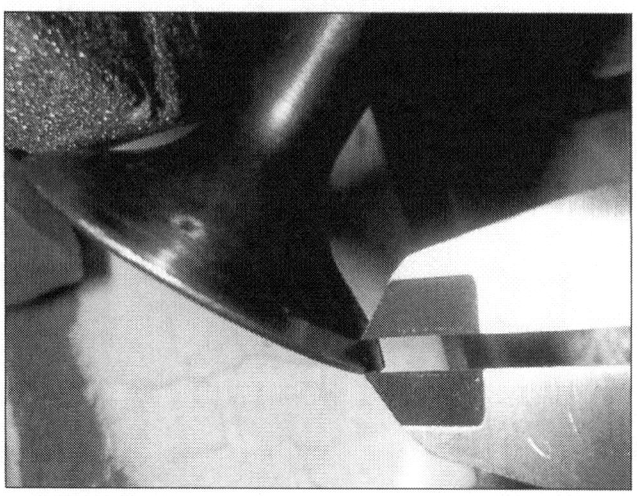

Sitzbreite messen.

Korrekturschliff über den Korrekturwinkel am Ventil.

Ab jetzt sollten alle Ventile markiert werden. Ein guter Schliff kann ein Ventil durchaus einmalig machen! Schließlich soll's passen wie das Deckelchen auf's Töpfchen!

- Zur gleichmäßigen Abnutzung des Schleifsteins wird der Führungsschlitten mit dem Ventil hin und her bewegt.
- Die Breite des Ventilsitzes wird vom jeweiligen Motorenhersteller vorgeschrieben und muss dementsprechend auch eingehalten werden.
- Auch hier kann der Winkel über einen Absteckbolzen leicht eingestellt werden.

Wird die Sitzbreite zu groß, muss über den Korrekturwinkel das Maß entsprechend verkleinert werden.

- Nach den Schleifarbeiten ist die Basis für die Ventildichtheit wieder geschaffen.

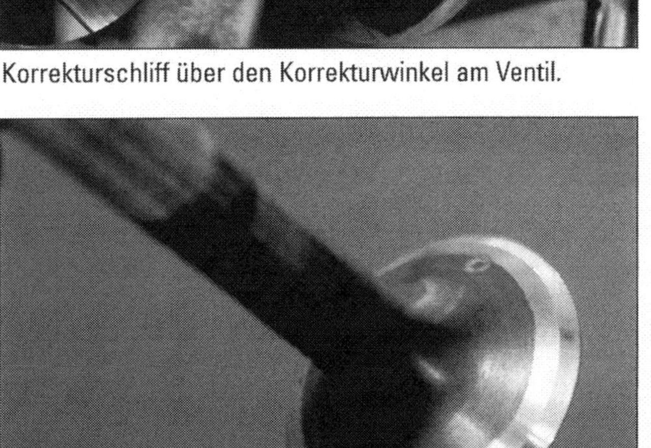

Wie neu ...

Ventil einsetzen.

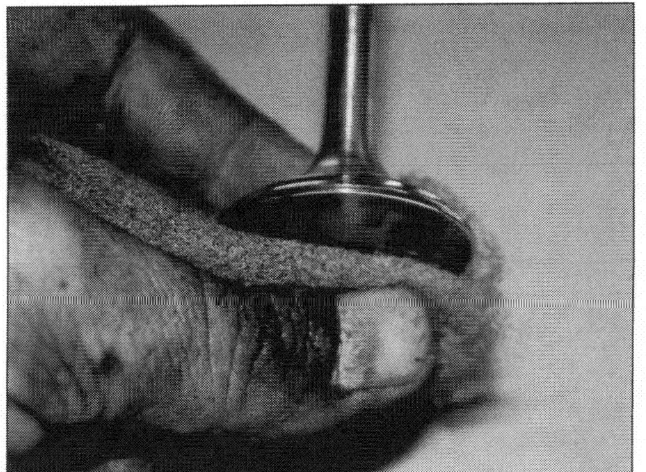

Ventilteller von unten reinigen.

»Pümpel« wässern und aufdrücken.

Ventilschaftdichtungen.

Alte Schaftdichtungen raus.

Neue Schaftdichtungen rein.

Als Nächstes steht das Einschleifen der Ventile an. Schließlich sollen Ventil und Sitzring sehr gut zueinander passen.

■ Verunreinigungen am Ventilteller sind durchaus normal. Leider verhindern sie eine gute Haftung zwischen dem Gummisauger und dem Ventil. Sehr gut kann diese Vorreinigung auf der Ständerbohrmaschine mit einem Schleifvlies erfolgen. Achten Sie aber darauf, dass weder der Ventilschaft verkratzt noch der Ventilteller beschädigt wird. Spannen Sie das Ventil vorsichtig in das Bohrfutter ein!

■ Nun wird das Ventil in den Ventilschaft eingesetzt.

■ Als Nächstes wird nun zuerst die Vorschleifpaste auf den Ventilsitz aufgetragen. Es reicht aus, eine kleine Menge gleichmäßig mit der Fingerkuppe auf dem Sitz zu verteilen. Die Schleifpaste sollte eine zähflüssige Konsistenz aufweisen.

■ Mit Hilfe des »Gummipümpels« lässt sich das Ventil leicht zwischen den Handballen hin und herdrehen. Immer dann, wenn das Schleifgeräusch leiser wird, sollten Sie das Ventil kurz anheben und etwas verdrehen. Durch die Schleifpaste wird es selbst wieder auf die Sitzfläche gezogen. Wie bei Schleifpapier auch lässt die Schleifwirkung im Laufe der Arbeit nach. Ist es soweit, muss die alte Paste von Ventil abgewaschen werden und durch einen neuen Auftrag ersetzt werden.

■ Das Schliffbild ist dann ausreichend, wenn die Sitzfläche bis zu 2/3 mit einer erkennbaren Grauschattierung zu sehen ist. Es sollten sich keine Unebenheiten mehr in der Fläche befinden. Mit Hilfe der Nachschleifpaste darf nun dieser Vorgang wiederholt werden. Das Schliffbild wird nun lediglich feiner.

Ventilschaftdichtung wechseln

Die Ventilschaftdichtungen sind Wellendichtringe. Auch diese können im Laufe der Jahre aushärten und müssen dann ausgewechselt werden. Ein deutliches Zeichen für defekte Ventilschaftdichtungen ist die blaue Rauchwolke nach dem Schiebebetrieb des Motors und eventuell sogar ein deutlicher Geruch nach Öl im Abgas.

■ Für den Wechsel müssen Ventilbetätigung und Ventilfedern ausgebaut werden. Am sichersten geht das mit demontiertem Zylinderkopf vonstatten. Eine weitere Möglichkeit ist aber auch, den Motor im Bereich des Zünd-OT zu blockieren und anstatt der Glühkerze einen Luftanschluss mit entsprechendem

Adapter zu montieren. Wird nun der Motor mit Druckluft beaufschlagt, mit Hilfe eines Ventilheberarms die Ventilfedern zusammengedrückt, die Keilstücke entnommen und letztendlich können die Ventilfedern und deren Teller abgenommen werden.

■ Die Ventilschaftdichtungen werden nun am einfachsten mit einer speziellen Zange abgezogen.
Die Montage erfolgt dann in umgekehrter Reihenfolge.

Oft sind die Klemmstücke so sehr verklemmt, dass sich die Ventilfedern nicht zusammendrücken lassen, ohne dass das Ventil aufgedrückt wird. In diesen Fällen den Zylinder auf den unteren Totpunkt stellen und die Ventilfederteller mit einer Nuss und kurzen Hammerschlägen lösen.

Kopiervorlage Auswertungsbogen Zylinderverschleiß

Fahrzeugdaten

Kennzeichen		Datum	
Fahrzeug		Typ	
Motornummer		Hubraum	

Zylindermessung

	Zylinder 1	Zylinder 2	Zylinder 3	Zylinder 4
Grundmaß				
A1				
R1				
A2				
R2				
A3				
R3				
Kolbendurchmesser				
Größtes Laufspiel				
Kleinstes Laufspiel				
Größte Ovalität				

Kolbenringe

	Zylinder 1	Zylinder 2	Zylinder 3	Zylinder 4
Kolbenring 1 Höhenspiel				
Kolbenring 2 Höhenspiel				
Kolbenring 3 Höhenspiel				
Ölabstreifring Höhenspiel				
Kolbenring 1 Stoßspiel				
Kolbenring 2 Stoßspiel				
Kolbenring 3 Stoßspiel				
Ölabstreifring Stoßspiel				

Kopiervorlage Lagerspiel und Planflächen

Lager und Kurbelwelle

	Zylinder 1	Zylinder 2	Zylinder 3	Zylinder 4
Hauptlagerspiel PLASTIK AGE				
Pleuellagerspiel PLASTIK AGE				
Abmessung Kubelwellzapfen Richtung 1				
Abmessung Kubelwellzapfen 90° versetzt				
Ovalität Pleuellagerzapfen				
Innenmessung Lager im eingebauten Zustand				
Innenmessung Lager im eingebauten Zustand 90° versetzt				
Abmessung Pleuellagerzapfen Richtung 1				
Abmessung Pleuellagerzapfen 90° versetzt				
Ovalität Pleuellagerzapfen				
Innenmessung Lager im eingebauten Zustand				
Innenmessung Lager im eingebauten Zustand 90° versetzt				
Höhenschlag Kurbelwelle Hautlager 1				
Höhenschlag Kurbelwelle Hautlager 2				
Höhenschlag Kurbelwelle Hautlager 3				
Achsialspiel Kurbelwelle				

Planflächen am Kopf und Block

	Zylinder 1	Zylinder 2	Zylinder 3	Zylinder 4
Planfläche Zylinder				
Planfläche Zylinderkopf				
Planfläche Zylinderfuß				
Überstandsmaß bei nassen Laufbüchsen				

Auswertung

Bauteil	OK	Nicht OK	Bemerkung
Kolben			
Kolbenringe			
Pleuellager			
Kurbelwelle			
Kurbelwellenlager			
Zylinder			

Kopiervorlage Messblatt Ventilfedern

Datum:_______________________

Fahrzeugdaten:

Fahrzeug		Typ		Zylinderanzahl	

Angaben zu den Ventilfedern (Solldaten)

Federlänge Einlass innere Feder		Federlänge Auslass innere Feder	
Federlänge Einlass äußere Feder		Federlänge Auslass äußere Feder	

Federkennlinien

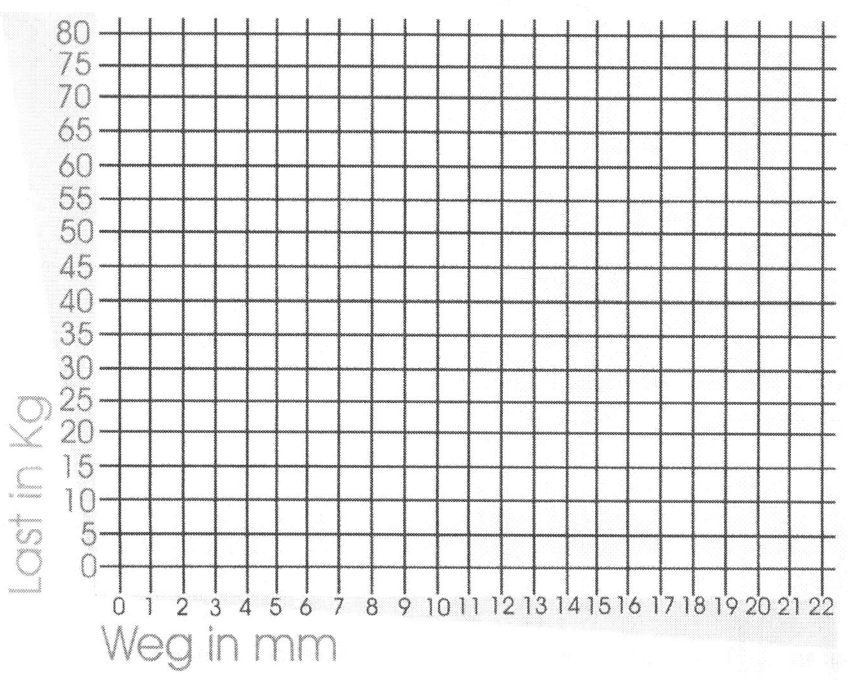

Auswertung

	1. Zylinder	2. Zylinder	3. Zylinder	4. Zylinder
Länge EV außen				
Länge EV innen				
Länge AV außen				
Länge AV innen				
Maximale Kraft EV außen				
Maximale Kraft EV innen				
Maximale Kraft AV außen				
Maximale Kraft AV innen				

STÖRUNGSBEISTAND

Motor (Benziner)

Symptom	Ursache	Abhilfe?
A Motor springt nicht an	**1** Keine Kraftstoffzufuhr.	Kraftstoffhahn öffnen, Kraftstoffleitung reinigen, Kraftstofffilter reinigen oder ersetzen, Kraftstoffpumpe überprüfen, Kraftstoff einfüllen.
	2 Kein Zündfunke.	Zündkerze prüfen, Zündleitungen prüfen, Verteilerkappe und -finger prüfen, Unterbrecherkontakte prüfen, Zündspule prüfen, Spannungsversorgung Zündspule prüfen (an Klemme 15 muss Spannung anliegen).
	3 Motor dreht nicht.	Prüfen, ob der Motor von Hand gedreht werden kann, Anlasser prüfen, Spannungsversorgung Anlasser prüfen, Zündanlage prüfen, Zündschloss und Startschalter prüfen.
	4 Zündfunke ist da, Kraftstoffzufuhr o.k., Motor dreht aber springt nicht an.	Vergaser reinigen. Zündkabelanordnung an der Verteilerkappe prüfen (Zündfolge beachten).
B Motor springt im kalten Zustand schlecht an	**1** Anlasser dreht zu langsam.	Batterie laden oder ersetzen, Anlasser prüfen, Motoröl wechseln (zu zäh).
	2 Zündfunke zu schwach.	Elektrodenabstand der Zündkerzen korrigieren, Batterie laden.
	3 Starterklappe im Vergaser schließt nicht.	Chokezug einstellen, Starterklappe gangbar machen.
C Motor springt im warmen Zustand schlecht an.	**1** Starterklappe öffnet nicht richtig	Chokezug einstellen, Starterklappe gangbar machen, Starterklappe gangbar machen, Gaspedal bei Starten ganz durchtreten.
D Motor springt an aber: … setzt aus oder bleibt stehen	**1** Kraftstoffmangel.	Kraftstoffsystem reinigen, Kraftstoffpumpe prüfen (zu geringe Förderleistung).
E … bleibt beim Gasgeben stehen.	**1** Kraftstoffmangel.	Hauptdüse und Schwimmerkammer des Vergasers reinigen.
F .. nur mit geöffneter Drosselklappe	**1** Kraftstoffmangel.	Leerlaufdüse reinigen.
	2 Leerlaufeinstellung zu niedrig	Leerlaufdrehzahl einstellen.
	3 Falschluft.	Dichtung zwischen Vergaser und Ansaugbrücke prüfen und ggf. ersetzen.

STÖRUNGSBEISTAND

Motor (Benziner)

Symptom	Ursache	Abhilfe?
G Motor läuft im Leerlauf unrund.	**1** Gemischeinstellung falsch.	Leerlaufgemisch einstellen, (Leerlaufluftschraube) Leerlaufdüse reinigen.
	2 Starterklappe nicht ganz geöffnet.	Starterklappe gangbar machen.
	3 Vergaser läuft über.	Schwimmernadelventil reinigen, Schwimmer prüfen ob ggf. mit Kraftstoff voll gelaufen.
H Motor läuft unrund und hat Aussetzer.	**1** Zündaussetzer.	Unterbrecherkontakte prüfen und einstellen, ggf. ersetzen, Zündkerzen prüfen und ggf. ersetzen, Zündkabel prüfen und ggf. ersetzen.
I Motor hat keine Leistung.	**1** Zündaussetzer.	Unterbrecherkontakte prüfen und einstellen, ggf. ersetzen, Zündkerzen prüfen und ggf. ersetzen, Zündkabel prüfen und ggf. ersetzen.
	2 Zu geringe Verdichtung.	Ventile einstellen, Ventilsitze prüfen und ggf. nacharbeiten, Kolbenringe prüfen und ggf. ersetzen.
	3 Zündzeitpunkt nicht korrekt.	Fliehkraftverstellung im Verteiler prüfen, Zündzeitpunkt einstellen.
	4 Zu hohe Reibungsverluste.	Lager des Antriebsstranges prüfen, Bremsen prüfen ob freigängig.

STÖRUNGSBEISTAND

Motor (Diesel)

Symptom	Ursache	Abhilfe?
A Motor springt nicht an	**1** Keine Kraftstoffzufuhr.	Kraftstoffhahn öffnen, Kraftstoffleitung reinigen, Kraftstofffilter reinigen oder ersetzen, Kraftstoffpumpe überprüfen, Kraftstoff einfüllen, Sieb der Vorförderpumpe reinigen, System entlüften.
	2 Einspritzzeitpunkt nicht korrekt.	Einspritzpumpe einstellen, Spritzversteller prüfen und instand setzen.
	3 Einspritzdüsen öffnen nicht.	System entlüften, Düsen prüfen und instand setzen (klemmen fest, abgenutzt), Einspritzpumpe instand setzen (zu wenig Druck).
	4 Vorglühanlage ohne Funktion.	Sicherung überprüfen, Verkabelung prüfen, Glühkerzen prüfen, Batteriespannung prüfen.
	5 Verdichtung zu gering.	Ventilspiel einstellen, Kolbenringe prüfen, Ventile prüfen.
B Motor springt an, aber bleibt nach kurzer Zeit stehen.	**1** Kraftstoffmangel.	Kraftstoffsystem reinigen, Kraftstoffpumpe prüfen. (zu geringe Förderleistung), Kraftstoffsystem entlüften, Tankentlüftung reinigen.
C Motor hat keine Leistung.	**1** Fördermenge der Pumpe zu gering.	Regelstangenanschlag einstellen, Einspritzleitungen prüfen, Einspritzpumpe instand setzen.
	2 Einspritzzeitpunkt verstellt.	Einspritzpumpe einstellen.
	3 Einspritzdüsen schlechte Funktion.	Düsen instand setzen.
	4 Wenig Kompression – Verdichtung zu gering.	Ventilspiel einstellen, Ventile ersetzen, Kolbenringe prüfen ggf. ersetzen.
D Motor klopft	**1** Einspritzzeitpunkt zu früh.	Einspritzpumpe einstellen.
	2 Verdichtung zu gering.	Ventilspiel einstellen, Kolbenringe prüfen, Ventile prüfen.
	3 Lagerschaden.	Hauptlager prüfen und instand setzen, Pleuellager prüfen und instand setzen, Kolbenbolzenlager prüfen und instand setzen.

STÖRUNGSBEISTAND

Motor (Diesel)

Symptom	Ursache	Abhilfe?
E Motor klopft und raucht.	**1** Einspritzzeitpunkt zu spät.	Einspritzzeitpunkt einstellen.
	2 Düsendruck zu gering, Düsennadel klemmt, Düsen verkokt.	Einspritzdüse instand setzen.
F Motor raucht bläulich.	**1** Zu hoher Motorölstand.	Ölstand korrigieren.
	2 Kolbenringe gebrochen oder beschädigt.	Kolbenringe ersetzen.
G Motor rußt und raucht.	**1** Kraftstoffförderung zu hoch.	Regelstange einstellen.
	2 Luftfilter verstopft.	Luftfilter reinigen oder ersetzen.
	3 Einspritzzeitpunkt zu spät.	Einspritzpumpe einstellen.
	4 Ventilspiel verstellt, Ventile undicht.	Ventilspiel einstellen, Ventile ersetzen.
H Motor dreht von selbst hoch.	**1** Regler blockiert, Regelstange klemmt.	Einspritzpumpe instand setzen.
	2 Motor verbrennt das eigene Öl.	Ölstand prüfen (ggf. viel zu hoch), Kolbenringe prüfen und ggf. ersetzen.
H Motor wird heiß.	**1** Wasserverlust.	Wasserverlust beheben, Kühlwasserstand korrekt auffüllen.
	2 Kein oder zu geringer Kühlwasserfluss.	Thermostat prüfen, Wasserpumpe prüfen, Kühlsystem reinigen.
	Kühlleistung des Kühlers zu gering.	Kühler reinigen, Kühler ersetzen, Lüfter prüfen, Keilriemen nachspannen.

Das Kühlsystem

Das ist ein »heißes« Thema im wahrsten Sinne des Wortes. Schnell ist bei so einem älteren Gefährt ein Schlauch porös, die Wasserpumpe ausgeschlagen und undicht oder auch der Kühler durchgerostet. Also wird zuerst einmal der Wasserstand geprüft, ggf. füllt man diesen auf, um dann feststellen zu können, woher der Wasserverlust kommt.

Dichtheitsprüfung im Kühlsystem

■ Drehen Sie den Kühlerverschluss auf und nehmen Sie den Deckel ab.
■ Mit einer Druckpumpe, welche auf den Einfüllstutzen des Kühlers geschraubt wird, gibt man vorsichtig Druck auf das Kühlsystem (max. 1,5 bar).
Nun kann in der Regel leicht und genau festgestellt werden, wo die Undichtigkeit ist, da hier das Wasser austritt. Ausnahme: Die Wasserpumpe kann nur im kalten Zustand dicht sein und erst dann Wasser verlieren, wenn sie warm wird. Allerdings sollte man Undichtigkeiten an der Wasserpumpe leicht erkennen, da das Wasser Spuren hinterlässt. Das heißt, man sieht Kalk- oder Frostschutzspuren am Motor, im Bereich unterhalb der Wasserpumpe.
■ Da das Kühlwasser häufig bei älteren Fahrzeugen vernachlässigt wurde und es sich daher nur noch um Rostbrühe handelt, sind es aber auch einfach oft nur Rostspuren, die sichtbar sind.
Sollte sich eine solche Rostbrühe im Kühlsystem befinden, ist es ratsam, diese komplett abzulassen und auszutauschen.
■ Hierzu wird am einfachsten ein Kühlerschlauch gelöst. Wenn das Wasser abgelassen ist, noch einmal gut mit klarem Wasser (am besten mit dem Gartenschlauch) durchspülen.
■ Wenn vorher das Thermostat ausgebaut wurde, ist es einfacher, das gesamte Kühlsystem durchzuspülen. **Aber Vorsicht!** Wenn jahrelang kein oder wenig Frostschutz (dieser ist zugleich auch ein Rostschutz) im Kühlsystem war, besteht nach einer anständigen Neubefüllung die Gefahr, dass die Wasserpumpe undicht wird, da der Frostschutz eventuell vorhandene Roststellen anlöst.

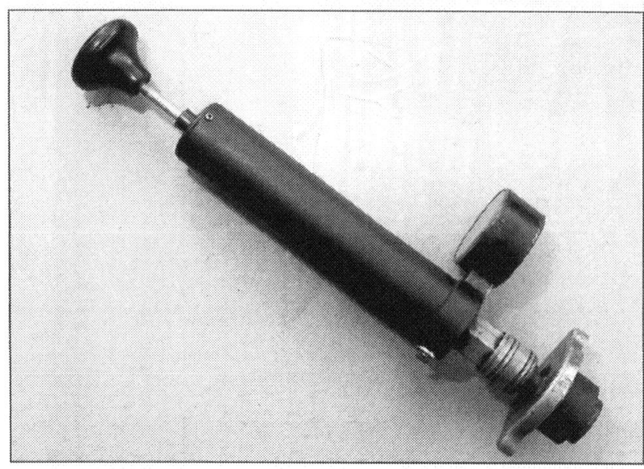

Kühlerpumpe.

Kühlerreparatur
Ein defekter Kühler kann in den meisten Fällen repariert werden. Häufig sogar in Eigenleistung. Losgerissene oder -vibrierende Stutzen und Wasserkästen können mit Hilfe eines Gasbrenners wieder angelötet und so dauerhaft abgedichtet werden.

■ Hierzu wird der undichte Stutzen vorsichtig mit dem Brenner erhitzt und dann mit einer Zange abgenommen.
■ Die Reste des Lötmaterials werden unter leichter Hitzeeinwirkung mit einer Drahtbürste entfernt, uns zwar am Kühler als auch am Stutzen.
■ Sollten hierbei Stellen zum Vorschein kommen, an denen kein Zinn mehr haftet, müssen diese mit etwas Lötwasser behandeln werden, damit eine gute Verbindung zustande kommt. Als Lötmittel (Lötzinn) eignet sich am besten das Zinn vom Dachdecker/Spengler. Aber auch mit herkömmlichem Lötzinn lassen sich gute Erfolge erzielen. Hierbei ist allerdings darauf zu achten, dass das Lötzinn »flussmittelfrei«, also rein, ist. Das Flussmittel würde zu Einschlüssen in der Lötnaht und somit zu Undichtigkeiten führen.
■ Um den Kühler nun neu zu verlöten, wird der entsprechenden Stutzen aufgesetzt und beide Teile gleichmäßig und vorsichtig erhitzt. Nun wird etwas Lötzinn im Bereich der Anschlussstelle hinzu gegeben. Durch die so genannte Kapillarwirkung zieht sich das Zinn von selbst in die Lötnaht.
■ Ist die Lötnaht nun von außen gleichmäßig verschlossen, so ist davon auszugehen, dass auch innen alles sauber verlötet ist. Nach dem Abkühlen können nun noch die Anschlüsse wasserdicht verschlossen werden, um dann nach dem Befüllen mit Wasser unter Zuhilfenahme der Kühlerdruckpumpe einen Dichtheitstest durchzuführen.
■ Ist der Kühler nun wieder dicht, sollte er noch sauber geschliffen, gereinigt und lackiert werden.
Nun kommt es allerdings ja auch manchmal vor, dass das Kühlnetz des Kühlers zerbröselt. Das führt zwar nicht zu Undichtigkeiten, allerdings nimmt die Kühlleistung deutlich ab. Auch solche Schäden lassen sich reparieren. Hierzu gibt es diverse Kühlerdienste, welche den Kühler komplett zerlegen und wieder neu bestücken. Wer es sich zutraut, kann sich auch nur die Kühlrippen besorgen und den Kühler selbst restaurieren. Hier ist jedoch sehr viel Geduld und Fingerspitzengefühl gefragt.
■ Poröse Kühlerschläuche sollte man während der Reparatur auf jeden Fall ersetzen, egal, ob sie noch

Kühler löten ... hier geht's noch.

Kühler gelötet ... so soll es werden.

dicht sind oder nicht. Beim Trecker hat man den Vorteil, dass es sich oft nur um „Standardteile" handelt. Also entweder einfache, gerade Stücke oder Bögen. Meist sind die Nennweiten an beiden Enden gleich. So bekommt man im gut sortierten Zubehörhandel meistens das passende Stück, zumindest aber einen Schlauch, aus dem ein passendes Stück herausgeschnitten werden kann.

■ Für Sonderfälle gibt es noch die Möglichkeit, einen Schlauch anfertigen zu lassen. Hierzu gibt es Firmen, welche anhand einer Zeichnung den Schlauch exakt auf Maß fertigen (Adresse im Anhang). Dies ist für ein Einzelstück nicht ganz billig, aber bei einer Vollrestauration fast unumgänglich. Gut ist, wenn man einen Traktorclub in der Nähe hat. Da weiß immer jemand was, ob noch einer ein passendes Stück an Lager hat bzw. ob vielleicht noch mehrere davon benötigt werden. Denn im Falle einer Sonderanfertigung wird ein solcher Schlauch mit jeder weiteren Stückzahl billiger. Das Teuerste ist die Anfertigung der Form und die braucht man ja nur einmal.

Thermostat prüfen

Thermostate sind lediglich bei den neueren Generationen der wassergekühlten Motoren eingebaut worden.

Der Thermostat trennt den so genannten großen Kühlkreislauf eines Fahrzeuges vom kleinen Kühlkreislauf. Er sperrt den Weg zum Wasserkühler ab oder gibt ihn ganz oder teilweise frei. So wird die optimale Betriebs-

Thermostat: 1 Gehäuse, 2 Wachsfüllung, 3 Stößel, 4 Dichtplatte, 5 Druckbügel.

Versuchsaufbau zum Thermostat prüfen.

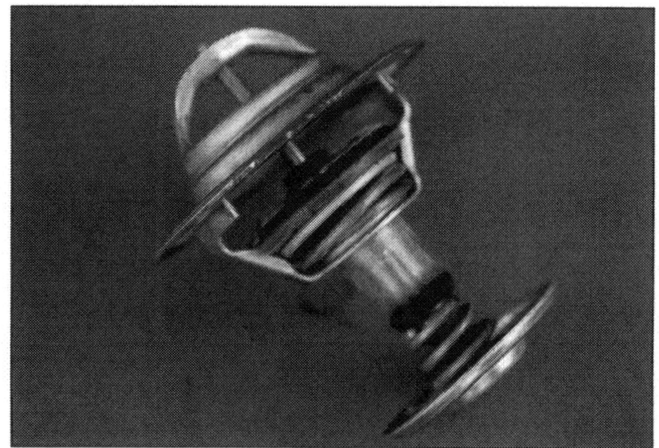

Thermostat offen.

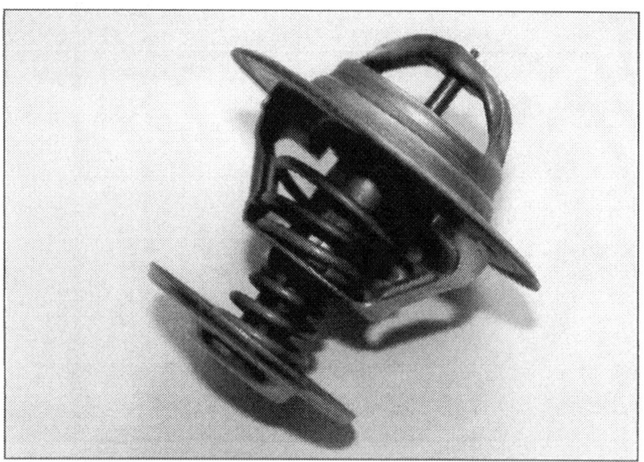

Thermostat geschlossen.

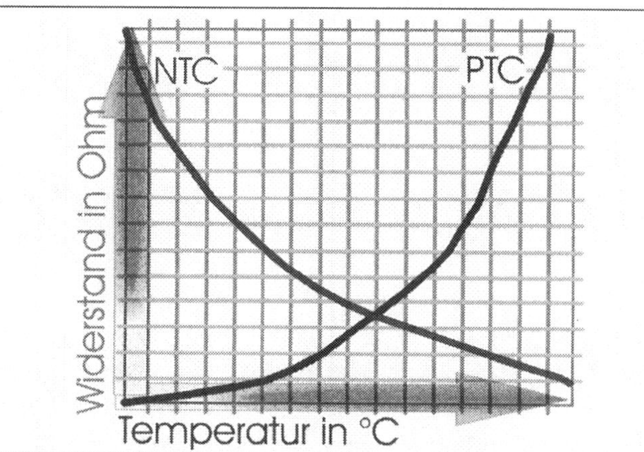

Temperaturkurve PTC/ NTC.

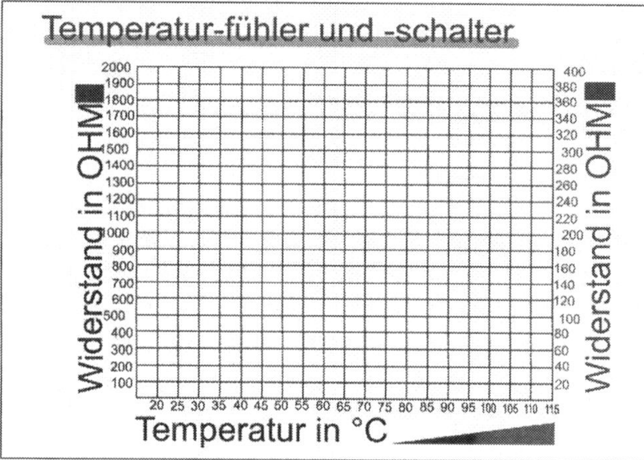

Tabelle zum Selbermessen.

temperatur des Motors schneller erreicht. Diese Regelung erfolgt durch ein Thermoelement, was sich bei zunehmender Temperatur ausdehnt und so das Ventil aufdrückt.

In dieser Versuchsbeschreibung soll eine einfache Vorgehensweise vorgestellt werden, wie die Istwerte des Thermostates erfasst und überprüft werden können.

- Zuerst muss der Thermostat demontiert werden.
- Mit Hilfe von etwas gebogenem Draht wird er nun in einen Topf mit Wasser gelegt. Der Topf wiederum wird auf eine Herdplatte gestellt und das Wasser im Topf langsam erhitzt.
- Zur Kontrolle überwachen wir die Temperatur mit einem Thermometer.
- Nach kurzer Zeit und steigender Wassertemperatur öffnet sich der Thermostat langsam.

Der Thermostat sollte während des Versuches nicht aus den Augen gelassen werden. Er sollte langsam aber ruckfrei öffnen und einen Öffnungsspalt von 5-8 mm je nach Thermostatgröße und Aufbau erreichen.

- Klemmende oder ruckende Thermostate sollten sofort ersetzt werden. Der Thermostat sollte seine maximale Öffnung bei 80°-90°C erreicht haben. Ist es wesentlich früher oder später, sollte er auch ersetzt werden.

Thermofühler und Thermoschalter prüfen

Auch Thermoschalter können auf diese einfache Art und Weise überprüft werden. Am einfachsten ist es, wenn aus einem Werkstatthandbuch eine entsprechende Funktionsbeschreibung oder eine Kennlinie ausgelesen werden kann. Im Wesentlichen ist es aber auch ohne technische Beschreibung möglich, sich ein Bild über den Zustand und die Funktion des Thermofühlers und Thermoschalters zu machen.

Der Temperaturfühler

Der Temperaturfühler ist in der Regel als NTC ausge-

legt. Je höher die Temperatur wird, umso geringer wird sein Ohmscher Widerstand.
Für den PTC sieht der Kurvenverlauf anders aus. Je höher seine Temperatur wird, umso höher wird sein Widerstand.

■ Wie schon bei der Thermostatprüfung beschrieben, wird der Fühler in beiden Fällen im Wasserbad langsam erhitzt.

■ Schließt man ein Ohmmeter an und taucht ein Thermometer in das sich erwärmende Wasser, kann man die Kurve recht einfach nachvollziehen. Nimmt man bei jeder Temperaturänderung den Widerstand auf und trägt den Wert in eine Tabelle ein, entsteht Messung für Messung langsam ein Diagramm.

■ Treten trotz korrektem Anschluss Ausreißer in der Messkurve auf oder zeigt sich keine Reaktion, muss der Temperaturfühler ersetzt werden.

Der Thermoschalter

In den meisten Fällen ist es ein Bimetallschalter, der bei Erreichen einer bestimmten Temperatur seinen Kontakt schließt. In den meisten Fällen ist die Schalttemperatur oder sogar die Ein- und Ausschalttemperatur angegeben. Er wird gebraucht, um zum Beispiel

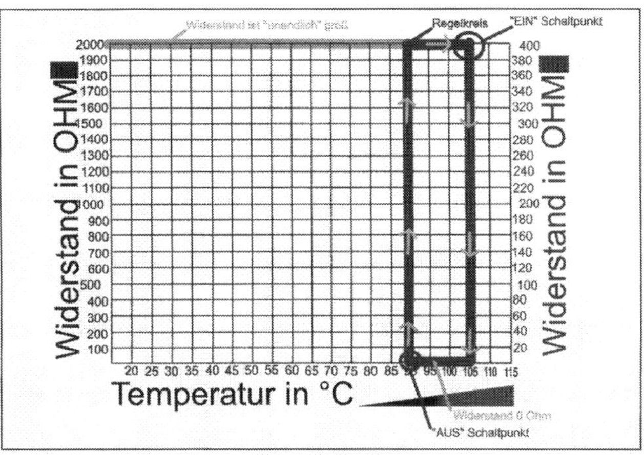

Messkurve eines Temperaturschalters.

einen elektrischen Lüfter zu betreiben oder eine Warnlampe im Armaturenbrett bei Erreichen einer kritischen Temperatur einzuschalten.
Auch hier ergibt sich wie bei der Prüfung des Temperaturfühlers mit dem Erhitzen eine Widerstandsänderung. Nur ergibt sich kein Kurvenverlauf, sondern bei Erreichen der Temperatur sollte das Ohmmeter von »unendlich großem Widerstand« auf »0 Ohm« wechseln.

Kühlsystem

STÖRUNGSBEISTAND

Symptom	Ursache	Abhilfe?
A Motor wird heiß.	**1** Wasserverlust.	Wasserverlust beheben, Kühlwasserstand korrekt auffüllen.
	2 Kein oder zu geringer Kühlwasserfluss.	Thermostat prüfen, Wasserpumpe prüfen, Kühlsystem reinigen.
	3 Kühlleistung des Kühlers zu gering.	Kühler reinigen, Kühler ersetzen. Lüfter prüfen, Keilriemen nachspannen.
B Druckaufbau im Kühlsystem.	**1** Luft im Kühlsystem	Kühlsystem entlüften und nach eventuellen Leckage suchen
	2 Thermostat öffnet nicht.	Thermostat prüfen gegebenenfalls erneuern
	3 Wasserpumpe defekt	Kühlwasserumlauf im Kühler oder Ausgleichsbehälter prüfen. Wasserpumpe demontieren und prüfen.
	4 Zylinderkopfdichtung defekt	Kühlmittel auf CO testen lassen. Zylinderkopfdichtung austauschen.

Die Kraftstoffanlage

Unter der Baugruppe »Kraftstoffanlage« versteht man die Bauteile, die den Kraftstoff lagern, leiten, dosieren oder zur Verbrennung aufbereiten. Kurz und gut: alles, was nach Sprit stinkt. Natürlich können wir Ihnen nicht empfehlen, alle diese Arbeiten selbst durchzuführen. Sie können aber immerhin durch die Montage und Reinigungsarbeiten so manchen Euro einsparen.

Prüfen der Einspritzdüsen

Da die Düsen nun schon mal ausgebaut sind und auf der Werkbank liegen, macht es Sinn, sich diesen dann auch zu widmen. Hier ist größte Sorgfalt geboten, denn es sind hoch präzise Bauteile. Am besten verpackt man sie und fährt damit zu einem Bosch-Dienst oder Motorbauer, dort hat man extra Düsenprüfstände.

Hierauf können die Düsen angeschlossen und »abgedrückt« werden. Das heißt, es wird eine Einspritzleitung angeschlossen und dann wird Druck auf die Düse gegeben. Hierdurch lässt sich feststellen, bei welchem Druck die Düse öffnet (beginnt, den Kraftstoff zu zerstäuben) und wie das Einspritzbild (das ist der Fachbegriff für das Zerstäuben) aussieht. Wenn hier alles in Ordnung ist, müssen die Düsen nur von außen sauber gemacht werden, etwas neue Farbe drauf und fertig. Hierbei ist darauf zu achten, dass der Anschluss für die Leitung dicht verschlossen ist, damit kein Dreck hineinkommt (schon Staub ist tödlich für so eine Einspritzdüse) und auch die Seite, die nachher im Motor steckt, sollte nach Möglichkeit fein säuberlich abgedeckt werden.

Düsenprüfstand.

■ Beim Reinigen muss darauf geachtet werden, dass auf der Motorseite, auch wenn hier alles dick verrußt ist, nicht mit der Drahtbürste oder Ähnlichem gereinigt wird. Die Kraftstoffaustrittsöffnungen sind nämlich sehr empfindlich. Maximal ist eine Messingbürste erlaubt!

■ Stellt der Fachmann allerdings Unregelmäßigkeiten beim Öffnungsdruck oder dem Spritzbild fest, so sollte ihm eine Revision der Düsen in Auftrag gegeben werden. Er zerlegt diese dann und ersetzt die »Innereien«.

So wird die Düse wieder wie neu.

■ Eine Alternative zur Reparatur ist ggf. eine Austauschdüse. Hierbei handelt es sich um beim Hersteller komplett überholte Teile. Das ist dann eine Preisfrage, was im Endeffekt günstiger ist. Die eigene Düse reparieren oder lieber gleich ein Austauschteil.

■ Natürlich kann man die Düsen auch selbst prüfen. Das ist eigentlich nicht so kompliziert. Hierzu wird die ausgebaute Düse samt dazugehöriger Einspritzleitung am Trecker angeschlossen. Während des Startvorgangs kann nun das Spritzbild der Düse beobachtet werden.

Achtung! Behälter unter die Einspritzdüse halten, um den Kraftstoff aufzufangen. Allerdings bedarf es schon einiger Erfahrung, um das Spritzbild zu beurteilen. Eine tropfende Düse allerdings ist auf jeden Fall defekt.

Düse im ausgebauten Zustand am Trecker anschließen und selbst prüfen.

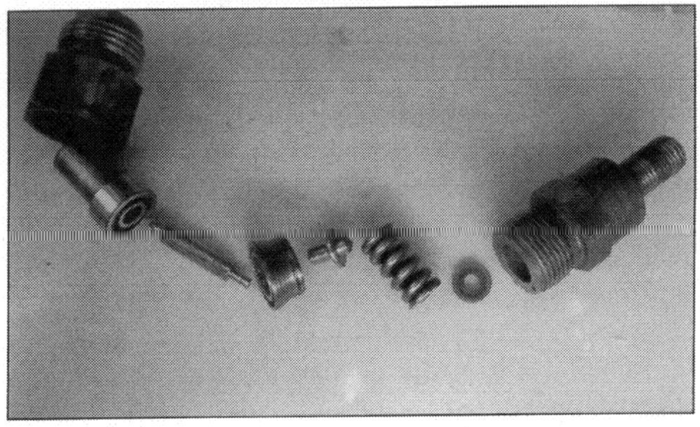

Düse zerlegt.

Einspritzpumpe einstellen

Erstmal kontrollieren, ob die Einspritzpumpe überhaupt noch dicht ist, oder ob schon überall der teure Diesel heraus tropft. In diesem Falle wird sie einfach ausgebaut und gründlich gereinigt. Vorher werden natürlich alle Öffnungen verschlossen, damit kein Schmutz oder Ähnliches in die Pumpe gelangt. Zur Reinigung empfiehlt sich eine Schüssel mit etwas Benzin oder Diesel darin und ein Pinsel. Achtung! Handschuhe und Schutzbrille nicht vergessen!
Wenn die Pumpe dann schön sauber vor einem liegt, kann diese zerlegt und neu abgedichtet werden.

Einspritzpumpe einstellen
Wenn die Pumpe ausgebaut war, muss sie nach dem Einbau auch wieder eingestellt werden. Es wird hier der Förderbeginn eingestellt. Dies ist in etwa vergleichbar mit dem Zündzeitpunkt beim Benziner. Der Förderbeginn ist der Zeitpunkt, bei welchem Kurbelwellenwinkel der Kraftstoff des 1. Zylinders mit der Einspritzung beginnt und somit die Verbrennung beginnt. Der Förderbeginn wird immer in Grad Kurbelwellenwinkel vor OT, also im Verdichtungshub vor Erreichen des oberen Totpunktes, angegeben.
Grundvoraussetzung zur korrekten Förderbeginneinstellung ist natürlich eine intakte Einspritzpumpe. Zu beachten ist, dass die Kurbelwelle des Motors immer nur in Drehrichtung des Motors bewegt werden darf. Diese ist zu 99 % immer im Uhrzeigersinn (von vorne gesehen). Wer sich nicht sicher ist, kann mal kurz den Anlasser betätigen und dabei beobachten, wie rum sich der Motor dreht. Ein Zurückdrehen der Kurbelwelle während des Einstellvorgangs verfälscht mit großer Sicherheit das Ergebnis.

- Zur Einstellung des Förderbeginnes wird der Motor also in Drehrichtung bis zur Einspritzzeitpunktmarkierung auf der Riemenscheibe gedreht.
- Nun dreht man die Einspritzpumpe in Drehrichtung bis zum Anschlag der Verstellung. Somit steht die Pumpe auf dem spätest möglichen Einspritzzeitpunkt.
- Zur Einstellung wird jetzt noch ein Hilfswerkzeug benötigt, nämlich ein so genanntes Tropfrohr. Dieses kann man sich leicht selbst bauen. Man nimmt einfach eine alte, nicht benötigte Einspritzleitung und sägt sie auf einer Länge von ca. 10 cm ab. Die Schnittstelle wird nun in einem Winkel von ca. 30 Grad abgefeilt. Anschließend wird die Leitung in einem Winkel von 180 Grad gebogen.
- Das so angefertigte Hilfswerkzeug wird nun auf

Einspritzpumpe.

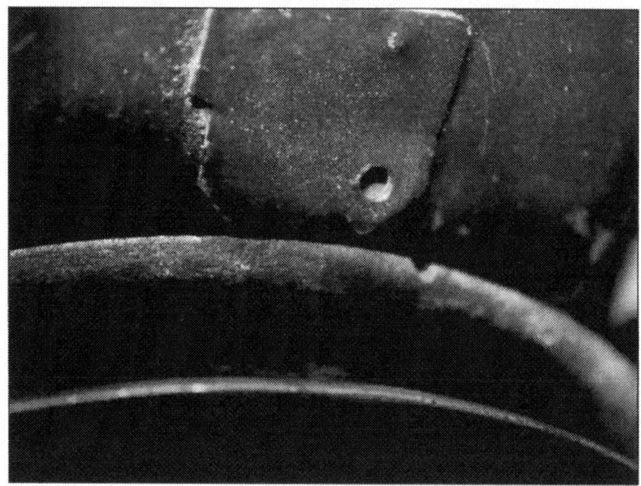

Markierung auf der Riemenscheibe.

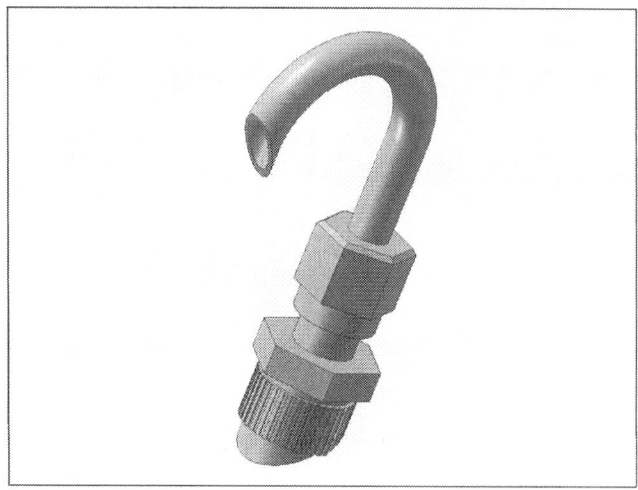

Tropfrohr zum Prüfen.

den Anschluss des 1. Zylinders der Einspritzpumpe geschraubt. Demontieren Sie das Druckventil dieses Zylinders. Die übrigen Einspritzleitungen bleiben angeschlossen oder sollten alternativ an der Pumpe verschlossen werden.

- Nun wird vorsichtig der Kraftstoffhahn am Tank geöffnet. Es beginnt nach kurzer Zeit, der Kraftstoff aus dem Tropfrohr zu tropfen. Hier am besten eine kleine Schüssel unterstellen.
- Nun wird die Pumpe vorsichtig und langsam entgegen der Drehrichtung verdreht, und zwar so lange, bis die Tropfen immer weniger werden und schließlich ganz aufhören.
- Der Moment, in dem das Tropfen aufhört, ist der Förderbeginn der Pumpe. Daher wirklich ganz langsam und vorsichtig drehen. Nun kann die Pumpe leicht angeschraubt werden, damit sie sich nicht mehr verdrehen kann.
- Zur Überprüfung der Einstellung wird nun der Kraftstoffhahn geschlossen und die Kurbelwelle ca. 1,5 Umdrehungen in Motordrehrichtung verdreht. Danach wird der Kraftstoffhahn wieder geöffnet. Das Tropfen sollte nun wieder beginnen. Wird die Kurbelwelle langsam, Grad für Grad weiter gedreht, so hört das Tropfen dann irgendwann wieder auf. Jetzt sollte die Kurbelwelle wieder auf der Markierung der Riemenscheibe stehen.
- Ist dies der Fall, so ist der Förderbeginn korrekt eingestellt. Ist dies nicht der Fall, so muss noch einmal von vorne begonnen werden. Vielleicht dann beim Verdrehen etwas langsamer und mit mehr Gefühl.

Zur Erklärung: Während die Tropfen aus dem Tropfrohr fallen, steht der Pumpenstößel in der Einspritzpumpe so, dass er die Zulaufbohrung für den Kraftstoff freigibt. Während des Verdrehens bewegt sich der Kolben nach oben und verschließt irgendwann die Zulaufbohrung. Da der Kraftstoff nun nur noch durch die Einspritzleitung aus der Pumpe gelangen kann und nichts mehr nachläuft, hört das Tropfen auf. Jetzt würde der Kolben versuchen, den Kraftstoff zu verdichten. Da dies aber nicht möglich ist, baut sich in der Pumpe und der Leitung ein Druck auf, welcher dann die Einspritzdüse öffnet und somit die Einspritzung beginnt. Daher ist der Moment, in dem die Zulaufbohrung in der Pumpe verschlossen wird, der Förderbeginn.

Angemerkt sei noch, dass diese Variante der Einstellung nur dann funktioniert, wenn der Kraftstofftank und der sich darin befindende Kraftstoff höher liegen als die Einspritzpumpe. Dies sollte allerdings bei fast allen Treckern der Fall sein. Liegt der Tank niedriger als die Einspritzpumpe, läuft der Kraftstoff nicht von selbst nach. Hier muss dann ein weiteres Hilfsmittel herbei, um den Kraftstoffspiegel höher zu haben als die Pumpe. Dazu eignet sich z.B. ein alter Infusionsbeutel. Die Leitung zwischen Beutel und Einspritzpumpe muss allerdings verschließbar sein. Je nachdem, wie stabil die Leitung ist, reicht hier schon eine Wäscheklammer aus.

Tank instand setzen und neu versiegeln

Gerade bei einem so genannten Scheunenfund kommt es häufig vor, dass sich der Rost auch seinen Weg ins Innere des Tanks gesucht hat. Oftmals finden sich an der Tankinnenwand Reste der alten Beschichtung, die zusammen mit dem Roststaub eine feine Substanz bilden, die jeden Filter irgendwann zusetzen. Hier hilft nur die Restauration des Tanks. Zuerst einmal muss der Rost und auch die Beschichtungsreste sowie der angesammelte Dreck im Tank gelöst und abgeschliffen werden. Natürlich kann man nur selten diese Arbeiten von Hand machen. Hilfreich sind hier ein Betonmischer, eine Decke, ein Spanngurt und einige Schottersteine in unterschiedlicher Größe.

- Zuerst einmal muss der Tank demontiert werden. Soweit ein Benzinhahn oder sogar ein Tankschwim-

Tank in der Mischmaschine.

mer eingebaut sind, müssen diese entfernt werden.

- Die Löcher des Tanks werden mit Klebeband verschlossen.
- Nun können die Schottersteine in den Tank gegeben werden.
- Der Tank wird nun in die Decke gewickelt und mit Hilfe des Spanngurtes an der Mischmaschine (Neigungseinstellung) den Tank so lange »rund laufen« lassen, bis er von innen »blank« geschliffen ist. Diese Prozedur kann durchaus einige Stunden dauern. Sie sollten dann halbstündig die Befestigung kontrollieren und die Einstellwinkel der Maschine ändern.
- Der Tank muss nun mit Wasser ausgespült werden und über mehrere Tage gut trocknen.

Eventuelle Reparaturen wie Schweiß- und Lötarbeiten können nun gefahrlos durchgeführt werden.

- Nachdem der Tank vollständig getrocknet ist, werden die Öffnungen erneut mit Klebestreifen verschlossen. Der Tankdeckel bleibt bis nach dem Einfüllen der Tankversiegelung geöffnet.
- Hier wird nun der Inhalt der Tapoxdose eingefüllt. Verschließen sie nun auch diese Öffnung und schwenken Sie den Tank in jede denkbare Lage um die Tankversieglungsflüssigkeit an jede Stelle des Tankinnenraumes zu befördern.
- Entfernen Sie nun den Verschluss für den Tankdeckel und den für den Ablauf. Lassen Sie die Versiegelung beziehungsweise das überschüssige Material gut ablaufen.
- Stellen Sie die verschlossene Dose mit dem Restmaterial in den Kühlschrank. Es kann hier einige Tage lagern, ohne abzubinden.
- Wiederholen Sie die Prozedur für die Beschichtung mindestens zwei Mal.
- Anschließend muss die Beschichtung bei guter Belüftung einige Tage trocknen.

Einfüllen der Tankversiegelung.

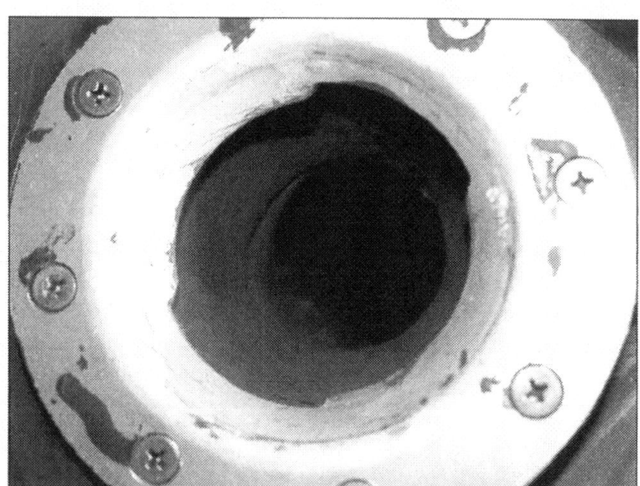

Fertige Tankbeschichtung.

Kraftstoffsystem

Symptom	Ursache	Abhilfe?
A Motor springt nicht an.	**1** Keine Kraftstoffzufuhr.	Kraftstoffhahn öffnen, Kraftstoffleitung reinigen, Kraftstofffilter reinigen oder ersetzen, Kraftstoffpumpe überprüfen, Kraftstoff einfüllen, Sieb der Vorförderpumpe reinigen, System entlüften.
	2 Einspritzzeitpunkt nicht korrekt.	Einspritzpumpe einstellen, Spritzversteller prüfen und instand setzen.
	3 Einspritzdüsen öffnen nicht.	System entlüften, Düsen prüfen und instand setzen (klemmen fest, abgenutzt), Einspritzpumpe instand setzen (zu wenig Druck).
B Motor springt an, aber: bleibt nach kurzer Zeit stehen.	**1** Kraftstoffmangel.	Kraftstoffsystem reinigen. Kraftstoffpumpe prüfen (zu geringe Förderleistung). Kraftstoffsystem entlüften, Tankentlüftung reinigen.
C Motor hat keine Leistung.	**1** Fördermenge der Pumpe zu gering.	Regelstangenanschlag einstellen, Einspritzleitungen befestigen, Einspritzpumpe instand setzen.
	2 Einspritzzeitpunkt verstellt.	Einspritzpumpe einstellen.
	3 Einspritzdüsen schlechte Funktion.	Düsen instand setzen.
D Motor klopft.	**1** Einspritzzeitpunkt zu früh.	Einspritzpumpe einstellen.
E Motor klopft und raucht weiß.	**1** Einspritzzeitpunkt zu spät.	Einspritzzeitpunkt einstellen.
	2 Düsendruck zu gering, Düsennadel klemmt, Düsen verkokt.	Einspritzdüsen instand setzen.
F Motor raucht bläuchlich.	**1** Zu hoher Motorölstand.	Ölstand korrigieren.
	2 Kolbenringe gebrochen oder beschädigt.	Kolbenringe ersetzen.
G Motor rußt und raucht.	**1** Kraftstoffförderung zu hoch.	Regelstange einstellen.
	2 Luftfilter verstopft.	Luftfilter reinigen oder ersetzen.
	3 Einspritzzeitpunkt zu spät.	Einspritzpumpe einstellen.
	4 Ventilspiel verstellt, Ventile undicht.	Ventilspiel einstellen. Ventile ersetzen.

Die Startanlagen

Unter Startanlagen oder besser Starthilfsanlagen versteht man Einrichtungen, die das Anlassen des Motors erleichtern oder manchmal auch erst ermöglichen. Wir betrachten uns hier die Anlasshilfen des Dieselmotors genauer. Ihre Aufgabe besteht darin, die Basis für das Verdampfen des eingespritzten Kraftstoffes zu bilden. Der Kraftstoff verdampft und zündet wesentlich leichter, wenn er in einen vorgewärmten Raum eingespritzt wird.

Die (Vor-) Glühanlage

Der Dieselmotor wird auch als Selbstzünder bezeichnet. Aufgrund seines hohen Verdichtungsdrucks von um die 40-60 bar erreicht er bereits beim Verdichten eine Temperatur um 700 °C. An der heißen Luft wird dann der fein zerstäubte Kraftstoff entzündet. In bestimmten Betriebssituationen wie beim Kaltstart reicht aber die durch den Verdichtungsdruck erzeugte Temperatur nicht aus, um die Selbstentzündung des Kraftstoffes zu ermöglichen. Hier kommen so genannten Starthilfsanlagen oder Glühanlagen zum Einsatz.
Die »Vorglühanlage« gibt es genau genommen gar nicht. Gerade beim Traktor kommen einige Anlagen zusammen, die durchaus unterschiedliche Konzepte vertreten. Eines haben alle Systeme gemeinsam. Die Luft oder auch der Brennraum soll durch die Zufuhr von Wärme beheizt und das Luft-Kraftstoffgemisch damit »zündwilliger« gemacht werden. Eine Ausnahme bildet die Hilfsmengeneinspritzung, Hier wird einfach die Kraftstoffmenge und damit die Wahrscheinlichkeit der Kraftstoffzündung erhöht. Betrachten wir einige der »Starthilfen« etwas genauer:

Glühstartschalter

Der Glühstartschalter stellt eine Besonderheit dar. Eingesetzt wird er in bau- oder landwirtschaftlichen Geräten. Im Gegensatz zum Auto wird diese Schaltfunktion nicht vom Zündschloss übernommen, sondern von diesem Schalter. Er ist in der Lage, die entstehenden Ströme ohne Entlastungsrelais zu schalten. Wenn ein Fehler an ihm gesucht werden soll, muss grundsätzlich über die Spannungsverlustprüfung gearbeitet werden. Wie bei allen hochlastigen Schaltern besteht der größte Verschleiß im Abbrand der Kontakte beim Ein- und Ausschalten der Verbraucher wie Anlasser und Glühanlage.

Hilfsmengeneinspritzung ins Saugrohr

Normalerweise wird der Kraftstoff durch die Einspritzdüse in den Brennraum eingespritzt. Hierfür muss der Motor gedreht werden und über die Kraftstoffpumpen Druck erzeugt werden. Die Hilfsmengeneinspritzung sorgt mit einer Handpumpe für eine Kraftstoffmenge, die schon ohne die Motordrehung zur Verfügung steht.
Dieser Kraftstoff wird in die angesaugte Luft oder vorher in den Ansaugkrümmer eingespritzt. Dieses Verfahren eignet sich leider nur für die Motoren mit Direkteinspritzung. Für die Vorkammermotoren ist es erforderlich, die Vorkammer zu erwärmen.
Teilweise wurden auch Kraftstoffe für diese Anlage verwendet, die eine niedrigere Selbstentzündungs-

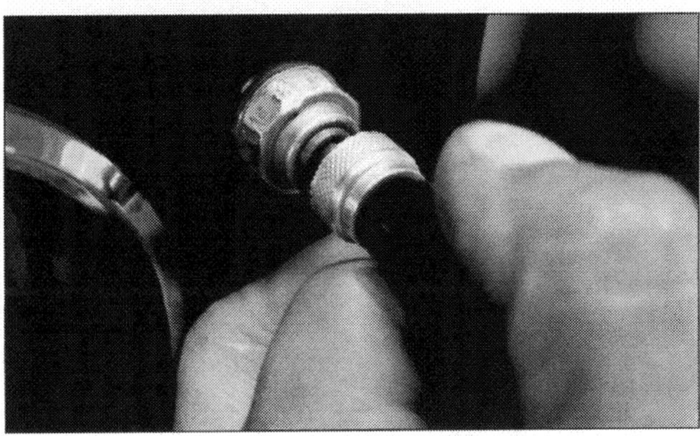

Glühstartschalter.

Glühkerzen auf einem Versuchsstand.

Hilfsmengeneinspritzung ins Saugrohr.

Vorkammermotor.

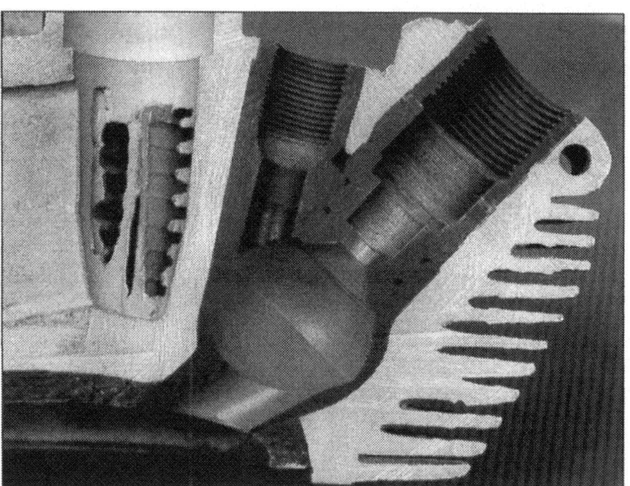
Wirbelkammermotor.

temperatur hatten als der Diesel selbst. Sicherlich ergibt sich hier keine leistungsorientierte Verbrennung. Aber immerhin wird der Brennraum für die weiteren Einspritzungen über die Einspritzdüse vorgeheizt und die Selbstentzündung des Kraftstoffes erleichtert.

Vorwiderstand (Glühanzeige)

Glühanlagen sind oftmals mit Vorwiderständen ausgerüstet. Der Vorwiderstand dient zur Glühregelung und verhindert das Durchglühen der Glühkerzen. Sobald dieser Regelwiderstand verbaut ist, darf die Glühkerze nicht ohne ihn betrieben werden. Die so genannte Glühkontrolle (der Salzstreuer) dient zur Regelung des Glühstromes. Durch das Glühen seines im Inneren verarbeiteten Drahtes steigt sein Widerstand und die Spannung, die an den Glühkerzen anliegt, fällt deutlich ab. Die geringere Spannung verursacht eine Leistungsabnahme und somit auch eine Abkühlung der Glühkerze. Sinkt die Stromaufnahme, wird auch der Regeldraht kälter und sein Widerstand fällt. Dadurch kann die Glühkerze wieder mehr Leistung abgegeben.
Dieser Regelkreislauf setzt sich sehr feinstufig und ununterbrochen bis zum Beenden des Glühvorgangs durch den Fahrer fort.

Vorwiderstand mit Kontrollschalter

Natürlich ist auch bei den neueren Modellen die »Elektronik« eingezogen. Es handelt sich hierbei aber eher um einen Bimetallschalter, der die Kontrollleuchte im Armaturenbrett einschaltet und dann ausschaltet, wenn der Glühvorgang abgeschlossen werden kann. Die Anlage wird nach wie vor über die Klemme

MAN M-Verfahren (Mittenkugelverfahren).

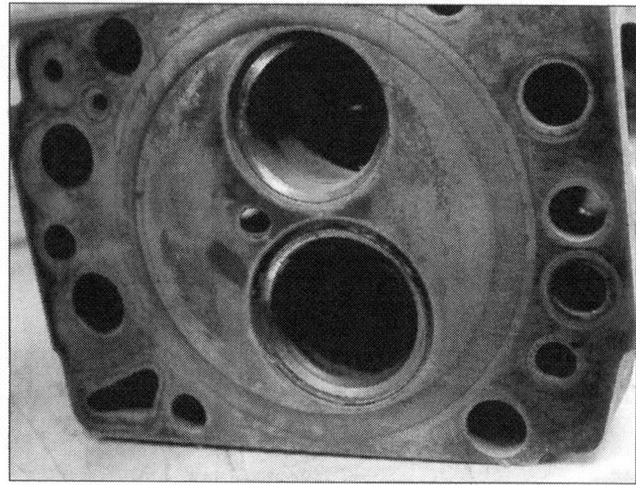
Zylinderkopf eines Direkteinspritzers.

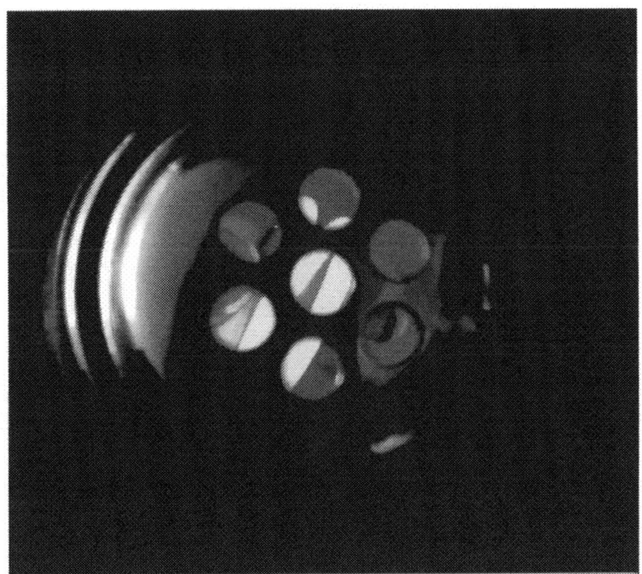
»Salzstreuer« im Einsatz.

Vorwiderstand mit Glühkontrollleuchte: Die Vorstufen zum Glühsteuergerät.

19 des Glüh-Startschalters angesteuert. Der Vorwiderstand muss nun nicht mehr im Armaturenbrett verbaut werden.

Vorwiderstände prüfen

Um die Betriebsspannung für die Glühkerzen realisieren zu können, müssen Vorwiderstände in Reihe zu den Glühkerzen angeschlossen werden, wenn deren Spannung unter der Bordnetzspannung liegt. Betrachtet man beispielsweise in einem Zweizylinder verbaute 3 V-Wendelkerzen, so müssen bis zur Bordnetzspannung noch 6 V über einen Vorwiderstand abfallen. Vorwiderstände sind in der Regel PTC-Widerstände, die dann gleichzeitig die Stromregelung im Glühvorgang regeln.

- Schließen Sie das Multimeter parallel über dem Messwiderstand an (»+« an Widerstands-Eingang - »COM« an Widerstands-Ausgang).
- Starten Sie den Glühvorgang.
- Lesen Sie die Spannung am Multimeter ab. In unserem Fall sollte sie 6 V betragen. Liegt Sie bei 12 V, dürfte der Widerstand defekt sein.

Glühkerze mit Regelwendel.

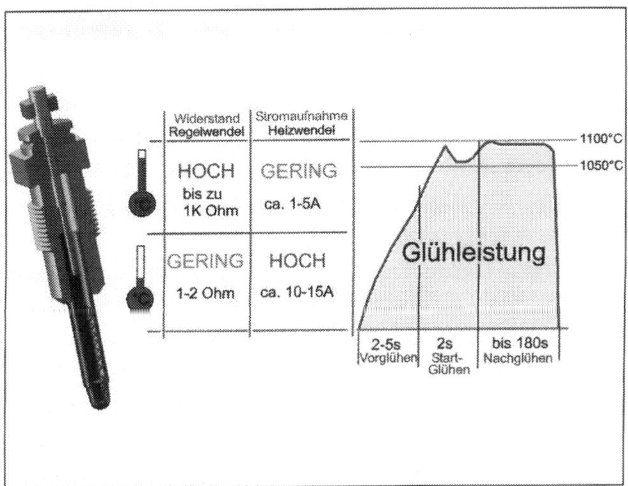

Regelkreis der Glühkerze.

Glühkerzen

Glühkerze Regelglühkerze

Die so genannte Regelglühkerze besitzt zwei intern verbaute Glühwendel. Die eine ist für die Brennraumvorwärmung im Motor zuständig, die andere zur Regelung der Glühkerze. Wie auch bei Kabeln erhöht sich der Ohmsche Widerstand der Regelwendel mit Zunahme der Temperatur. Je wärmer die Regelwendel wird, umso geringer ist der Glühstrom, der durch diesen Widerstand fließt. Die Glühleistung der Glühwendel nimmt ab. Die Temperatur wird geringer. Der Widerstand der Regelwendel sinkt mit der Temperatur. Der Glühstrom wird größer. Die Temperatur der Glühwendel steigt zusammen mit der Temperatur der Regelwendel ... usw., usw. Die Temperatur wird also durch den Widerstand der Wendel im Inneren der Glühkerze geregelt.

Glühkerze ohne Regelung
Herkömmliche Glühkerzen können ohne Regelung überhitzen und durchbrennen. Natürlich wird auch ihr innerer Widerstand steigen und die Glühleistung mit zunehmendem Innenwiderstand abnehmen. Jedoch sind die Glühkerzen in der Regel für eine etwas geringere Betriebspannung ausgelegt. Die Regelung übernimmt dann ein Glühüberwacher. Dieser Glühüberwacher muss allerdings auf Glühkerze und Glühsystem abgestimmt sein. Beim Bosch-Dienst findet man recht häufig fachliche Beratung und entsprechend verwendbare Glühdrähte für den Glühüberwacher.

Schäden an der Glühkerze können leicht Motorschäden verursachen! Lieber vorher genau schauen, wo die Informationen und passenden Teile zu bekommen sind!

Glühwendelkerzen

Sowohl die Glühwendelkerze auch die Glühstabkerze ist für die speziellen Bedürfnisse des Motors ausgelegt. Sie darf nur in einer bestimmten Länge in den Brennraum hereinragen, um nicht durch den Verbrennungsablauf im Motor beschädigt zu werden. Gerät sie zu kurz, arbeitet sie nicht in optimaler Position und kann die Vorwärmung möglicherweise nur teilweise oder zu schlecht durchführen.
Die Funktionsweise der Glühwendelkerze ist denkbar einfach. Man bestromt einen Heizdraht, der im orange/rot-glühenden Zustand die Vorkammer oder den Brennraum in eine Temperatur bringt, in der der Kraftstoff durch die »Selbstzündung« gezündet werden kann. Gerade bei älteren Varianten muss man sich die Anschlussfolge genau betrachten. Die ersten Generationen waren für eine Betriebsspannung von 0,9 V beziehungsweise 1,2 V ausgelegt. Die Glühkerzen wurden immer in Reihe geschaltet betrieben und dann entsprechend der Anzahl der Zylinder mit einem Vorwiderstand versehen. An diesem auch in Reihe geschalteten Vorwiderstand fällt dann die Spannung ab, die die Betriebspannung überschreitet.

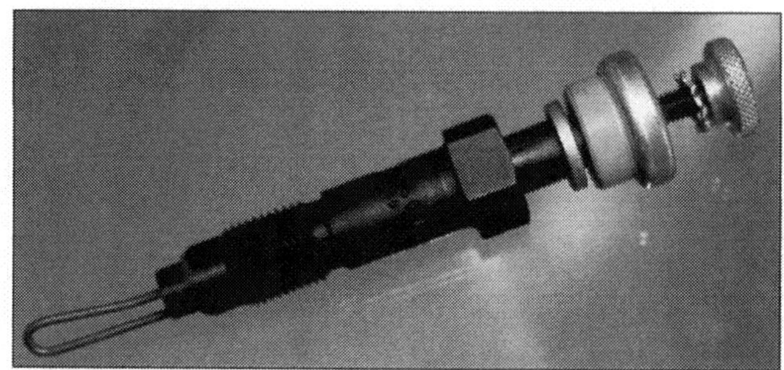

Glühwendelkerze.

Selbstverständlich gibt es diese Glühkerzen auch in Parallelschaltung. In diesem Fall liegt (fast) die volle Betriebspannung an den Glühkerzen an. Der Vorteil liegt in der deutlich höheren Leistung der Glühkerzen. Die »Rudolf-Diesel-Gedächtnis-Minute« beim Kaltstartvorgang fällt dann auch deutlich kürzer aus.

Glühstabkerzen

Im Gegensatz zur Wendelglühkerze liegt die Heizwendel nicht offen, sondern ist wesentlich feingliedriger im Glühstab verbaut. Der Vorteil liegt in der deutlich besseren Heizleistung. Selbstverständlich gab es auch diese Kerzentypen als zweipolige Ausführung, die noch in Reihe geschaltet wurden. Wie auch bei der Glühwendelkerze kamen dann entsprechende Vorwiderstände zum Einsatz, die die Betriebsspannung für die Glühkerzen ermöglichten.
Nicht nur, dass die Bauweise der Kerze deutlich kompakter ausfällt, sie ist zudem noch betriebssicherer als die Wendelglühkerze. Sollte der Heizdraht durchbrennen, fällt er nicht unkontrolliert in den Motor, sondern verbleibt im Heizstab.

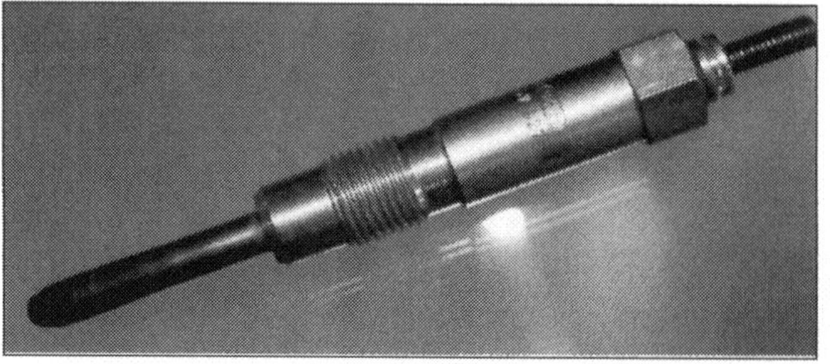

Glühstabkerze.

Heutzutage werden die Glühkerzen auch als so genannte Schnellglühkerzen hergestellt. Sie ermöglichen wiederum einen schnelleren Startvorgang und eine sauberere Verbrennung in der Kaltlaufphase. Diese Glühkerzen sind im Normalfall als Regelglühkerzen ausgeführt. Hier ist dann neben der Heizwendel eine Regelwendel in der Glühkerze verbaut, die die Stromaufnahme der Glühwendel temperaturabhängig regelt. Die Gefahr der durchglühenden Glühkerze ist so nicht mehr gegeben.

Flammstartanlage

Die Flammstartanlage ist eine Glühkerze mit einem in der Regel Bi-Metall-geregelten Einspritzventil.

Die Betriebsspannung der Glühkerzen ist auf dem Gehäuse (meistens auf den Sechskantflächen für den Schraubenschlüssel) eingeschlagen! Sie muss dringend beachtet werden! Eine zu geringe Betriebsspannung senkt die Heizleistung deutlich, eine zu hohe Betriebsspannung kann die Glühkerzen schnell beschädigen!

Die Betriebsspannung der Glühkerze sollte immer in den Herstellerunterlagen oder beim Zulieferer nachgefragt werden - ist aber in den meisten Fällen 12 V.
Im Grundsatz unterscheidet sich das Einspritzventil für die Flammstartanlage kaum von einem normalen Einspritzventil für einen Benzinmotor. Lediglich die Bohrungen fallen größer aus. Der Kraftstoffdruck wird von der Vorförderpumpe erzeugt. Die Düse selbst wird durch ein Thermoelement verschlossen gehalten. Die Glühwendel erhitzt nun die umgebene Luft im Ansaugrohr. Die Düse wird geöffnet. Der entstehende Kraftstoffnebel entzündet sich an der Glühkerze, der »Flammkerze«, und wird durch die Ansaugluft angefacht. Der Motor saugt sozusagen »brennende« Luft an. Die entstehende Wärme erleichtert das Anlassen des Dieselmotors.
Wird diese Starthilfsanlage in Betrieb gesetzt, passiert Folgendes: Die Glühwendel der Flammstartanlage beginnt zu glühen. Die dadurch entstehende Temperatur öffnet die Kraftstoffzufuhr der Düse und Kraftstoff kann eingespritzt werden. Der Druck wird von der Vorförderpumpe der Einpritzanlage erzeugt, sobald der Motor dreht. Der Kraftstoff gelangt fein vernebelt auf die orange-glühende Heizwendel und entflammt sich. Natürlich wird auch Luft vom drehenden Motor angesaugt. So wird die Flammenbildung im Ansaugrohr deutlich gefördert. Der Motor saugt im wahrsten Sinne des Wortes »brennende Luft« an. Durch die erwärmte Ansaugluft wird die Selbstentzündungstemperatur leichter erreicht und der Motor lässt sich starten.

Es gibt also auch nur wenige Fehlfunktionen, die auftreten können:
1 Glüht die Heizwendel?
2 Wird das Kraftstoffventil geöffnet?
3 Wird Kraftstoff eingespritzt?
Daraus ergibt sich eine überschaubare Fehlersuche.

Flammstartanlage.

Glühsteuergerät Flammstartanlage

Das Glühsteuergerät hat bei der Flammstartanlage die gleiche Aufgabe, wie sie bei »normalen« Glühanlagen das Steuergerät übernimmt. Es steuert die Glühzeit der Kerze und verhindert so ein mögliches Überhitzen und eventuelle Schäden an der Glühkerze. Das Steuergerät wird überwiegend bei jüngeren Semestern der Traktoren Anwendung finden. Durch einen geregelten Glühablauf kann sogar durch »Nachglühen« am laufenden Motor ein besserer Rundlauf in der Warm-

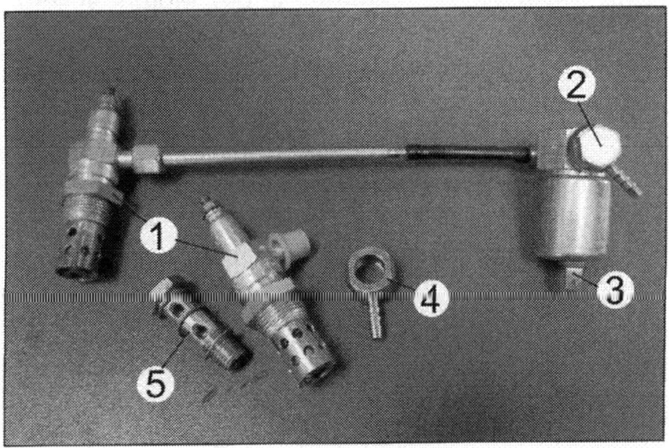

1 Flammstartkerze, 2 Kraftstoffzufluss, 3 Anschluss Magnetventil, 4 Anschlussstück, 5 Doppelhohlbolzen Einspritzpumpe.

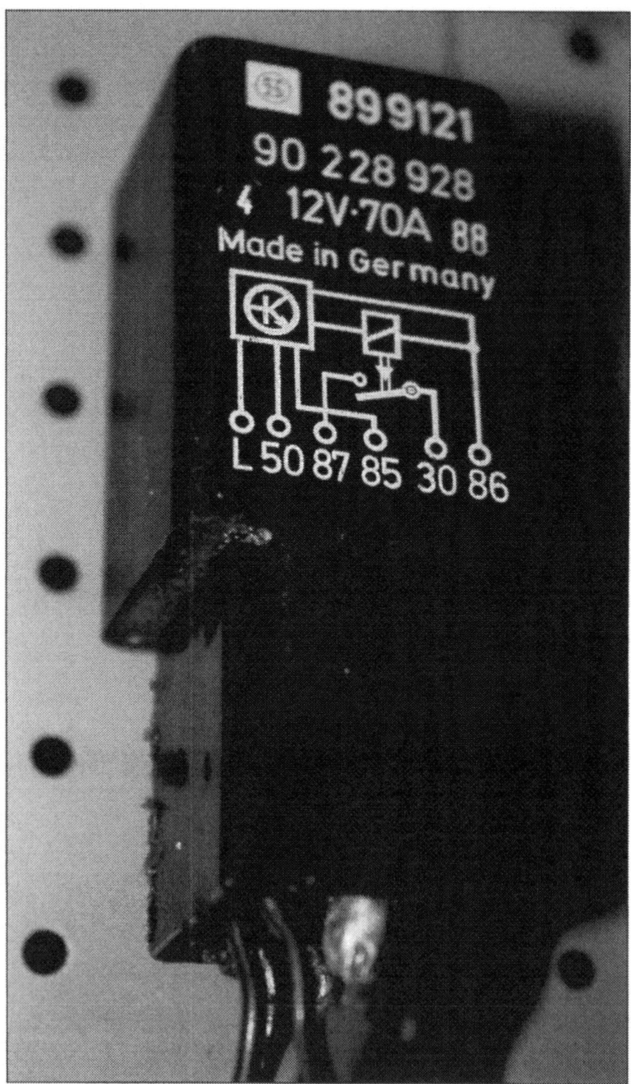

Glühsteuergerät.

laufphase und selbstverständlich somit ein besseres Abgasverhalten erreicht werden. Letzteres hat aber gerade bei den Oldies der Szene sicherlich noch niemand bedacht.

Glühplättchen/Zündplättchen

»Zündfix« ist die Handelsbezeichnung für diese Starthilfe. Die Aufgabe ist die gleiche wie für die Glühkerzen. Sie sollen den Brennraum vorwärmen und so die Gemischentzündung erleichtern. Die Zündfixstäbchen werden in den Halter eingesetzt, angezündet und mit dem Halter eingeschraubt. Wie bei der Glühanlage auch, kann nach kurzer Wartezeit der Dieselmotor »abgeworfen« werden.
Die Zündhilfestäbchen gibt es in unterschiedlichen Durchmessern zwischen 4 und 8 mm in Millimeterabstufungen. Man kann sie über das Internet und beim gut sortierten Boschdienst erwerben.
»Du kannst den auch mit nem Stumpen anwerfen«, wurde uns auch schon gesagt. Das bedeutet allerdings nicht, dass der Motor mit einem Zigarillo gestartet werden soll, sondern das Zündfixstäbchen lässt sich mit dem »Stumpen« der Zigarre sehr gut entzünden. Natürlich geht das auch mit Hilfe einer Streichholzschachtel.

Glühkopfzündung

Der Begriff Glühkopfzündung oder auch Glühkopfmotor beschreibt den technischen Zusammenhang schon recht gut. Jeder Motor benötigt für die Verbrennung des Kraftstoff-Luftgemisches eine Zündung. Beim Diesel ist es üblicherweise so, dass sich der Kraftstoff an

Zündfix mit » nem Stumpen« entzünden«.

Der berühmte Glühkopf als Urvater der Startanlagen.

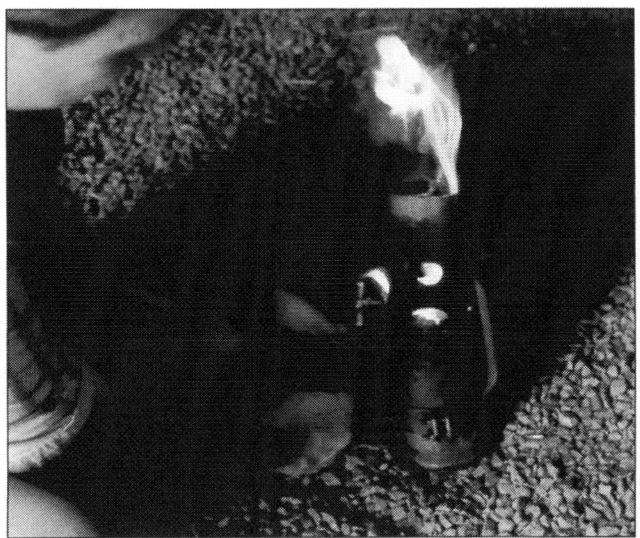

Glühkopfmotor vorheizen.

Glühkerze prüfen.

der heißen Luft selbst entzündet. Das Anlassen war gerade bei den frühen Dieselmotoren aus diesem Grund recht schwierig. Ein recht geringer Verdichtungsenddruck ermöglichte keine hohen Temperaturen in der Startphase. Es musste also zusätzlich Temperatur zugeführt werden, um die Kraftstoffentzündung zu ermöglichen. Ähnlich wie bei den Vorkammermotoren ist bei den Glühkopfmotoren eine Gemischbildungskammer mit Schusskanal zum Brennraum verbaut. Wie auch bei den Vorkammermotoren soll dieser Raum erwärmt werden, um die Zündung einzuleiten.

Der »Zündsack« wurde entweder von außen mit einem Brenner erhitzt oder mit der Verbrennungswärme des laufenden Motors im rot glühenden Zustand gehalten.

Prüfung der Glühkerzen

Auch die Kerzen bzw. Wendel müssen geprüft werden. Das ist relativ einfach.

Achtung: Vorgegebene Spannung beachten, da manche Kerzen auch mit einem Vorwiderstand arbeiten.

- Bei einer 12 V-Kerze z.B. wird diese vorsichtig im Schraubstock eingespannt, am besten am Sechskant.
- Nun nimmt man eine 12 V-Batterie oder einen Startbooster und klemmt die Masse (Minuspol) an das Gehäuse der Kerze. Mit Plus geht man an den Kabelanschluss. Nun sollte die Kerze innerhalb kürzester Zeit anfangen zu glühen.
- Sollte dies nicht der Fall sein, ist die Kerze defekt und muss ersetzt werden.

Besonders bei so genannten Stabglühkerzen kann es schon mal vorkommen, dass diese nicht an der Spitze, sondern am Schaft anfangen zu glühen. Auch in diesem Falle ist die Kerze unbrauchbar und muss ersetzt werden.

- Weiterhin sollte auch die Anzeige in der Armaturentafel überprüft werden. Hier ist ein Glühwendel hinter der Abdeckung (allgemein auch als Salzstreuer bezeichnet, wegen der runden Form und der Löcher). Dieser sollte ebenfalls bei der Aufschaltung von 12 V nach kurzer Zeit beginnen zu glühen. Ist dies nicht der Fall, ist der Glühwendel defekt und ebenfalls zu ersetzen. Denn ohne intakten Glühwendel ist das Vorglühen nicht zu überwachen.

Prüfungen an eingebauten Glühkerzen

Häufig ist es einfacher, auf die Demontage der schon jahrelang festsitzenden Bauteile zu verzichten. Wir möchten Ihnen nun auch drei Messungen vorstellen, mit deren Hilfe auch ohne Demontage die Funktion der Glühkerzen überprüft werden kann. Natürlich kann durch die Messtechnik keine Aussage über den mechanischen Zustand der Glühkerze getroffen werden. Jedoch ist es so, dass die meisten Kerzen eben nicht mechanisch beschädigt sind, sondern sich heimlich und optisch unauffällig im elektrischen Teil verabschieden. Somit ist die Prüfung der »elektrischen« Seite in jedem Fall immer die schnellere Prüfmethode mit hoher Trefferquote.

Spannungsmessung

Um eine Leistung abgeben zu können, muss zuerst einmal Spannung an der Glühkerze anliegen.

Spannungsmessung über der Glühkerze.

Für die Sollwerte müssen unbedingt die Herstellerangaben zurate gezogen werden. Grundsätzlich wird die Spannungsversorgung während des Glühvorgangs und direkt an den Glühkerzenanschlüssen überprüft. Prüfen Sie zuerst, ob die Batterie geladen ist. Ist das nicht der Fall, muss sie zuerst geladen werden.

- Informieren Sie sich zuerst über die Versorgungsspannung der verbauten Glühkerzen. Diese kann zwischen 3 bis 12 V liegen, je nachdem wie hoch die Bordnetzspannung des Traktors ist und wie die Glühkerzen geschaltet worden sind.
- Messen Sie die anliegende Spannung an der Glühkerze während des Glühvorgangs.

Führen Sie die Messungen für alle verbauten Glühkerzen durch.

Strommessung der Glühkerzen: Ist die Betriebsspannung der Glühkerzen in Ordnung, kann mit Hilfe einer Stromzange recht einfach überprüft werden, in wieweit die Glühkerzen noch in Funktion sind.

Prüfen Sie immer, ob der Vorwiderstand auch für Ihren Traktor geeignet ist. Zu hohe Betriebsspannung kann die Glühkerzen schädigen, zu niedrige Betriebsspannung mindert die Leistung.

- Stellen Sie den Messbereich so ein, dass die zu erwartende Betriebspannung abgedeckt wird.
- Schließen Sie den schwarzen Anschluss Ihres Multimeters an den Masseanschluss der Glühkerze an.
- Schließen Sie den roten Anschluss an die Anschlussschraube an.

Schaltung	Bordnetzspannung	Zylinderanzahl	Betriebsspannung
Reihenschaltung *	6V	1	0,9 – 1,7V (Messung über der Kerze)
Reihenschaltung *	6V	2	0,9 – 1,7V (Messung über der Kerze)
Parallelschaltung *	6V	1	5V – 6V
Parallelschaltung *	6V	2	5V – 6V
Reihenschaltung	12V	1	0,9 – 1,7V (Messung über der Kerze)
Reihenschaltung	12V	2	0,9 – 1,7V (Messung über der Kerze)
Parallelschaltung	12V	1	11V – 11,5V
Parallelschaltung	12V	2	10V – 11,5V
Schnellglühkerzen	12V	Alle	12V

Bei zu geringer Spannung muss die Leitungsführung sowie die Anschlüsse bis zum Glühstartschalter und vielleicht sogar bis zur Batterie überprüft werden.

* Die Bordnetzspannung wird von einem Vorwiderstand auf die Betriebsspannung der einzelnen Glühkerzen abgestimmt.

Schaltung	Bordnetzspannung	Zylinderanzahl	Stromstärke je Kerze	Gesamt Stromstärke im + Kabel
Reihenschaltung *	6V	1	50A – 55A	50 – 55A
Reihenschaltung *	6V	2	50A – 55A	50 – 55A
Reihenschaltung *	6V	4	50A – 55A	50 – 55A
Parallelschaltung	6V	1	50A – 55A	50 – 60A
Parallelschaltung	6V	2	50A – 55A	100A
Reihenschaltung *	12 V	1	50A – 55A	50 – 55A
Reihenschaltung *	12 V	2	50A – 55A	50 – 55A
Reihenschaltung *	12 V	4	50A – 55A	50 – 55A
Parallelschaltung	12 V	1	ca. 10A	10A
Parallelschaltung	12 V	2	ca. 10A	20A
Parallelschaltung	12 V	4	ca. 10A	40 – 50A

* Fällt bei der Reihenschaltung eine einzelne Glühkerze aus, arbeiten die anderen auch nicht mehr.
Misst man die Spannung über den einzelnen Glühkerzen, wird über der defekten Glühkerze die volle Bordnetzspannung ablesbar sein.

- Betätigen Sie den Glühanlassschalter und messen Sie die anliegende Spannung an der Glühkerze.
- Schalten Sie die Strommesszange ein und stellen Sie den Messbereich auf etwa 100 A.
- Umfassen Sie mit der Strommesszange das oder die zuführenden Messkabel zwischen Glühanlassschalter und den Glühkerzen.
- Während des Glühvorganges wird die Stromaufnahme der Glühkerzen gemessen:

Die geringere Stromaufnahme bei parallel geschalteten Glühkerzen kann man auch gut am Glühüberwacher erkennen. Kenner sehen das dann etwas schwächere Aufglühen des Salzstreuers.

Widerstandsmessung

Die Widerstandsmessung ist eher eine Kontrolle an Bauteilen, die noch nicht eingebaut sind oder deren Verkabelung instand gesetzt werden soll. Sie kann keine tatsächliche Aussage über die korrekte Funktion der Glühkerzen geben. Grundsätzlich müssen die Glühkerzen für diese Messung abgeklemmt sein. Es soll überprüft werden, ob eine der verbauten Glühkerzen beschädigt oder durchgebrannt ist.

- Geprüft wird grundsätzlich immer der Durchgang der Glühwendel. Gemessen wird dann bei zweipoligen Glühkerzen der Widerstand des Glühdrahtes zwischen den Anschlüssen.

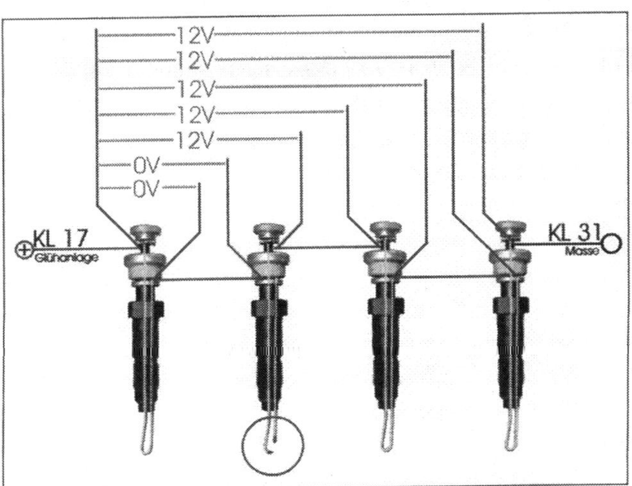

Fehlersuche für eine defekte, in Reihe geschaltete Glühkerze.

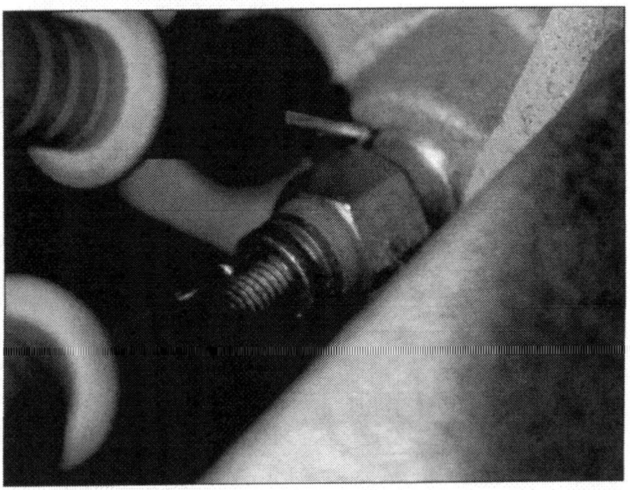

Widerstandsmessung an einer Glühkerze.

■ Bei einpoligen Glühkerzen erfolgt diese Messung zwischen Anschluss und Gewinde.

■ Grundsätzlich sollten die Glühkerzen natürlich kalt sein. Nicht nur, dass Verbrennungsgefahr besteht, es verändert sich der Widerstand der Glühkerze bei Erwärmung deutlich.

Glühkerzen sind niederohmige Verbraucher mit entsprechend hoher Stromaufnahme. Ihr Eigenwiderstand liegt bei den meisten Glühkerzen um 1 Ohm.

Zündanlagen Benzin- und Petroleummotoren

Na klar, es gibt sie: normale Traktoren mit Benzin- beziehungsweise Petroleum-Motoren. Nach und während des Krieges war Benzin knapp. Benzin wurde für die meisten kleineren Fahrzeuge verwendet und auch Dieselkraftstoff war nur teuer zu erwerben, wenn es ihn überhaupt zu kaufen gab. Der Tauschwert lag zuweilen bei 100 Liter Wein für 400 Liter Diesel. Es musste also ein Weg gefunden werden. die Maschinen und Motoren kostengünstig weiter zu betreiben. In England wurden aufgrund der geringeren Kosten manche Traktoren mit Petroleum betrieben. Diese Motoren liefen wie Benzinmotoren auch mit einer Fremdzündanlage. Die Zündung des Gemisches erfolgte also über Zündkerzen und einem Funkenüberschlag durch Hochspannung. Als Startgemisch wurde deutlich zündwilligeres Benzin verwendet.

Tankanlage am Ferguson.

Der Ferguson hat beispielsweise für diesen wechselnden Betrieb zwei unabhängige Tanks, die dann bei Bedarf umgeschaltet wurden.

STÖRUNGSBEISTAND – Starthilfesysteme

Symptom	Ursache	Abhilfe?
A Motor springt nicht an.	**1** Vorglühanlage ohne Funktion.	Sicherung überprüfen, Verkabelung prüfen, Glühkerzen prüfen, Vorwiderstände prüfen, Batteriespannung prüfen.
	2 Verdichtung zu gering.	Ventilspiel einstellen, Kolbenringe prüfen, Ventile prüfen.
B Motor springt unter starkem Weißqualm schwer an.	**1** Vorglühanlage ohne Funktion.	Sicherung überprüfen, Verkabelung prüfen, Glühkerzen prüfen, Vorwiderstände prüfen, Batteriespannung prüfen.
	2 Verdichtung zu gering.	Ventilspiel einstellen, Kolbenringe prüfen, Ventile prüfen.
C Einige Zylinder scheinen später mitzuarbeiten.	**1** Eine oder mehrere Glühkerzen ohne Funktion.	Sicherung überprüfen, Verkabelung prüfen, Glühkerzen prüfen, Vorwiderstände prüfen, Batteriespannung prüfen.
D Batterie ständig leer.	**1** Glühsteuergerät oder Lastrelais verbrannt.	Schalter, Relais und soweit verbaut, Steuergerät prüfen.

Die Batteriezündanlage

Funktionsweise

Magnetismus oder der Trick der Selbstinduktion

Die Funktion der Bauteile wird im Kapitel »Schalter und Sensoren« genauer beschrieben. Die Funktionsweise des Zündsystems im Gesamten werden wir nun hier genauer beleuchten.

Um ein Kraftstoffluftgemisch im Ottomotor zünden zu können, muss ein ausreichender Zündfunke zur Verfügung stehen. Er muss zum einen eine ausreichend hohe Spannung und zum anderen eine möglichst lange Brenndauer aufweisen. Leider liegt unsere Bordnetzspannung nur bei 12 V Gleichspannung. Diese Spannung ist deutlich zu gering, um einen Zündfunken überspringen zu lassen.

Um aus 12 V 8000 V zu machen, wäre es ein leichtes, einen Transformator einzusetzen. Was bei Wechselspannung kein Problem ist, steht uns hier leider im Weg. Die Gleichspannung aus der Batterie ist nicht ohne weiteres zu transformieren, da keine wechselnden Magnetfelder zur Verfügung stehen.

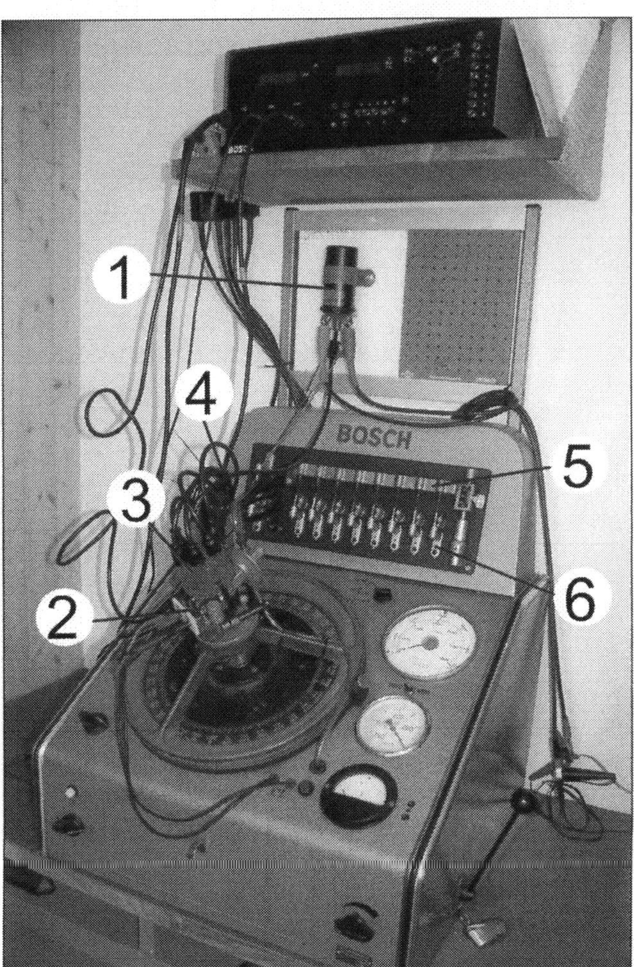

Die Batteriezündanlage auf dem Prüfstand: 1 Zündspule, 2 Zündverteiler, 3 Verteilerkappe, 4 Zündkabel, 5 Kerzenstecker, 6 Zündkerzen.

Also wird der Gleichstrom mit dem Zündunterbrecher ein- und ausgeschaltet. Beim Einschalten wird in der Primärspule der Zündspule ein Magnetfeld aufgebaut. Da sich die Feldstärke des Magnetfeldes während des Magnetfeldaufbaus ändert, entsteht nicht nur in der Sekundärspule eine Spannung. Gleichzeitig entsteht auch in der Primärspule eine Spannung, die der angelegten Spannung entgegenwirkt. Durch diesen Effekt wird der Aufbau des Magnetfeldes verzögert. Beim Abschalten fällt der Gleichstrom sehr schnell ab. Da die Spannung auch von der Geschwindigkeit des Magnetfeldabbaus abhängt, steigt die Spannung deutlich an.

Auf der Primärseite können leicht 400 V durch die Selbstinduktion anliegen. Auf der Sekundärseite entstehen Zündspannungen unter Last von 7.500 V beziehungsweise aber auch Spannungen bis zu 20.000 V.

LEBENSGEFAHR! Achten Sie bei Arbeiten an der Zündanlage immer darauf, dass Sie keine spannungsführenden Teile berühren. Der Stromschlag kann Herzkammerflimmern hervorrufen.

Lassen Sie sich nach einem Stromschlag immer ärztlich untersuchen, auch dann, wenn Sie sich auch nur kurzzeitig benommen fühlen!

Der Abstand des Zündunterbrecherkontaktes bestimmt die Abbauzeit des Magnetfeldes, aber auch den Zeitraum, indem durch die Selbstinduktion die Zündspannung erzeugt wird.

Die Ladezeit wird Schließwinkel genannt und definiert den Zeitraum, in der der Unterbrecherkontakt geschlossen ist.

Zündkerze

Zündkerzen findet man nur bei Benzinmotoren oder bei Motoren, die mit Benzin angelassen werden.

In Deutschland gab es die Otto-Motor-Variante sehr selten. In England hingegen wurde das Otto-Motor-Prinzip lange Zeit verwendet. Die Motoren wurden auch mit Petroleum betrieben. Es gab dann einen kleinen Tank für Benzin (zum Anlassen) und einen größeren Tank für das recht günstige Petroleum. Aufgrund der Preisgestaltung für Kraftstoffe in unserem Lande konnten sich diese Systeme nie durchsetzen.

Die Zündkerze hat die Aufgabe, das Kraftstoff-Luftgemisch zu entzünden. Um diese Funktion erfüllen zu

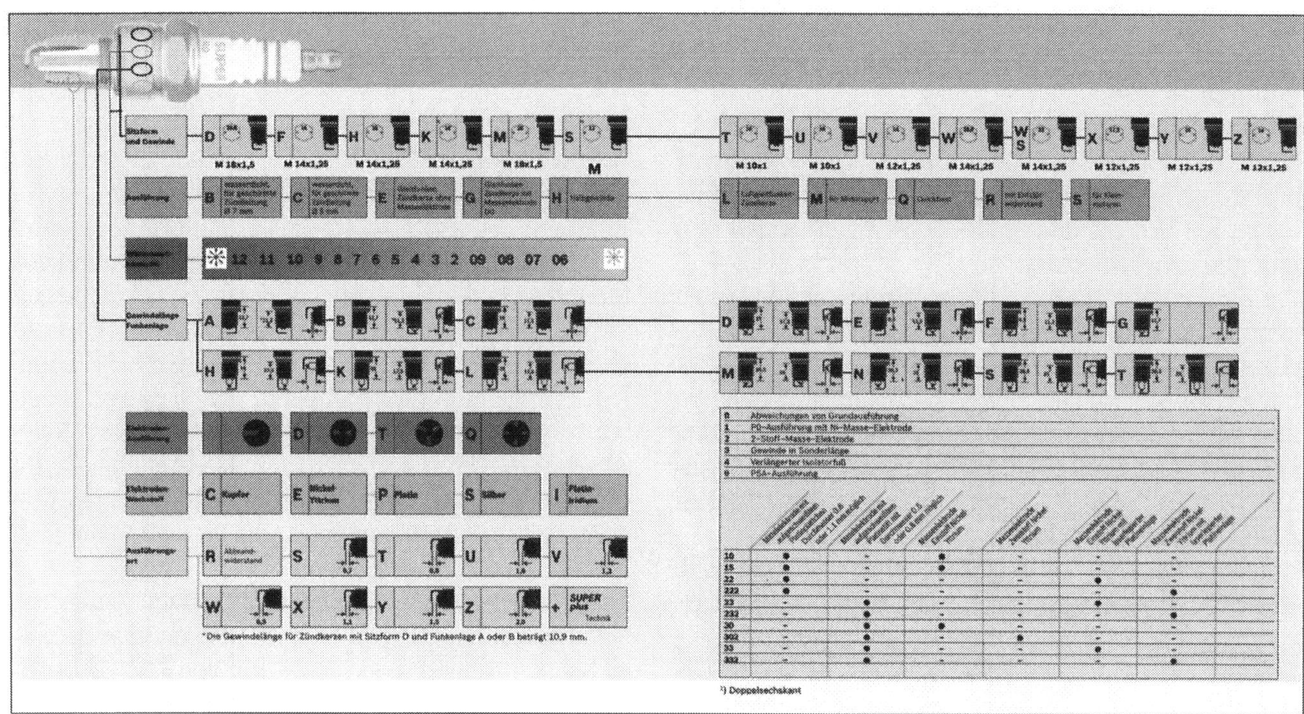

Kerzenbezeichnungen von BOSCH Zündkerzen.

können, müssen alle Randbedingungen, die für den Betrieb der Zündkerze erforderlich sind, stimmen.
Es ist nicht egal, welche Kerze im Motor verwendet wird. Neben den unterschiedlichsten Bauformen spielt auch der Wärmewert der Kerze eine wichtige Rolle. Die Verbrennung läuft natürlich nicht „sauber" ab, sondern hinterlässt auf Kolben, Ventilen und Zylinderkopf Rückstände und Ablagerungen. An der Zündkerze können diese Rückstände einen Widerstand bilden, der dann die Hochspannung zumindest teilweise ableitet. Die Folge ist eine Verschlechterung des Zündfunkenaufbaus oder der Brenndauer des Zündfunkens. Es kommt dann leicht vor, dass die Gemischbildung zwar perfekt abgestimmt ist, das Kraftstoffluftgemisch auch vergast, der Motor aber dennoch

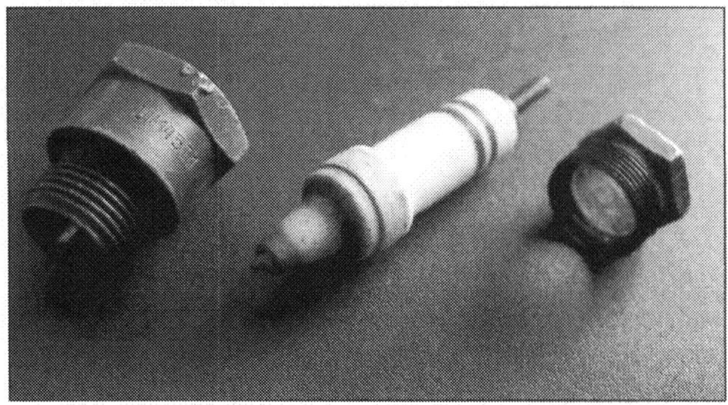

Zündkerze zum Zerlegen: Damals gab s noch alles einzeln!

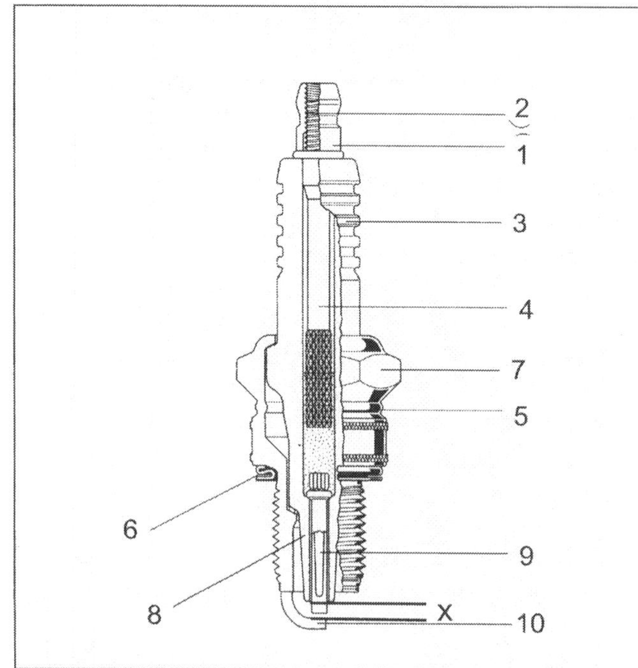

Die wichtigsten Teile der Zündkerze: Für eine einwandfreie Verbrennung muss der Elektrodenabstand (x) im geforderten Bereich liegen. (1) und (2) Zündkabel-Anschlussmutter mit Gewinde, (3) Keramikisolator mit Kriechstrombarriere, (4) Anschlussbolzen, (5) Stauch- und Warmschrumpfzone, (6) Dichtring, (7) Zündkerzenkörper, (8) Isolatorfuß, (9) Mittelelektrode, (10) Masseelektrode.

Normales Zündkerzengesicht.

Zündkondensator am Zündverteiler.

nicht läuft, weil der Zündfunken das Benzin-Luftgemisch nicht entzünden kann.
Natürlich ist es schwierig bis hin zu gar nicht möglich, den Verbrennungsablauf im Motor zu beobachten und zu bewerten, meint man. Neben den Möglichkeiten wie »Colour-Tune«-Zündkerzen, die mit einiger Übung erlauben, über die Brennfarbe, also die Farbe der Flammenfront im Zylinder, eine Aussage zu treffen, gibt es auch eine wesentlich einfachere Methode. Sehr viel lässt sich anhand der Verfärbung der Kerze, oder besser gesagt an den Verfärbungen der Ablagerungen auf der Kerze erkennen. Man spricht auch vom »Kerzengesicht«.
Ablagerungen im Bereich der Mittelelektrode bedeuten einen Stromabfluss, da sich die Ablagerungen wie ein Widerstand verhalten. In Abhängigkeit von den Temperaturen im Brennraum müssen die Ablagerungen auf der Zündkerze selbsttätig gereinigt werden. Hierzu legt der Hersteller die Zündkerze so aus, dass gerade im Bereich der Mittelelektrode so hohe Temperaturen entstehen, das die Ablagerungen »verbrennen«. Das geschieht ungefähr bei 450 °C.
Die Temperatur darf aber nicht zu hoch werden, da sonst die Zündkerze überhitzen und Schaden nehmen könnte.

Zündkondensator

Der Zündkondensator ist ein sehr wichtiges Bauteil in der BZA (Batterie-Zünd-Anlage). Er nimmt beim Öffnen des Unterbrecherkontaktes die Abrissspannung auf und speichert sie. Das verhindert oder schränkt zumindest die Funkenbildung am Kontakt ein. Der Verschleiß wird deutlich geringer.

Zündkondensator aufgewickelt.

Der Aufbau ist recht einfach. Er besteht im Grunde genommen aus zwei Metallfolien, die durch Trennschichten isoliert und gelagert werden. Natürlich kann auch er altern oder defekt sein. In den meisten Fällen wurde dann die Isolierung »durchschlagen« oder die Leitfähigkeit der »Platten« hat abgenommen. Eine Reparatur ist dann nicht möglich. Der Kondensator muss ersetzt werden.

Zündspule

Der Trafo der Zündanlage. Sie hat die Aufgabe die Zündspannung von ca. 400 V auf, bis zu 14.000 V hoch transformieren. Die Zündspule besteht aus zwei Wicklungen, die ineinander liegen. Verstärkt wird das Magnetfeld durch einen Eisenkern.
Die Klemme 15 ist die Spannungsversorgung für die Zündspule. Die Klemme 1 wird über den Zündunter-

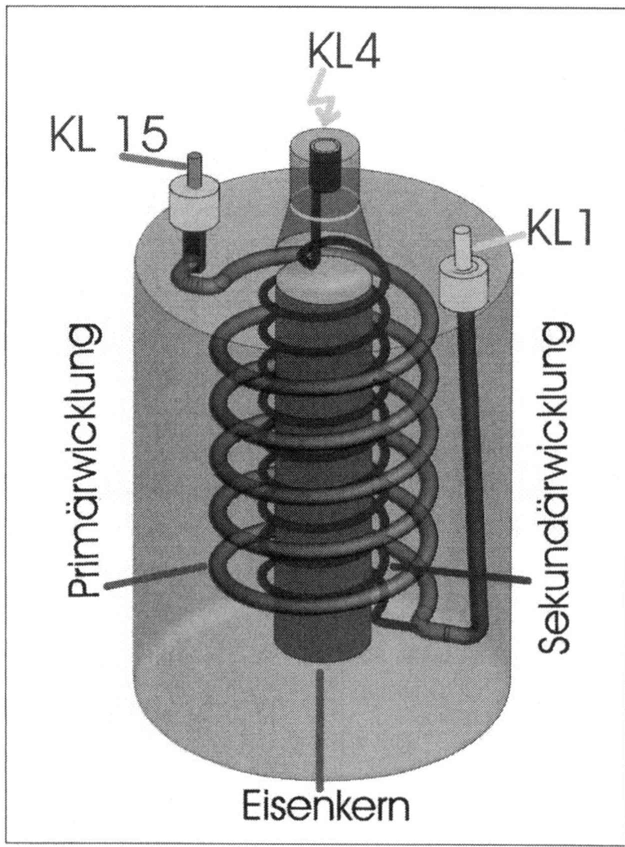

Zündspule im Schnitt.

brecherkontakt mit Masse versorgt. Gleichzeitig ist dieser Anschluss auch der gemeinsame Anschluss beider Wicklungen. Über die Klemme 4 wird dann die Zündspannung abgegeben.
Wie man sich leicht vorstellen kann, gibt es auch hier erhebliche Unterschiede in Bauweise, Betriebsspannung und Anschlussweise. Besonders wichtig ist es, auf die korrekte Betriebspannung zu achten und nachzulesen, ob die Zündspule, die in den Einsatz kommen soll, mit einem Vorwiderstand betrieben werden muss. Ein sichereres Indiz für eine möglicherweise falsche Zündspule ist die starke Erwärmung im Betrieb trotz korrekter Zündeinstellung.
Die BZA hat keine Ruhestromabschaltung wie bei moderneren Transistorzündanlagen. Es sollte deshalb vermieden werden, die Zündung langfristig einzuschalten, ohne den Motor laufen zu lassen.

Zündunterbrecherkontakt
Der Zündunterbrecherkontakt hat die Aufgabe, den Primärstrom (den Massekontakt zur Klemme 1 der Zündspule) einzuschalten und im richtigen Zeitpunkt, dem Zündzeitpunkt, zu unterbrechen.

Der Zündunterbrecherkontakt wird von den oder dem Zündnocken geöffnet und mit der verbauten Feder wieder zugedrückt. Je früher er geöffnet wird, umso früher erfolgt die Zündung. Durch das Verdrehen des Verteilers kann so die Zündung in Richtung »früh« (gegen die Drehrichtung) oder in Richtung »spät« (mit der Drehrichtung) verstellt werden. Der Abstand der Kontakte des Zündunterbrechers verändert die Öffnung beziehungsweise die Schließung des Zündunterbrecherkontaktes. Hier werden die Brenndauer des Zündfunkens und die Höhe der Primärspannung verändert. Eine korrekte Einstellung ist sehr wichtig für den Lauf des Motors und seine Leistungsabgabe. Man kann den vorgenannten Schließwinkel mit einer Fühlerlehre über den Kontaktabstand einstellen. Die sinnvolle und meist auch genauere Vorgehensweise erfolgt allerdings über einen Schließwinkeltester.

Um den Verschleiß zu verringern, sollte die Gleitstelle an der Verteilerwelle mit den Zündnocken gelegentlich mit einer Schraubendreherspitze frischem Fett versehen werden.
Verbrannte Kontakte sollten übrigens nicht nachgefeilt werden. Sie sind in der Regel beschichtet und würden nicht lange halten. Sinnvoller ist der Ersatz des Unterbrecherkontaktes, sobald Verschleißspuren deutlich sichtbar werden oder der Kontakt selbst schon blau verfärbt ist.

Zündunterbrecher im Verteiler.

Zündverteiler Batteriezündanlage
Der Zündverteiler hat zwei Aufgaben. Zum einen ist er das Gehäuse für Zündunterbrecherkontakt, Zündnocken und die Flieh- und Unterdruckverstellung, zum anderen ist in der Verteilerkappe die Hochspannungsverteilung untergebracht. Hier wird die Zündspannung an die jeweiligen Zylinder weitergeleitet, die nun im Arbeitstakt stehen. Der Zündverteiler macht wie die Nockenwelle beim 4-Taktmotor halb so viele Umdrehungen wie die Kurbelwelle. In den meisten Fällen wird er auch von der Nockenwelle angetrieben. Solange der Verteiler nicht ausgeschlagen oder schwergängig ist, bleibt er in Betrieb. Die Verschleißteile wie Verteilerkappe und Verteilerfinger können ersetzt werden, die Fliehgewichte und die Unterdruckdose der Zündverstellung lassen sich am laufenden Motor aber auch in speziellen Prüfständen für Verteiler überprüfen.

Verteilerkappe Zündanlage
Die Verteilerkappe ist zusammen mit dem Verteilerfinger für die Hochspannungsverteilung an die einzelnen Zylinder zuständig. Auch sie kann verschleißen. In der Mitte der Verteilerkappe befindet sich von innen zum Verteilerfinger hin die Schleifkohle. Sie darf nicht verschlissen oder anderweitig beschädigt sein. Sobald sich Funkenstrecken im Inneren der Verteilerkappe zeigen, sollte sie ausgetauscht werden.

Startanhebung

Die Startanhebung hat die Aufgabe, die Zündspannung im Startvorgang anzuheben.

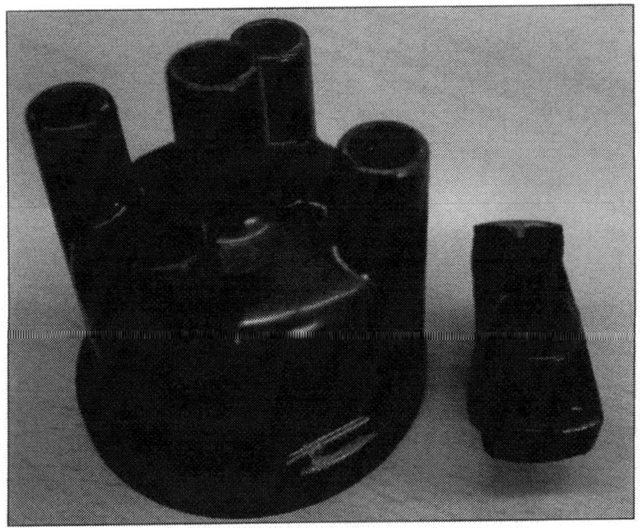

Verteilerkappe und Verteilerfinger.

Zündspule mit Vorwiderstand.

Anschluss am Zündschloss.

Anschluss am Anlasser.

Wird der Anlasser betätigt, kann es sein, dass die Zündspannung bis auf ca. 9 V abfällt. Die Absenkung wirkt sich auf das gesamte Bordnetzsystem aus. Da eine vernünftige Funkenbildung aber gerade beim Startvorgang sehr wichtig ist, muss ein Weg gefunden werden, den sich aus der Absenkung der Bordnetzspannung resultierenden Zündspannungsverlusten entgegen zu wirken. So genannte Hochleistungszündspulen mit vorgeschaltetem Vorwiderstand lösen das Problem sehr einfach.
Die Zündspule selbst ist für eine Betriebsspannung von 9 V ausgelegt. Mit einem Vorwiderstand wird sie im 12 V-Bordnetz betrieben. Wird beim Startvorgang der Anlasser betätigt, ist gleichzeitig durch den Anschluss 50a am Anlasser oder am Zündschloss der Widerstand der Zündspule überbrückt. Da beim Startvorgang die Bordnetzspannung sinkt, steht nun der Zündspule ihre eigentliche Betriebspannung zur Verfügung. Läuft der Motor, wird die Bordnetzspannung über den Vorwiderstand eingespeist.

Einstellen des Unterbrecherkontaktes mit einer Postkarte.

Einstellen mit einfachen Hilfsmitteln

Das Einstellen der Unterbrecherkontakte ist genau genommen nur dynamisch ausreichend genau. Der Gegendruck der Kontaktfeder ist so gering, dass eine genaue Einstellung wirklich nur in Bestform und mit viel Erfahrung gelingt. Für den Notfall gibt es aber natürlich kleine Tricks und Kniffe, wie die Einstellung zumindest das Fahrzeug fahrfähig hält. Ein alter Trick ist der mit der Bildansichtskarte. Druckbedingt sind diese meistens 0,4 mm stark. Im Notfall lässt sich hier ein Streifen abreißen und als Einstellmaß für den Unterbrecherkontakt verwenden.

Nocken am Unterbrecherkontakt.

- Zuerst werden die Befestigungsschrauben des Unterbrecherkontaktes nur »beigedreht«. Der Unterbrecherkontakt sollte sich nun gerade noch leicht mit einem Schraubendreher einstellen lassen.
- Als Nächstes muss der Motor soweit verdreht werden, dass der Zündverteilernocken den Unterbrecherkontakt größtmöglich öffnet.
- Nun wird der Postkartenstreifen eingelegt. Der Unterbrecherkontakt wird nun soweit eingestellt, bis unser Messplättchen gerade so noch einen spürbaren Widerstand beim Hinein- und Herausschieben hinterlässt.

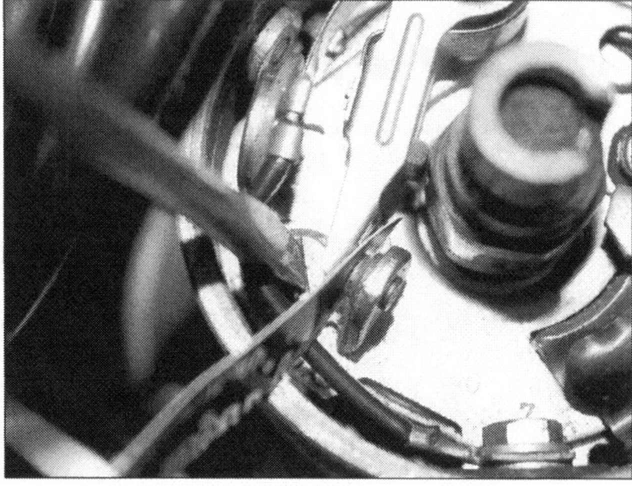
Antasten des Messwertes.

Einstellen des Zündzeitpunktes

Natürlich ist das Einstellen des Zündzeitpunktes um einiges komfortabler mit Hilfe eines Motortesters. Es

OT-Markierung: Zuerst stellt man der 1. Zylinder auf den Zünd-OT.

geht aber auch mit einfachen Hilfsmitteln. Vom Hersteller müssen die Einstelldaten übernommen werden.

Jeder Motor braucht eine gewisse Frühzündung. Damit wird erreicht, dass der Brenndruck schon möglichst kurz nach OT auf den Kolben wirkt und ihn nach unten treibt. Da der Kraftstoff eine gewisse Zeit benötigt, um vollständig durchzuzünden, muss die Zündung früher beginnen.

In der Regel kann man davon ausgehen, dass ein Motor mit 10° Frühzündung läuft. Liegen die Herstellerangaben vor, sollte in jedem Fall die Werte des Herstellers umgesetzt werden. Als Beispiel zeigen wir hier, wie leicht eine Zündeinstellung auch ohne Tester oder Stroboskoplampe durchgeführt werden kann.

Eine Voraussetzung für diese Arbeit ist, dass die Schließwinkeleinstellung richtig ist.

■ Wenn man den Durchmesser der Schwungscheibe ungefähr ausmessen kann, lässt sich der Zündzeitpunkt leicht festlegen.

Durchmesser Schwungscheibe	Umfang Schwungscheibe	Einstellwert im cm für 10° KWU
30 cm	94,2 cm	2,6 cm
35 cm	110,0 cm	3,1 cm
40 cm	125,7 cm	3,5 cm
45 cm	141,4 cm	3,9 cm
50 cm	157,1 cm	4,4 cm
55 cm	172,8 cm	4,8 cm

OT am Motor: Zuerst stellt man den Motor auf »Zünd-OT« des ersten Zylinders.

Markierung für die Zündung.

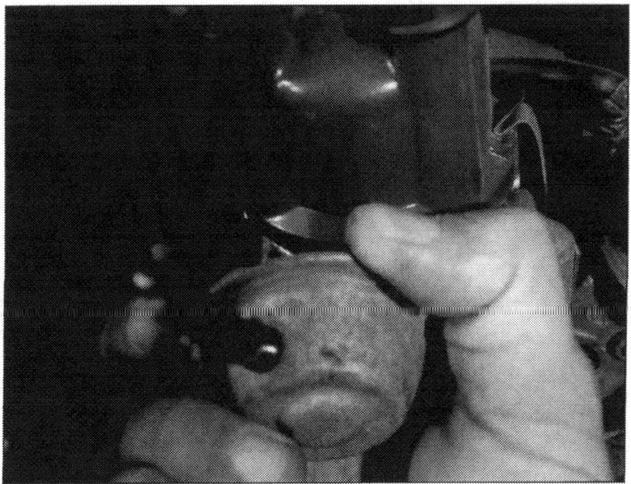

Verteiler verdrehen.

■ Da man eine Frühzündung von 10° KWU (Kurbelwellenumdrehungen) haben möchte, muss der Motor nun um den »Einstellwert« in der Tabelle von der OT-Markierung aus zurückgedreht werden. Diese Stelle wird nun markiert. Der Motor kann nun auch auf dieser Stellung stehen bleiben.

■ Nun muss lediglich der Verteiler soweit in Drehrichtung verdreht werden, bis der Zündunterbrecher zu öffnen beginnt. Das ist der Zeitpunkt, an dem der Zündfunken entsteht, der Zündzeitpunkt.

Einstellung mit Tester und Blitzlampe

Die erforderlichen Testgeräte sind bereits für wenige Euro im Internetauktionshaus zu erwerben. Mitunter lassen sich Testgeräte für unterschiedliche Aufgaben und Messungen beschaffen. Der Umgang mit diesen Gerätschaften ist nicht besonders schwer, aber gewöhnungsbedürftig. Betrachten wir die Geräte zur Zündeinstellung mal etwas genauer:

Stroboskop-Blitzlampe

Die Stroboskoplampe leuchtet kurz auf, wenn die Zündspannung über ein Zündkabel abgeleitet wird. Am Motortester befinden sich zwei Anschlussklemmen. Die erste Klemme ist für die Klemme 4 der Zündspule und ertastet jede Zündspannung. Die zweite Klemme ist der so genannte Trigger (Auslöser). Er markiert den 1. Zylinder. Diese Funktion wird für die Signalbilder auf dem Oszilloskop und zur Zylinderabschaltung benötigt. Die Handstroboskoplampen unterscheiden sich im Wesentlichen nur in der Ausführung. Es gibt Stroboskoplampen, die keine Frühverstellungsmöglichkeit haben und eine für uns geeignetere Bauart mit Verstellmöglichkeit.

■ Plus- und Minusleitung werden an der Batterie angeschlossen und die Messzange wird am 1. Zylinder angeklipst.

■ Zunächst muss die Klemmschelle des Zündverteilers so weit gelöst werden, dass der Verteiler gerade noch verdreht werden kann.

■ Nach dem Starten des Motors kann sofort die OT-Markierung »angeblitzt« werden. Steht die Anzeigenskala auf »0«, sollte im Blitzlicht genau die OT-Markierung zu erkennen sein. Nun wird die gewünschte Frühverstellung auf dem Skalenwert eingestellt.

■ Der Verteiler wird nun verdreht. Sobald die OT-Markierung mit der Motorblockmarkierung übereinstimmt, ist die gewünschte Zündeinstellung erfolgt. Der Verteiler kann nun wieder festgezogen werden.

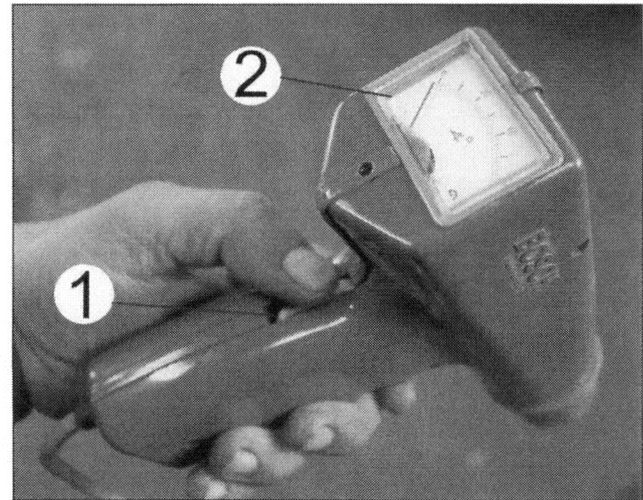

Stroboskoplampe mit Verstellanzeige: 1 Verstellwinkelanzeige, 2 Verstellwinkelrad.

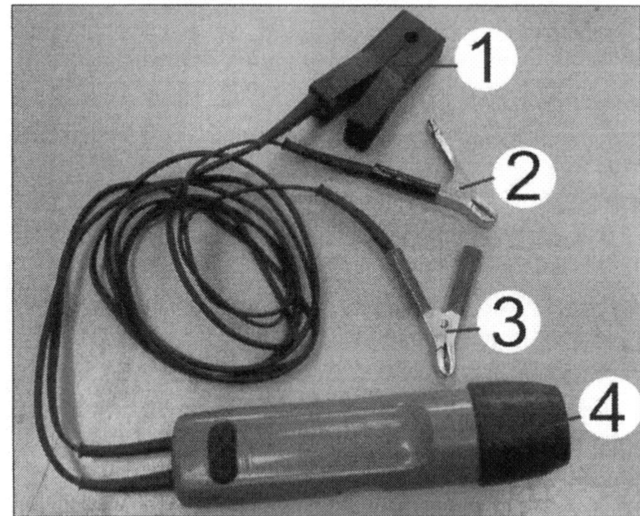

Der Anschluss ist für alle Geräte gleich: 1 Triggerzange, 2 Minusanschluss, 3 Plusanschluss, 4 Blitzlampe.

Anschluss der Triggerzange am Zündkabel des ersten Zylinders.

Schließwinkel des Zündunterbrechers einstellen

Auch der Schließwinkeltester ist ein Werkstattgerät, das heute nur noch selten benötigt wird. Aus diesem Grund sind auch hochwertige Geräte, wie die Messgeräte von Bosch, gebraucht für wenige Euro zu ersteigern. Der Umgang mit diesen Geräten ist recht einfach.

- Zuerst muss der Wahlschalter auf »Schließwinkel« eingestellt werden. Dann werden die Anschlusskabel an die Zündspule angeschlossen.
- Am laufenden Motor kann der Schließwinkel abgelesen werden. Wenn Sie die Schließwinkel einstellen wollen, sollten sie immer eine Funkenstrecke einsetzen. So kann die Hochspannung gefahrlos abgeleitet werden.
- Der Zündunterbrecher wird gerade so weit gelöst, dass er sich noch mit Hilfe eines Schraubendrehers verstellen lässt.

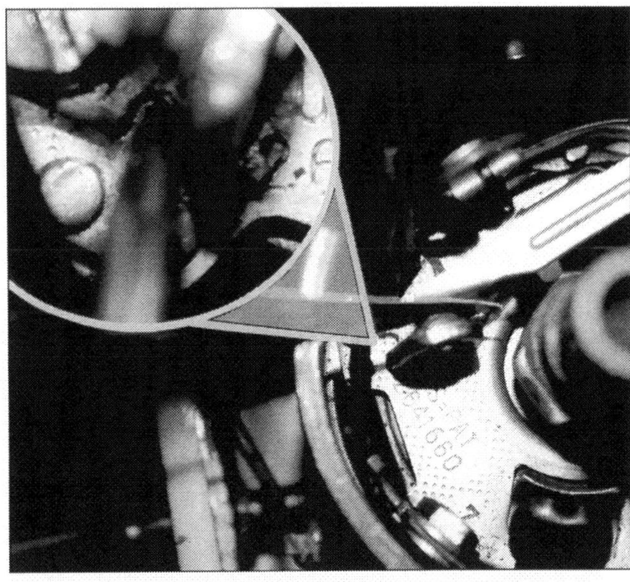

Zündunterbrecherkontakt einstellen.

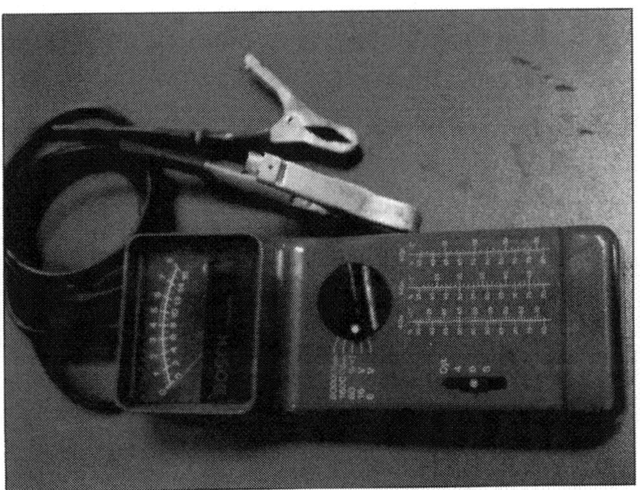

Schließwinkeltestgerät.

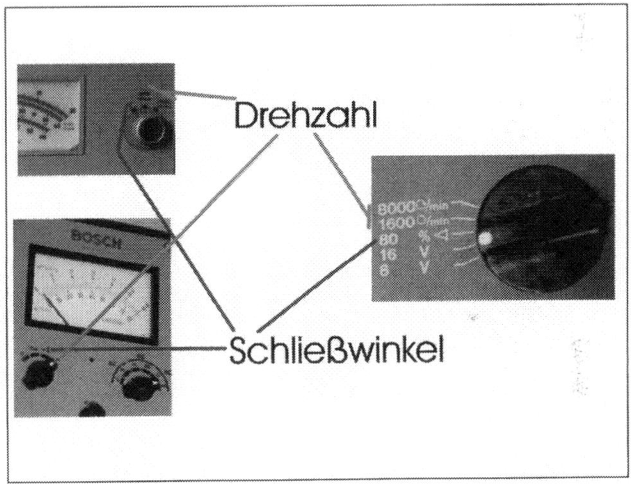

Schalter am Schleißwinkeltester.

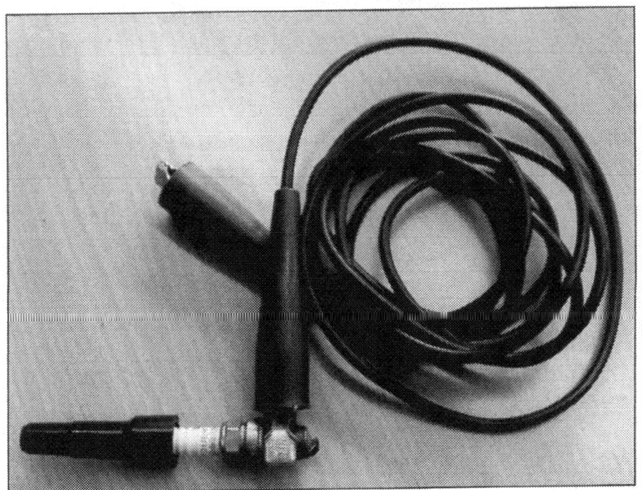

Funkenstrecke im Eigenbau.

Funkenstrecke als BOSCH Zubehör.

- Nun muss der Motor gestartet werden. Durch Verändern des Kontaktabstandes wird der Schließwinkel eingestellt.
- Sobald auf dem Schließwinkeltester der Einstellwert erreicht wurde, drehen Sie die Befestigungsschrauben an und kontrollieren Sie nochmals die Einstellung des Unterbrecherkontaktes.
- Sollten keine Korrekturen erforderlich sein, können Sie das Messgerät abbauen und die Zündanlage wieder in Betrieb nehmen.

Übersicht über gängige Schließwinkel

Motorbauart	Schließwinkel in %	Schließwinkel in °
Zweizylinder	56%	102°
Vierzylinder	55%	50°
Sechszylinder	63%	38°
Achtzylinder	73%	33°

Funktionsweise des Verteilerprüfstandes: Nachdem der Verteiler in den Prüfstand gespannt wurde, kann er durch den integrierten Motor angetrieben werden. Auf dem Feld (2), was sich mit dem Verteiler (3) mitdreht, wird ein Lichtsignal ausgelöst, was den Schließwinkel des Zündunterbrechers sichtbar macht. Die Hochspannungsverteilung (4) kann mit den Funkenstrecken im Hintergrund auf eventuelle Spannungsdurchschläge geprüft werden.

Typische Fehler der Zündanlage am Benzinmotor

Fehler	Erklärung	Ursache	Abhilfe
A Die Zündspannung ist sehr niedrig, am Unterbrecherkontakt ist deutliche Funkenbildung zu sehen.	Die Zündspannung durch Selbstinduktion ist um 400 V groß. Diese Spannung würde den Kontakt beim Abschalten sehr schnell verbrennen. Um das Kontaktfeuer zu vermeiden, ist ein Kondensator verbaut. Ist der Kondensator defekt, wird deutlich sichtbar ein Abreißfunken an den Zündunterbrecherkontakten sichtbar. Dieser Funken verhindert auch einen schnellen Spannungsabbau, was wiederum die Primärspannung der Zündspule absenkt. Überprüfen Sie auch die Anschlüsse des Kondensators. Ein nicht oder nicht richtig angeschlossener Kondensator kann auch nicht funktionieren.	Zündkondensator defekt.	Zündkondensator ersetzen, Zündunterbrecherkontakt prüfen
B Die Zündspannung ist sehr niedrig, in hohen Drehzahlen kommt es gehäuft zu Zündaussetzern.	Der Zündunterbrecher ist zu kurzgeschlossen (Schließwinkel zu klein). Somit ergibt sich nicht genug Zeit, das Magnetfeld in der Zündspule aufzubauen. Der Zündunterbrecher ist zu lange geschlossen und somit zu kurz geöffnet. Somit ist nicht genug Zeit das Magnetfeld vollständig abzubauen. In beiden Fällen fällt die Magnetfeldänderung schwächer aus und die Primär und somit auch die Zündspannung sinkt.	Zündunterbrecher-Einstellung falsch.	Einstellung verbessern, Unterbrecherkontakt und Kondensator prüfen.

STÖRUNGSBEISTAND

Typische Fehler der Zündanlage am Benzinmotor

Fehler	Erklärung	Ursache	Abhilfe
C Zündaussetzer gelegentlicher Funkenüberschlag zu Metallteilen oder anderen Kabeln.	Der Widerstand zwischen den Elektroden an der Kerze wird bei laufendem Motor deutlich höher. Durch den steigenden Widerstand erhöht sich die Zündspannung. Ergibt sich nun eine Überschlagsmöglichkeit für die Zündspannung mit geringerem Widerstand, so findet die Entladung an dieser Stelle und nicht wie vor gesehen zwischen den Elektroden im Brennraum statt. Die Bauteile müssen dann oft aufgrund der durchgeschlagenen Isolierung ersetzt werden.	Zündkabel defekt. Zündkerzenstecker defekt. Zündkerze defekt. Verteilerkappe oder Verteilerfinger defekt.	Zündkabel ersetzen. Zündkerzenstecker ersetzen. Zündkerze ersetzen, die anderen Zündkerzen prüfen. Defektes Bauteil ersetzen.
D Zündaussetzer im betriebswarmen Zustand.	Gerade bei langen Standzeiten kann der Unterbrecherkontakt heiß werden und wegen verbrannter Kontakte oder verglühter Kontaktfeder ausfallen. Schließlich werden über ihn Ströme um 5 A bis 10 A dauerhaft geschaltet. Eine Ruhestromabschaltung gab es damals noch nicht.		Zündunterbrecherkontakt ersetzen, Zündkondensator prüfen.
E Sporadische Zündaussetzer.	Die Zündspule wird nicht nur thermisch durch den Stromfluss belastet, sondern auch mechanisch durch Vibrationen des Motors und auch durch die Einwirkungen des Magnetfeldes. Es kann durchaus zum Kabelbruch oder einer gelösten Verbindung innerhalb der Zündspule kommen.	Zündspule defekt. Zündkabel defekt. Zündkerzenstecker defekt. Zündkerze defekt.	Zündspule ersetzen.
F Motor springt an nimmt aber nur schlecht Drehzahlen an.		Zündzeitpunkt prüfen. Zündverstellung prüfen.	Zündzeitpunkt einstellen. Verstellkurve aufnehmen.
G Motor schlägt beim Starten zurück.	Zündzeitpunkt zu früh.	Fliehkraftverstellung im Verteiler prüfen.	Zündzeitpunkt einstellen.

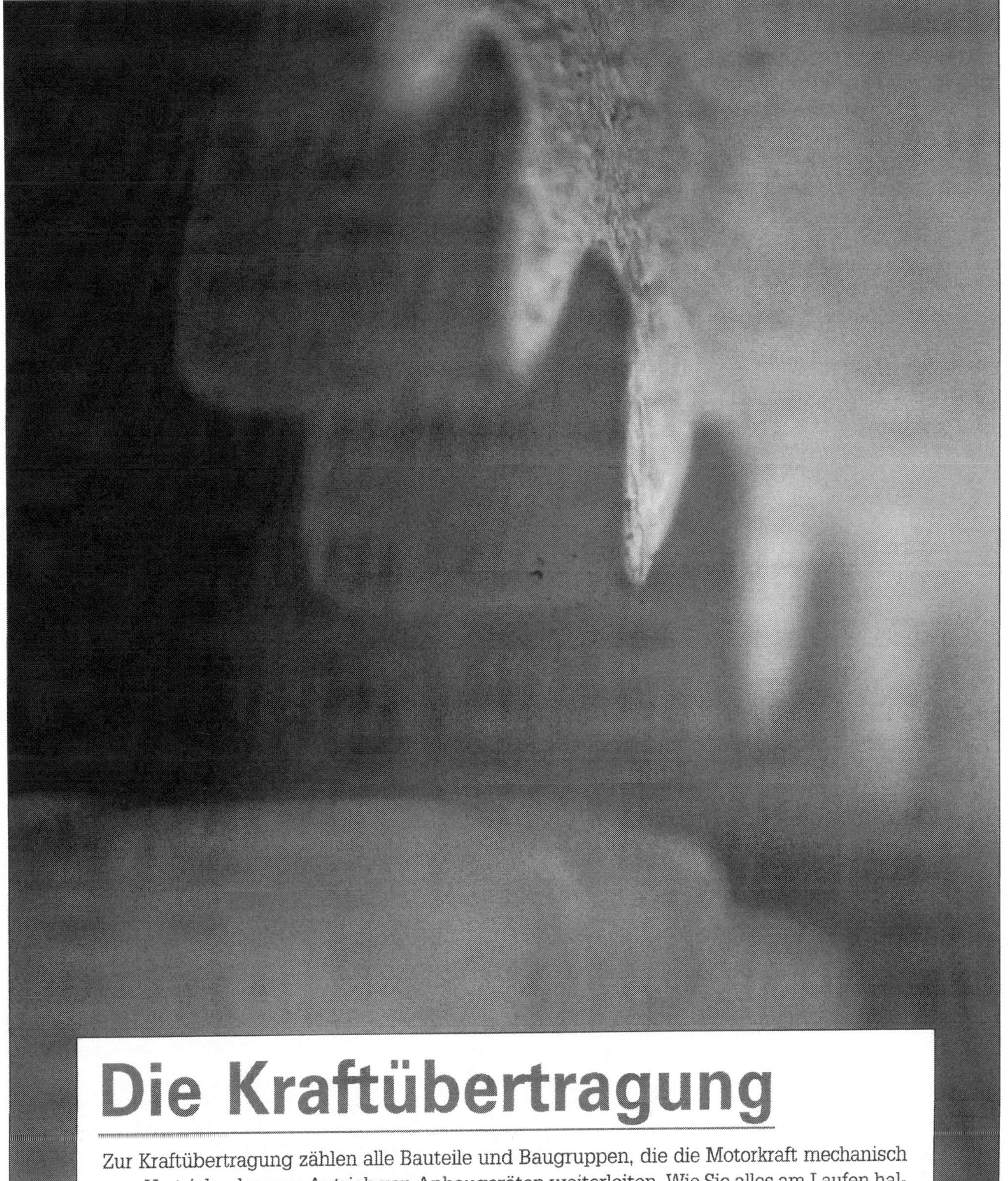

Die Kraftübertragung

Zur Kraftübertragung zählen alle Bauteile und Baugruppen, die die Motorkraft mechanisch zum Vortrieb oder zum Antrieb von Anbaugeräten weiterleiten. Wie Sie alles am Laufen halten, erfahren Sie im folgenden Kapitel.

Gerade bei Traktormotoren merkt man im Gegensatz zum Auto sehr deutlich, dass der nutzbare Drehzahlbereich des Motors deutlich kleiner ist. Die Höchstdrehzahl wird mechanisch durch einen Fliehkraftregler abgeregelt. Das schützt den Motor vor Schäden durch »Überdrehen«. Zwar dreht ein Dieselmotor von Haus aus nicht sehr hoch, doch die Motordrehzahl wäre ohne Getriebe am Rad kaum nutzbar. Der Traktor muss schließlich kraftvoll ziehen können und nicht unbedingt schnell sein. Um mehrere Fahrstufen realisieren zu können, werden in einer Getriebebox unterschiedliche Ritzelpaarungen ausgewählt, um verschiedene Fahrgeschwindigkeiten und Drehzahlen zu erreichen.
Auch die so genannten Nebenabgänge, an denen hydraulische Pumpen, Zapfwellen und auch Riemen oder Schubstangen betrieben werden, müssen bestimmte Drehzahlbereiche abdecken.
Der Drehzahlunterschied zwischen Rad und Motor ist beim Anfahren am größten. Diesen Unterschied durch Schleifen auszugleichen und dabei noch Drehmoment übertragen zu können, das ist die Aufgabe der Kupplung. Die Kräfte, die sie übertragen muss, sind enorm groß. Neben den Kräften zum Vortriebsantrieb kommen immerhin noch die Kräfte für den mechanischen Antrieb hinzu.

Getriebe

Die Aufgabe der Getriebe lassen sich in vier Punkten recht einfach darstellen.

Wandlung der Motordrehzahl

Kein Verbrennungsmotor hat eine geradlinig verlaufende Drehmoment- oder Leistungskurve. Der Verlauf dieser Kenndaten ist von vielen Faktoren wie beispielsweise dem Füllungsgrad abhängig. Um ihn effektiv nutzen zu können, muss er im so genannten »elastischen Bereich« betrieben werden.

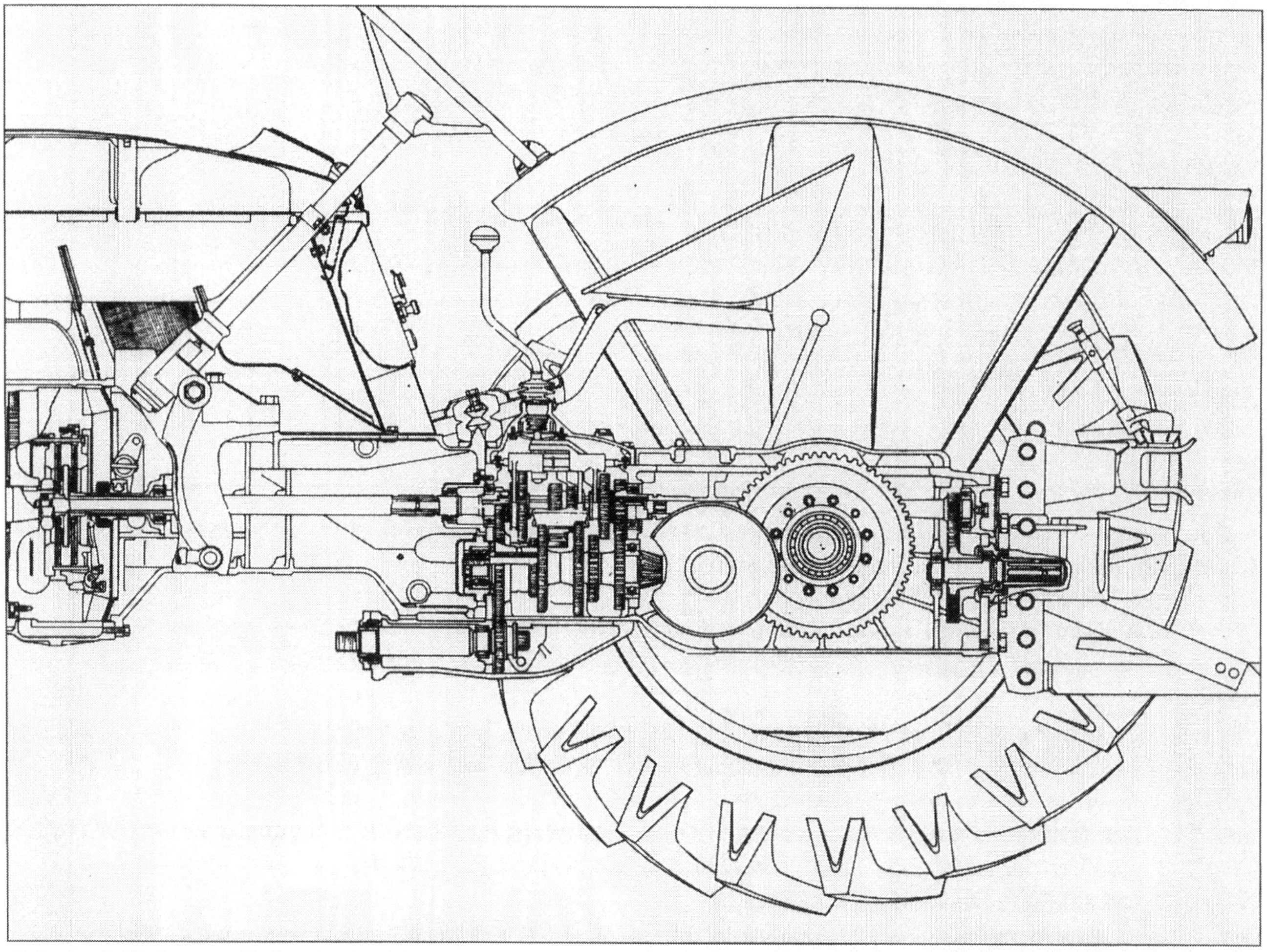

Schematisch dargestellt: Der Kraftschluss vom Motor verläuft über Kupplung und Antriebswelle auf das Gruppengetriebe und weiter über Wechselgetriebe, Zwischenwelle und Ausgleichgetriebe auf die Antriebsräder.

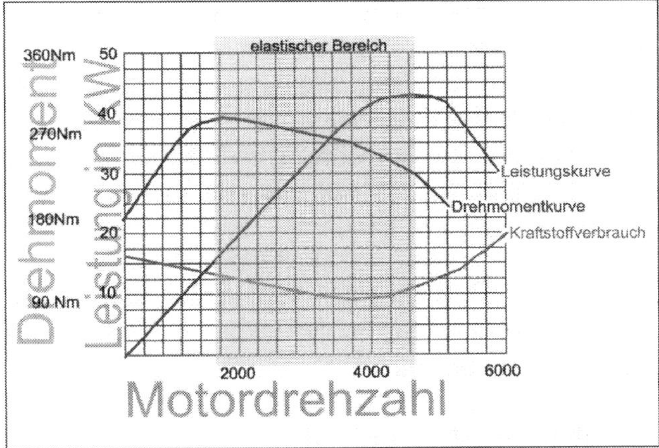

Leistungsdiagramm.

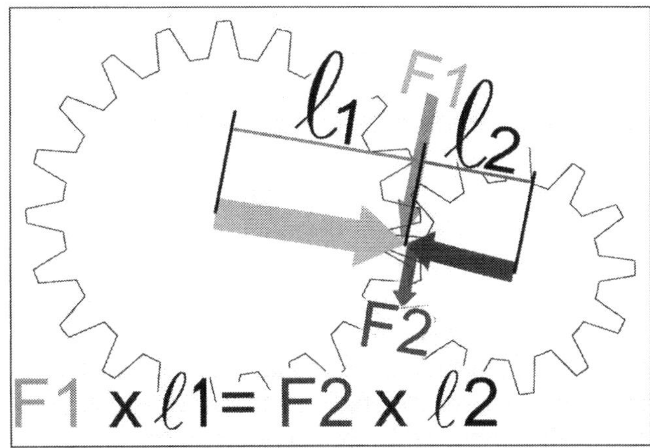

Hebelgesetz (Übersetzungen) mit Zahnrädern.

Dieser Bereich beschreibt die Motordrehzahl zwischen größtem Drehmoment und höchster Motorleistung.
Abhängig von der Fahrgeschwindigkeit muss also die Motordrehzahl im »elastischen Bereich« angesiedelt sein. Anderenfalls würde der Motor eventuell überdrehen oder bei zu niedriger Leistung keine Leistung abgeben.

Wandlung der Motordrehmoment
Die Drehmomentveränderung wird recht gut verständlich, wenn man sich die Zugkraft des Traktors verdeutlicht. In einem kleinen Gang wird die Fahrgeschwindigkeit deutlich herabgesetzt. Es steht aber merklich mehr Kraft zur Verfügung. Durch die Übersetzungsänderung im Getriebe wird das Motordrehmoment vergrößert aber die Drehzahl verringert.

Umkehrung der Motordrehrichtung
Alte 2-Takt-Dieselmotoren konnten noch umgesteuert werden. Das bedeutet, um den Trecker rückwärts zu fahren, ließ man den Motor so langsam laufen, bis er den oberen Totpunkt nicht überwinden konnte, und betrieb ihn dann rückwärts (geht übrigens immer noch mit alten Mopeds ... braucht aber etwas Übung beim Fahren!).
Ein rückwärts laufender Motor ist allerdings für die angebaute Technik wie hydraulische Pumpen, Generator usw. nicht günstig. Die Drehrichtung ist in den meisten Fällen vorgegeben.
Wesentlich komfortabler geht das mit einem Rückwärtsgang. Sind zwei Zahnräder im Eingriff, verändert sich der Drehsinn von antreibendem zum angetriebenen Zahnrad.

Änderung der Drehrichtung.

Kraftflussunterbrechung
Das Getriebe soll den Kraftfluss zum Rad oder auch zu Nebenaggregaten unterbrechen können. Es muss möglich sein, den Motor bei stehendem Fahrzeug betreiben zu können. Auch Nebenantriebe sollen sowohl im Stand als auch während der Fahrt in Betrieb gesetzt oder abgeschaltet werden können.

Synchroneinrichtungen
Alte Schieberadgetriebe sind noch nicht synchronisiert. Synchron bedeutet Gleichlauf des Gangrades, welches eingelegt werden soll, und des festen Gangrades auf der Getriebewelle. Die Zahnungen der Zahnräder müssen in der gleichen Geschwindigkeit passieren, damit sie »einspuren« können. Stimmt die Drehzahl noch nicht überein, entsteht das hässliche schabend-ratternde Geräusch im Getriebe, was den Schaltvorgang als »misslungen« kennzeichnet.
Um den Schaltvorgang zu vereinfachen, werden bei moderneren Getrieben Synchroneinrichtungen verwendet. Findet ein Gangwechsel statt, wird das

Gangrad mit dem Synchronring abgebremst oder beschleunigt. Der Synchronring sitzt auf der gleichen Welle, auf der das Gangrad angebracht ist.
So lange die Geschwindigkeit von Welle und Gangrad noch ungleich ist, kann der Gang nicht eingelegt werden. Ist die Geschwindigkeit gleich, gibt der Synchronring den Weg zum Gangrad frei und der Gang kann eingelegt werden.

Schäden am Getriebe
Verschleiß, Überlastung, Materialfehler, falsche Handhabung - das sind die häufigsten Ursachen für Getriebeschäden. Zwar ist die Auslegung im landwirtschaftlichen Bereich durchaus großzügig, aber im Laufe der vielen Betriebsstunden und Jahrzehnte kann so mancher kleiner Fehler seine Ursache durchaus heute erst austragen. Wichtig ist es, sich das Getriebeöl bereits beim Wechsel genau anzusehen. Sind dort Späne oder vielleicht sogar Metallteile zu finden, sollte zumindestens durch den oberen Getriebedeckel mal ein Blick auf das Getriebe geworfen werden.
Wird ein Schaden erkannt, sollte das Getriebe in jedem Fall zerlegt und repariert werden. Schnell entstehen durch die mit dem Getriebeöl herumgeschleuderten Restteile neue Schäden. Die Demontage eines Getriebes können wir in diesem Buch nicht darstellen. Zum einen weichen die Montagearbeiten von Typ zu Typ ab und zum anderen finden durchaus unterschiedliche Werksvorschriften Anwendung. In den meisten Fällen ist gerade das Getriebe von alten Traktoren noch leicht »begreifbar« und nur in wenigen Fällen werden spezielle Werkzeuge gebraucht, die über den Abziehersatz herausgehen.

Geöffneter Getriebedeckel.

Was tun, wenn Getriebeteile nicht mehr zu beschaffen sind?
Aufgrund des Alters und oftmals auch des nicht mehr existierenden Herstellers tauchen schon mal Engpässe bei der Ersatzteilversorgung auf. Ärgerlich ist es, wenn beschädigte Getriebeteile den Traktor lahmlegen würden. Zum einen gibt es einige Spezialfirmen, die in der Lage sind, Getrieberitzel anzufertigen und sogar auf der Getriebewelle wieder zu verschweißen. Zum anderen, und das ist die deutlich günstigere Variante, lassen sich die Teile auf Tauschbörsen oder über Traktorenclubs beziehen. Hier zeigt sich dann schnell, dass es sich auch als »kleiner Privater« lohnt, Mitglied in einem Traktorclub zu werden.

Differenzial

Betrachtet man die Kurvenfahrt eines Traktors, kann man gerade bei engen Kehren genau beobachten, das der Raddrehzahl des kurveninneren Rades deutlich geringer ist als die Raddrehzahl des kurvenäußeren Rades. Na klar, das liegt daran, dass der Kurvenradius kleiner wird, je weiter man sich dem Kurvenmittelpunkt nähert. So weit so gut. In der Praxis kommt hier ein recht großes Problem auf die Konstruktion zu. Ein Traktor, und gerade bei den älteren Semestern trifft das zu, treibt über die Hinterräder an. Damit viel Kraft übertragen werden kann, müssen beide Räder dazu benutzt werden. In der Regel werden die Hinterräder auch durch Zugladung und Anbaugeräte zusätzlich belastet und versprechen so auch etwas mehr mögliche Übertragungskraft.
Könnten nun die Drehzahlunterschiede nicht ausgeglichen werden, gäbe es drei mögliche Szenarien, die dann entstehen könnten:

Der Traktor ist nicht mehr lenkbar
Wer schon einmal mit eingeschalteter Differenzialsperre im morastigen Boden um eine Kurve musste, kennt das Problem. Irgendwann ist es soweit, die Seitenführungskräfte der Vorderräder sind so klein, dass sie den Vortriebskräften durch die Hinterräder deutlich unterliegen. Die Kurve geht nach links, die Vorderräder auch, die Fahrtrichtung aber ist nur noch geradeaus. Na klar, einige Leser würden mir gerne zurufen: »Koppelbremse! Koppelbremse!«, das weiß ich nach einer kurzen Unterrichtsstunde im Wald jetzt auch. An diesem Beispiel sieht man recht deutlich, wie groß der Einfluss des Raddrehzahlunterschiedes tatsächlich ist.

Der Achsantrieb wird beschädigt

In Anbetracht dieser riesigen Konstruktion ist es zuerst einmal kaum vorstellbar, aber die Drehmomente, die vom Getriebe auf die Räder übertragen werden sind enorm hoch. Es kann trotz des überdimensionierten Aufbaus der Getriebeteile leicht zu einem Schaden durch Überlastung kommen. In der Regel scheren zwar nicht einfach Antriebswelle ab, aber recht teure Ritzel, Klauen oder andere Getriebebauteile werden bleibend beschädigt. Aus diesem Grund sollte man sehr genau darauf achten, dass die Differenzialsperre nur bei losem Untergrund verwendet werden darf ... oder eben bei Geradeausfahrt!

Die Reifen werden beschädigt

Die Reifen sind in der Konstruktion das Weichteil zwischen Straße und Antrieb. So lange die Mechanik mitspielt, wird der Raddrehzahlunterschied als Schlupf über die Reifen ausgeglichen, mit den entsprechenden Verschleißbildern versteht sich. Der zusätzliche Schlupf entsteht dann aber auch nicht nur an den Hinterrädern. Auch die Vorderräder unterliegen dann erhöhtem Verschleiß.

Diese Szenarien sind auch für die Betrachtung der Differenzialsperren sehr wichtig.

Im Getriebe beziehungsweise im Bereich des Achsantriebes befindet sich Ausgleichsgetriebe, das so genannte Differenzial. Es ermöglicht den Raddrehzahlunterschied bei Kurvenfahrten auszugleichen.

Die am meisten verbaute Variante ist die mechanische Differenzialsperre. Hier wird, wie in der Skizze dargestellt, einfach eine Radantriebsseite mit dem Differenzialgehäuse gekoppelt.

Bei Raddrehzahlunterschied drücken die Achsen der Ausgleichkegelräder die Druckringe auseinander und stellen die Verbindung zwischen Gehäuse und Antriebswelle her.

Die Viskokupplung wird gerade bei neueren landwirtschaftlichen Geräten häufiger eingesetzt. Sie können zusätzlich zu einem Ausgleichsgetriebe eingesetzt werden. Sie hat keine mechanische Verbindung zwischen Eingangs- und Ausgleichswelle.

Ihr Gehäuse ist vollständig mit einer Silikonflüssigkeit gefüllt. Sie dämpft Schwingungen im Antriebsstrang deutlich. Kommt es zu Drehzahlunterschieden zwischen der Eingangs- und der Ausgangswelle, wird die Silikonflüssigkeit erhitzt. Dadurch kommt es zu einem Druckanstieg im Gehäuse und die Sperrwirkung wird zunehmend verstärkt. Der Sperrwert ist völlig stufenfrei.

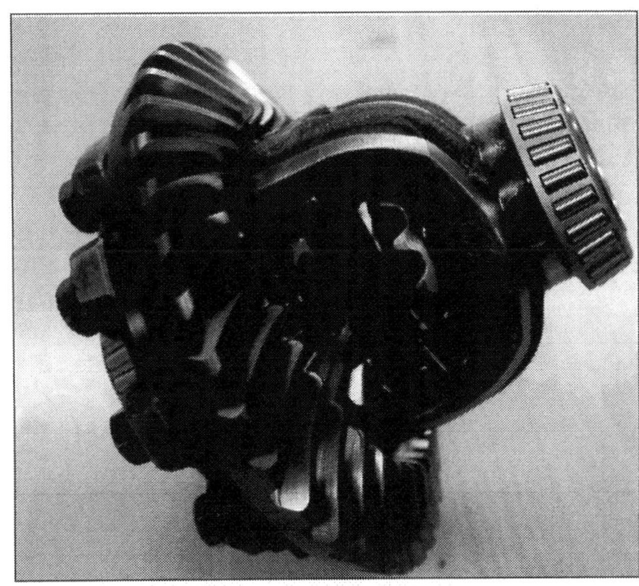

Ausgleichsgetriebe mit mechanischer Sperre.

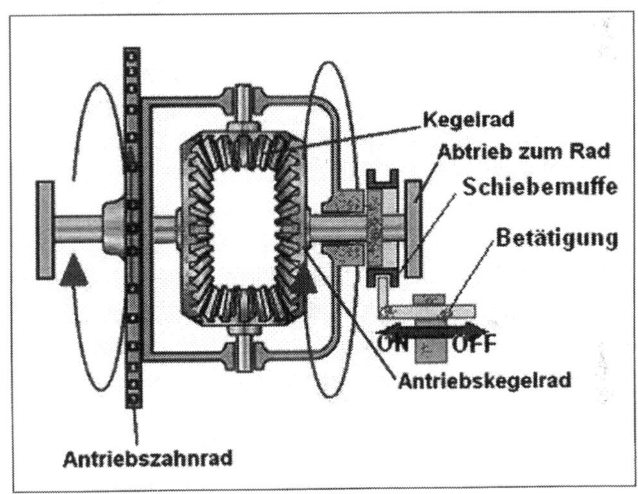

Ausgleichsgetriebe als Skizze.

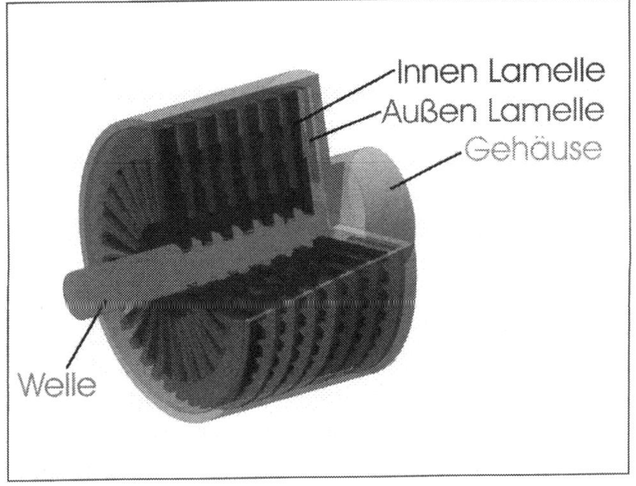

Viskokupplung.

Kupplung

Unter der Kupplung versteht man die lösbare Verbindung zwischen Motor und Getriebe. Sie überträgt das Motordrehmoment. Die Kupplung besteht im Wesentlichen aus vier Teilen: Schwungrad mit Anlauffläche, Mitnehmerscheibe (Kupplungsscheibe), Druckplatte und Ausrücklager. Durch das Betätigen des Kupplungspedals wird das Ausrücklager in Richtung Druckplatte geschoben. Dadurch übt dieses Druck auf die Federn der Druckplatte aus. Die Federn lenken die Bewegung um und ziehen die Anlauffläche der Druckplatte zurück, sodass die Mitnehmerscheibe frei zwischen Schwungrad und Druckplatte drehen kann. Da die Mitnehmerscheibe über eine Verzahnung mit der Getriebeeingangswelle verbunden ist, wird so der Kraftfluss zwischen Motor und Getriebe getrennt.

Um die Kupplung zu erneuern, ist der Trecker vom Grunde her erst einmal in zwei Teile zu zerlegen. Das heißt, er ist in der Mitte, an der Verbindung Motor-Getriebe zu teilen. Da der Motor und die Getriebe-Achseinheit zusammen auch gleichzeitig der tragende Teil (der Rahmen) des Treckers sind, ist das natürlich nicht ganz so einfach. Hierzu müssen zuerst alle Leitungsverbindungen (Kabel, Kraftstoffleitungen, Hydraulikleitungen, usw.) von vorne nach hinten gelöst bzw. entfernt werden. Dann kann der Trecker in zwei Hälften zerlegt werden. Natürlich ist es von Fahrzeug zu Fahrzeug unterschiedlich, welche Anbauteile hierzu alle entfernt werden müssen. Zum eigentlichen Zerlegen müssen die beiden Fahrzeughälften gut abgestützt werden. Es ist darauf zu achten, dass die Abstützungen hoch genug sind, sonst »knickt« der Trecker an der Verbindungsstelle ein und somit verkantet sich die Getriebeeingangswelle in der Kupplung.

Demontage des Kupplungspaketes

Die Arbeiten für den Ausbau der Kupplung wurden schon bei der Motordemontage beschrieben.

- Trennen Sie wie schon beschrieben den Motorblock vom Getriebe.
- Demontieren Sie die Halterungsschrauben der Druckplatte (in der Regel sind es sechs Stück).
- Nehmen Sie die Druckplatte ab.
- Nehmen Sie die Mitnehmerscheibe heraus.
- Reinigen Sie die Anlagefläche an der Schwungscheibe. Achten Sie darauf, dass die Anlagefläche noch plan ist. Verschleiß oder ein welliges Profil ver-

Aufbau Kupplung.

Trecker zerlegen.

Kupplung im Trecker.

hindern eine gute Kraftübertragung der neuen Kupplung.

- Ziehen Sie das Ausrücklager ab und reinigen Sie die Auflage aus der Welle und die Betätigungsarme.
- Fetten Sie die Welle und andere Auflagepunkte der Ausrücklager neu ein.
- Ersetzen Sie das Ausrücklager.
- Setzen Sie die Mitnehmerscheibe mit Hilfe eines Kupplungszentrierdorns ein. Die genaue Zentrierung der Mitnehmerscheibe ist sehr wichtig. Außermittig verbaut lässt sich die Eingangswelle des Getriebes nicht einschieben.
- Ersetzen Sie die Druckplatte.
- Ziehen Sie die Schrauben der Druckplatte gleichmäßig an. Achten Sie auf das korrekte Drehmoment!

Nun müssen Motorblock und Getriebe wie schon beim Motorausbau beschrieben wieder zusammengeschraubt werden.

Dichtungen selbst herstellen

Gelegentlich kommt es vor, dass einige Dichtungen, die unbedingt für die Montage benötigt werden, nicht mehr lieferbar sind. Oft ist es aber nicht möglich, diese Dichtungen dann durch Flüssigdichtmasse zu ersetzen. Die Dicke der Dichtung kann durchaus Einflüsse auf den Abstand der Bauteile haben und somit das Lagerspiel oder das Spiel zwischen Schalthebel und Betätigung verändern. Das kann nicht nur zu schwergängigen Baugruppen wie beispielsweise dem Getriebe führen, sondern auch erhebliche Schäden an Lagern, Wellen oder - schlimmer noch - an Blockteilen hervorrufen. Vor wenigen Jahrzehnten war es durchaus üblich, die meisten der Dichtungen selbst herzustellen; eine Fingerübung für einen geübten Mechaniker, die durchaus weniger Zeit in Anspruch nehmen kann als die Neubeschaffung einer Dichtung.

Handgeklöppelt.

Innenkonturen herausarbeiten.

Loch suchen ... und stanzen.

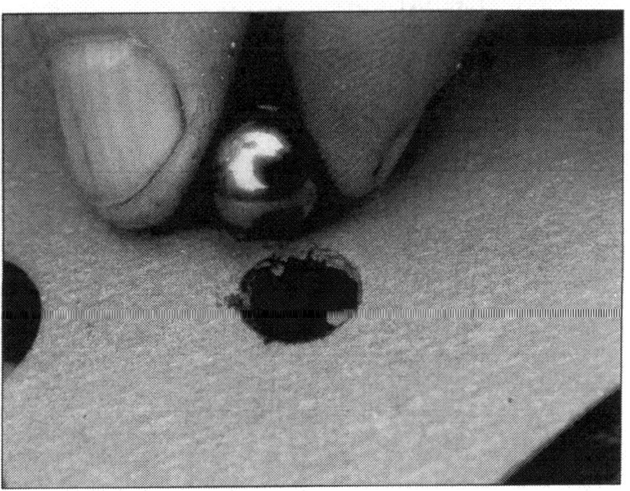

Kugel herausnehmen, Reste suchen und fertig ist das Loch.

Dichtungspapier lässt sich auch heute noch recht einfach über den örtlichen Werkzeughandel beschaffen. Grundsätzlich sollten die alten Dichtungen hinsichtlich der Stärke ausgemessen und dann natürlich auch als Richtmaß für die Stärke des neuen Dichtpapiers hergenommen werden.

Das Anzeichnen der Dichtung mit einem Bleistift und das anschließende Ausschneiden mit einem Cutter-Messer oder einer Schere sind noch leicht vorstellbar, die genaue Verfolgung der Deckelkonturen mit der Schere aber meist nur schlecht möglich. Gehäuseteile aus Gussmaterial sind oftmals sehr scharfkantig und lassen sich recht einfach mit einem Hammer »ausschneiden«.

Gerade bei schwierig zu erreichenden Innenkonturen ist diese alte Methode kaum zu übertreffen. Wichtig ist es allerdings darauf zu achten, dass die Dichtung nicht verrutscht.

Mit einigen Halteschräubchen lässt sich das Papier recht gut fixieren. Auch die Löcher lassen sich nach dieser Arbeitsweise leicht finden und passgenau herausarbeiten. Als Hilfsmittel dienen hier Stahlkugeln in unterschiedlicher Größe. Die »Schlagkugel« sollte dann etwa ein Drittel größer sein als der Durchmesser des Loches, das herausgearbeitet werden soll.

Die Herstellung von Dichtung Flansch und Stutzen kann so leicht »aus einer Hand« erfolgen.

Kraftübertragung

Symptom	Ursache	Abhilfe?
A Gänge lassen sich nicht einlegen.	**1** Spiel in der Betätigungs-einrichtung zu groß.	Kupplungsseil oder Kupplungsgestänge einstellen.
B Getriebe macht Geräusche beim Gangwechsel.	**1** Schaltklauen, Synchroneinrichtung oder Schaltbetätigung verschlissen.	Getriebe überprüfen (lassen).
C Ein Gang lässt sich nicht einlegen.	**1** Spiel in der Betätigungs-einrichtung zu groß.	Kupplungsseil oder Kupplungsgestänge einstellen.
	2 Schaltklauen, Synchroneinrichtung oder Schaltbetätigung verschlissen.	Getriebe überprüfen (lassen).
D Kupplung rutscht unter Last durch.	**1** Spiel in der Betätigungs-einrichtung zu groß.	Kupplungsseil oder Kupplungsgestänge einstellen.
	2 Kupplung verschlissen.	Kupplung austauschen.
	3 Kupplungsdruckplatte defekt.	Kupplungsdruckplatte ersetzen.
E Schabende oder zwitschernde Geräusche im Leerlauf, die bei getretener Kupplung weg sind. **F Knatternde Geräusche bei getretener Kupplung.**	**1** Ausrücklager oder Federlamellen der Kupplungsdruckplatte beschädigt.	Ausrücklager und Druckplatte prüfen und gegebenenfalls ersetzen (lassen).
G Gang hat keinen Antrieb.	**1** Schaltbetätigung beschädigt. Schaltklauen beschädigt. Zahnrad beschädigt.	Getriebe überprüfen (lassen).
H Differenzialsperre geht nicht.	**1** Betätigung falsch eingestellt.	Einstellung prüfen.
	2 Differenzial beschädigt.	Achsgetrieb überprüfen (lassen).
H Nebenantrieb goht nicht.	**1** Betätigung falsch eingestellt. Zahnrad beschädigt.	Getriebe überprüfen (lassen).

Fahrwerk und Bremsanlage

Als Fahrwerk bezeichnet man all die Teile, die für die Radführung und die Kraftübertragung zur Fahrbahn oder von der Fahrbahn zuständig sind. Macht dieses seinen Job, ist letzlich die Bremsanlage für einen sicheren Stopp verantwortlich.

Das Fahrwerk bezeichnet alle die Teile, die für die Radführung und die Kraftübertragung zur Fahrbahn oder von der Fahrbahn benötigt werden. Die Kraftübertragung beschreibt die wichtigste Aufgabe sehr treffend. Zuerst einmal stellen die Reifen als das letztes Glied in der Kette der Kraftübertragung die Verbindung zur Fahrbahn her. Jede Kraft, die von der Fahrbahn oder vom Acker auf das Fahrzeug und natürlich auch vom Fahrzeug auf die Fahrbahn oder den Acker wirkt, muss zwangsläufig durch die Reifen übertragen werden.

Fahrwerk und Vermessung

Vor der Vermessung müssen zuerst die Bauteile des Fahrwerks genauer unter die Lupe genommen werden. Neben dem Spiel von Lagern und Gelenken spielt auch der Schlag der Felgen eine wichtige Rolle. Natürlich gibt es gerade bei den meist noch handgefertigten Felgen der Oldies kaum eine Felge, die wirklich schlagfrei läuft. Trotzdem muss gerade für eine genaue Einstellung zumindest bekannt sein, inwiefern und wie groß der Schlag der Felgen ist.
»Achsvermessung am Schlepper? Gibt's nicht, noch nie gehört«. Sicherlich gäbe es ratlose Gesichter, wenn der Traktorist mit dem dicken Lanz zur Achsvermessung in der Schnellservice-Werkstatt-Kette auftaucht. Ganz sicher wird zumeist auch die Hubbühne nicht in der Lage sein, gerade die schweren Kaliber überhaupt anzuheben. Dieses wäre aber kein »Jetzt helfe man mir selbst« -Buch, wenn nicht auch zu diesem Thema eine praxisgerechte Hilfe angeboten würde. Natürlich ist es uns klar, dass bei den meisten Traktoren weder der Sturz vorne noch irgendwelche Achswerte der Hinterachse eingestellt werden können.

Um Verständnis für Achsgeometrie und Radführung zu erreichen, werden wir nun an dieser Stelle zuerst die wichtigsten Begriffe der Achsgeometrie für die Traktoren benennen und auch bebildert erklären.

Begriffe

Der Begriff »Spur« bezeichnet die Abweichung des Rades vom Geradeauslauf. Es ist hierbei gleichgültig, ob die Lenkbewegung durch den Fahrer oder durch die geometrische Funktion der Achskonstruktion ausgeführt wird.

Gesamtspur
Neben der einzelnen Radspur muss auch die Stellung der Räder zueinander bewertet werden.
Stehen die Räder wie auf der Abbildung gezeigt, als würden sie vorne zusammenlaufen, nennt man diese Einstellung »Vorspur«. Das Maß »A« ist kleiner als das Maß »B«.
Bei der »Nachspur« hingegen stehen die Räder so, als würden sie vor dem Fahrzeug auseinanderlaufen. In diesem Fall ist »A« größer als das Maß »B«. Wird das Fahrzeug nun nach rechts eingelenkt, spricht der Fahrwerkstechniker beim rechten Rad von einem Einschlag in Richtung »Vorspur« und beim linken Rad von einem Einschlag in Richtung »Nachspur«.

Lenkungsmittelpunkt
Wie der Name schon sagt, bezeichnet der Fachbegriff die »Mitte« der Lenkung. Teilweise ist diese Position mit Körnerschlägen kenntlich gemacht. Die Lenkung lässt sich vom Mittelpunkt aus genauso weit nach links wie nach rechts einschlagen.

»Läuft's in der Spur?«

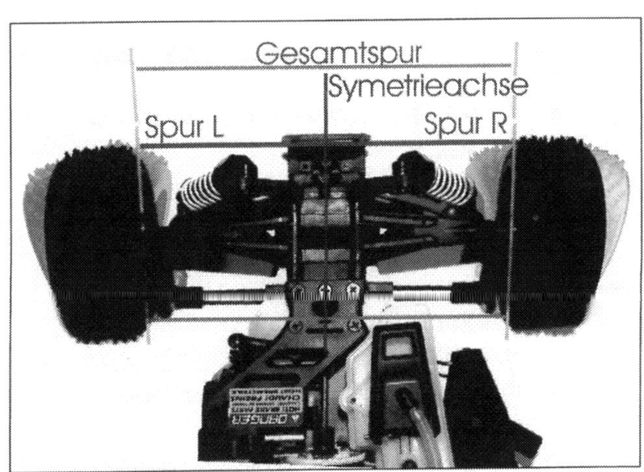

Vor- und Nachspur einer Achse.

Der Lenkungsmittelpunkt lässt sich auch ohne Markierung leicht erfassen:

1. Drehen Sie das Lenkrad bis zum Anschlag des Lenkgetriebes ganz nach rechts.
2. Drehen Sie nun das Lenkrad bis zum Anschlag ganz nach links und zähle die Umdrehungen, die Sie mit dem Lenkrad machen, mit.
3. Teilen Sie die gezählten Umdrehungen durch zwei!
4. Drehen Sie nun das Lenkrad um die errechneten Umdrehungen nach rechts.
5. Markieren Sie die ermittelte Mittelstellung und montieren das Lenkrad entsprechend gerade.

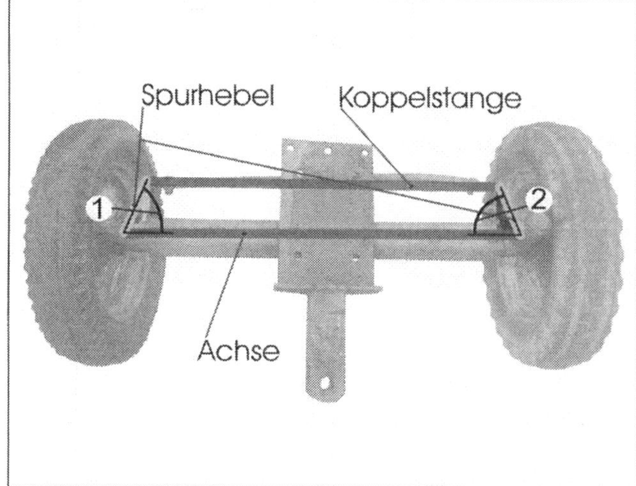

Das Lenktrapez bildet sich aus den Bauteilen der Lenkung (Winkel 1) (Winkel 2)

Lenktrapez und Spurdifferenzwinkel

Betrachtet man den Aufbau der Lenkung etwas vereinfacht, stellt sich schnell heraus, dass die Kugelgelenke der Lenkung immer enger zusammenliegen als die Lenkungsbolzen. Von oben gesehen ergibt sich so eine geometrische Form: Ein Trapez. Dieses Trapez wird als Lenktrapez bezeichnet.

Wird nun eingelenkt, ergeben sich durch die Einwirkung der beiden Winkel (1) und (2) unterschiedlich große Lenkbewegungen für das linke und das rechte Rad. Der Unterschied der Einlenkung der beiden Räder wird als Spurdifferenzwinkel bezeichnet.

Der Spurdifferenzwinkel muss bei Rechts- und Linkseinschlag gleich groß ausfallen. Ist das nicht der Fall, so steht die Lenkung nicht in der Mitte oder das Lenktrapez befindet sich nicht in der Mittelstellung.

Radeinschlag nach rechts.

Sturz

Der Sturz bezeichnet die Radneigung oben nach innen oder nach außen.

Die Neigung des Rades oben nach innen wird negativer Sturz genannt. Positiver Sturz bezeichnet die Neigung des Rades oben nach außen.

Radeinschlag nach links.

Geofahrachse und Symetrieachse

Nein, es handelt sich nicht um aufwändige Bauteile einer Achskonstruktion, sondern lediglich um gedachte Linien, die die Fahrzeugbewegung genau beschreiben.

Fährt ein Traktor gerade aus, würde man eigentlich davon ausgehen, dass Fahrtrichtung und Mittellinie

des Fahrzeugs genau aufeinander liegen. Die Geofahrachse beschreibt eine Linie durch das Fahrzeug, auf der sich das Fahrzeug tatsächlich bewegt.
Bei Abweichungen der Geofahrachse fährt das Fahrzeug, übertrieben betrachtet, schräg durch die Landschaft. Fahrwerkstechniker sprechen hier in Anlehnung der typisch versetzten Gangart der meisten dieser Tierchen von der »Dackelspur«.
Bei den meisten Traktoren wird sich durchaus ein positiver Sturz der Vorderräder finden lassen. Das ist auch nicht ungewöhnlich, wenn man bedenkt, dass die Radführung bei unseren Schätzchen ja fast ausschließlich im »Gelände« abgefragt wird. Wie bei allen anderen Fahrzeugen auch muss das Fahrwerk einen Kompromiss zwischen den durchaus unterschiedlichen Anforderungen an den Traktor finden. Es sind Transportfahrten, die unser Arbeitstier erledigen muss, genauso gefordert wie die Arbeit- und Zugleistung bei der Arbeit auf dem Feld und am Hof. Wer schon einmal einen Traktor auf der Straße bewegt hat, kann bestätigen, dass eine unpräzise Lenkung und eigenartiges Lenkverhalten sich keinesfalls positiv auf die Fahrsicherheit auswirken.

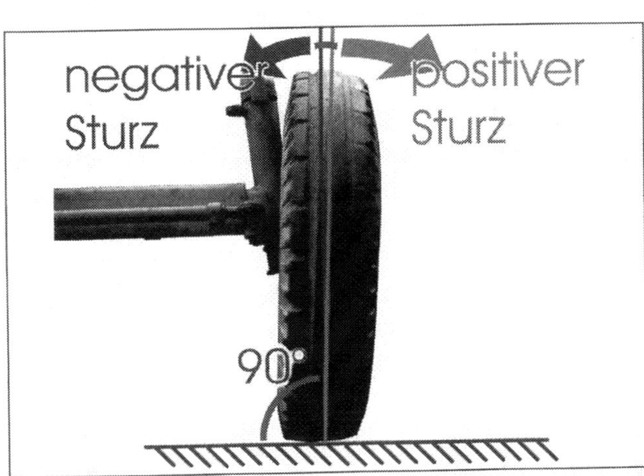

Neigung der Gummis.

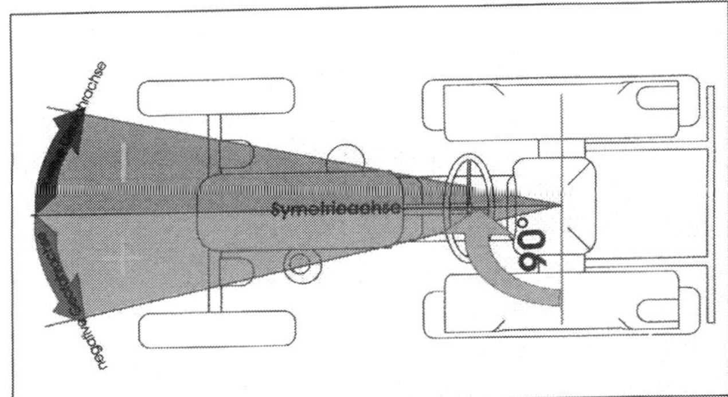

Die Laufrichtung ergibt sich...

Welche Werte sollen oder können nun aber angenommen werden, wenn keine Herstellerangaben zur Verfügung stehen?
Wie sollen diese Werte einschätzt werden? Im Pkw-Bereich sind aufwändigste Systeme üblich, die zum Teil zwischen 16.000 und 24.000 Euro kosten. Gerade für Hobbyschrauber sind diese Dimensionen nicht leistbar. Es geht aber auch kostengünstiger und immer noch sachgerecht. Um diese Vorgehensweise darstellen zu können, stellen wir gleich zwei Systeme vor.

Das Vorspiel: Rütteln, wackeln, fühlen und gucken!

Verantwortlich für die Radführung sind zum einen die Lagerung der Achsschenkelbolzen, die Radlager und selbstverständlich die Spurstangenköpfe von Koppelstange und der Schubstange der Lenkung. Spiel in der Lenkung selbst hat zuerst einmal keinen Einfluss auf die Vermessung, stellt aber ein Problem im Geradeauslauf oder beim Korrigieren der Lenkung im Besonderen auf der Straße dar. Kein Lenkungsspiel ist natürlich ein Optimum, was es immer zu erreichen gilt.
Entlasten Sie die Radseite oder besser sogar die Achse, an der Sie die Prüfung vornehmen wollen.

- Entlasten Sie die Radseite oder besser sogar die Achse an der Sie die Prüfung vornehmen wollen.
- Holen Sie sich einen Helfer.
- Lassen Sie die zweite Person das Lenkrad wenig aber schnell hin und her drehen.
- Greifen Sie den Gelenkbolzen so, dass Sie das Gehäuse des Gelenks und die Befestigung des Bolzens zu fassen kriegen. Ist Spiel vorhanden, lässt es sich so sehr schnell erfassen.
- Führen Sie diese Prüfung bei unterschiedlichem Radeinschlag durch.

Dasselbe gilt auch für die Kugelgelenkbolzen an Koppel- und Schubstange der Lenkung. Hier muss aller-

Spiel der Kugelgelenkbolzen prüfen.

dings in Schraubenrichtung gezogen und gedrückt werden und auch das Seitenspiel beachtet werden.

Oftmals reicht es schon, wenn ein Helfer die Lenkung schnell hin und her bewegt (wenig lenken ... viel bewegen!) und man den Gelenkbolzen und seine Verschraubung fest umfasst. Das Spiel wird dann, soweit vorhanden, erfühlt!

Spiel des Radlagers prüfen und einstellen

■ Am besten ist es immer, das Lagerspiel lastfrei zu begutachten. Das geht dann, wenn das zu prüfende Rad vom Boden abgehoben wird.
■ Nun wird versucht, zum einen waagerecht und zum anderen senkrecht an dem Rad zu ruckeln. Es sollte kein Spiel feststellbar sein.

Spiel des Lenkgetriebes prüfen und einstellen

■ Auch das Lenkgetriebe lässt sich leicht selbst überprüfen und auch bei den meisten Bautypen hinsichtlich des Spieles nachstellen. Doch Vorsicht, die Lenkung muss in jedem Fall leichtgängig bleiben und darf an keiner Stelle haken. Oftmals ist das Getriebe der Lenkung im »Hauptnutzungsbereich«, dem Schneckengetriebe (6), ausgeschlagen und hat dann in dieser Stellung (zumeist um die Mittelstellung herum) das meiste Spiel. Hier bleibt dann nur noch der Ersatz der Lenkung selbst oder die Demontage und Generalüberholung des Lenkgetriebes.
Gleitlagerbuchsen sind zwar sehr robust, können aber natürlich auch verschleißen. Wie in vielen anderen Lagerstellen auch finden sich diese »„Buchsen« auch im Lenkgetriebe. Ersatz lässt sich meist schon im örtlichen Werkzeug und Eisenwaren laden beschaffen.

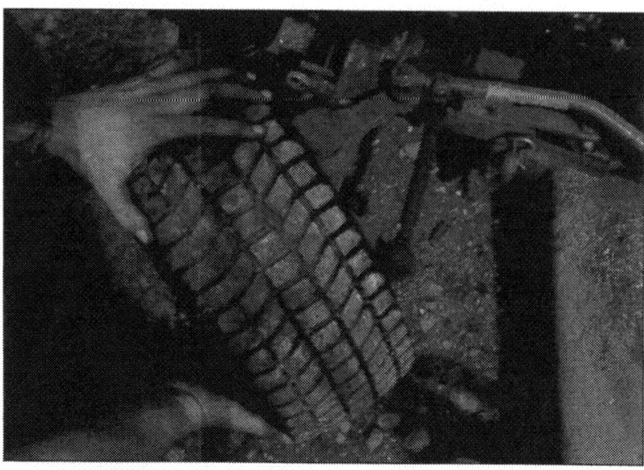

Radlagerspiel prüfen: Anheben erleichtert die Prüfung erheblich.

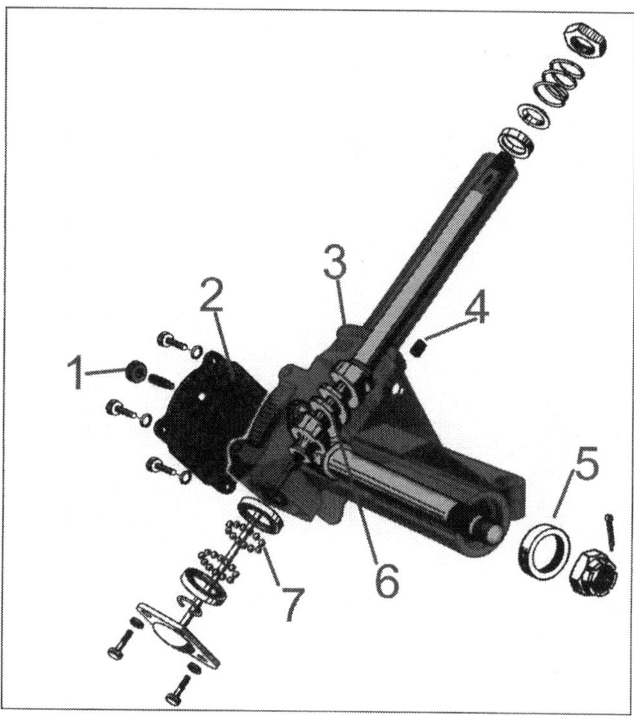

Die Lenkung: 1 Einstellschraube mit Mutter für Abtriebswelle, 2 Gehäusedeckel, 3 Lenkgetriebe, 4 Öleinfüllschraube, 5 Dichtring, 6 Schneckengetriebe der Lenkung, 7 Lagerung der Lenkung.

■ Am einfachsten lässt sich das Spiel durch dieselben kurzen Lenkimpulse untersuchen, wie sie schon unter der Rubrik »Kugelgelenkbolzen prüfen« auf der vorherigen Seite beschrieben wurden. Hier ist aber guter Tastsinn und Beobachtungsgabe gefragt. So lässt sich leicht erkennen, wo das Lenkspiel entsteht.
■ Zu beachten ist in jedem Fall, dass die Lenkgetriebe, die im Traktor verbaut sind, letztendlich nie spielfrei sein können. Einfache Zahnradgetriebe weisen natürlich ein bestimmtes Spiel zwischen den Zahnflanken auf. Hieraus entsteht dann durchaus ein freies Spiel an der Lenkung, was am Lenkrad eine Drehung von 5 cm aufweist, ohne dass sich die Räder bewegen.
■ An vielen Lenkgetrieben finden sich zwei Einstellschrauben. Die Schraube in Richtung der Eingangswelle (1) stellt das Spiel der Eingangswelle ein. Die Einstellschraube (2) ist für das Lagerspiel beziehungsweise das Flankenspiel der Zahnräder zuständig. Sie dient zur Einstellung des Lenkungsspiels.
WICHTIG: Arbeiten Sie nur an diesen Bauteilen, wenn Sie ausreichend Erfahrung mit der Lenkung und ihren Bauteilen haben. Eine plötzlich klemmende Lenkung kann fatale Folgen haben.

Lenkgetriebe Schnittmodell.

Gerade und eben.

Kein Spiel.

Felgenschlag und Achsen eiern.

Fahrwerksvermessung am Traktor

»Vertrauen ist gut – Kontrolle besser«, sagt schon der Volksmund. Wir wollen eine sehr genaue Vermessung durchführen und somit müssen zuerst einmal die Rahmenbedingungen und Voraussetzungen dafür geklärt werden. Egal, ob die Vermessung mit einem Profigerät oder nur eine Vermessung mit Schnürchen, Waage und Zollstock erfolgt, die folgenden Begebenheiten müssen erfüllt werden.

- Der Boden muss möglichst gerade in der Waage und in jedem Fall eben sein. Die Hinterachse und die Vorderachse müssen auf einer Ebene stehen.
- Weder die Gelenkbolzen noch die Radlager dürfen ausgeschlagen sein. Stellen Sie Spiel fest, muss zuerst einmal eine Reparatur erfolgen.
- Der Rundlauf der Felge ist enorm wichtig. Beschädigte Felgen oder eiernde Achsen können von dem System nicht ausgeglichen werden und müssen zuerst instand gesetzt werden.
- Der Luftdruck muss stimmen und Achsweise gleich sein. Gerade bei den Pendelachsen werden schon durch unterschiedlichen Luftdruck in den Vorderrädern erhebliche Abweichungen in den Sturzwerten möglich.
- Die Reifen müssen achsweise vom gleichen Bautyp sein. Auch die Reifendimension und die Profiltiefe

Auf den Druck kommt es an.

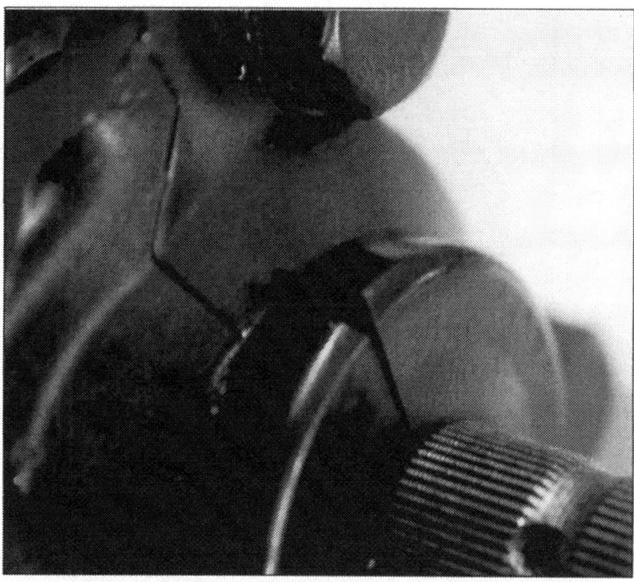
Die Lenkung sollte auf »Mittelstellung« gebracht werden.

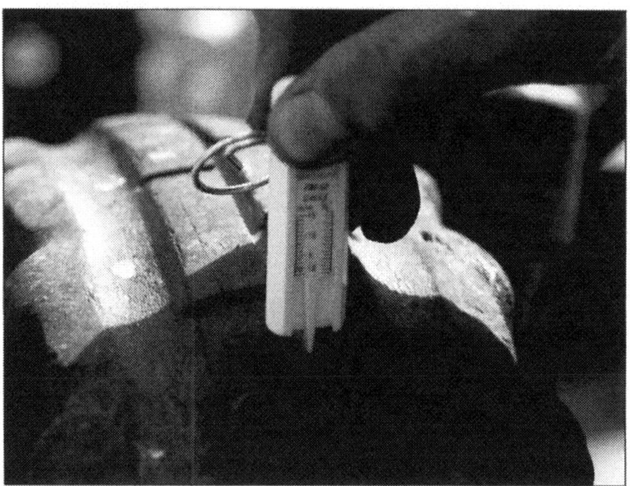
Profiltiefe am Reifen.

So besser nicht!

sollten achsweise identisch sein. Wichtig ist es, auch die Bauform und Einpresstiefen der Felgen zu betrachten. Unterschiedliche Einpresstiefen verfälschen das Messergebnis.

■ Die Spurstangen sollten nicht verbogen und das Gewinde gängig sein. Die Spurstangen müssen sich auf dem Einstellgewinde verdrehen lassen.

■ Zuerst einmal wird die Lenkung ganz nach links eingeschlagen. Nun werden die Umdrehungen gezählt die benötigt werden, um die Lenkung ganz nach rechts einzuschlagen. Die Hälfte der Anzahl ist die »Mitte« der Lenkung. Auf diese Stellung muss die Lenkung nun gebracht werden.

Fahrwerksvermessung mit dem Laserstand »PROFI LASER QAT«

Treckerfahrer wissen, dass die Fahrwerksvermessung nicht sonderlich kompliziert sein muss. Ein handliches Werkzeug stellt ein Lasermesswerkzeug dar. Auch wenn so mancher Leser fragt, warum denn »so was« erforderlich ist, stellt sich grundsätzlich die Frage, ob und wieweit das Fahrwerk im Detail überholt und eingestellt werden kann. Betrachten wir zunächst einmal den Vorgang der Vermessung mit dem Lasersystem.

Eingangsmessung

■ Zuerst einmal werden die Vorderräder mit Adapterplatten und Messkarten bestückt. Die Hinterräder dienen als Messebene und werden mit den Laserköpfen ausgerüstet.

Radadapterplatten montieren.

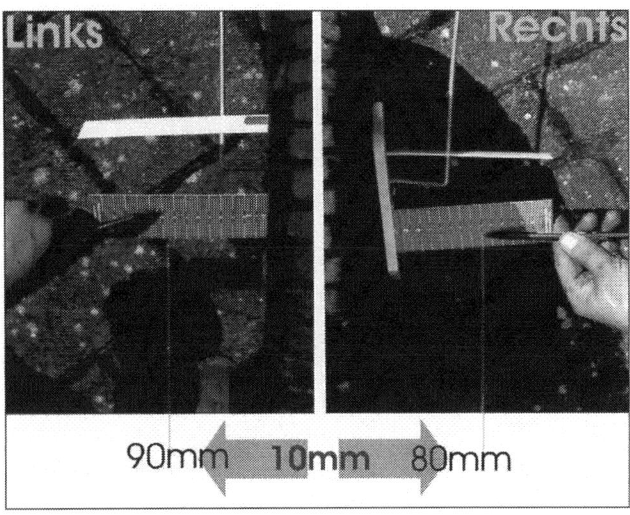

Eine Abweichung im Zahlenwert zwischen der rechten und der linken Seite zeigen deutlich an, dass Vorderachse und Hinterachse nicht gerade laufen.

Messkärtchen montieren.

Die Kontrollmessung mit dem Zollstock bringt es an den Tag: Beide Messwerte gleich = Hinterachse parallel verschoben (Zwischenstücke), Messwerte unterschiedlich = Hinterachse ist schief verbaut (Exzenter, Schwingenachse und Rahmen prüfen!) Hier ist es extrem wichtig, dass die verbauten Felgen wirklich achsweise die gleiche Dimension aufweisen!

Ausrichten der Lenkung.

Alle erfassten Messwerte sollten notiert werden. Die Auswertung wird so später problemlos möglich.

■ Als Nächstes werden nun die Messkarten ausgerichtet. Die vordere Messkarte zeigt die Sturzwerte, die hintere Messkarte die Spurwerte an.

■ Die Abweichung der Spur muss auf den Spurkärtchen genau gleich ausfallen. So steht dann die Lenkung gerade aus.

■ Nun wird das rechte Rad so weit nach rechts eingeschlagen, dass auf der linken Seite der Laser gerade noch ablesbar ist. Die auf den Messkärtchen abgelesenen Werte werden notiert.

■ Die gleiche Prozedur erfolgt nun für den Lenkeinschlag nach links.

Einschlag nach rechts.

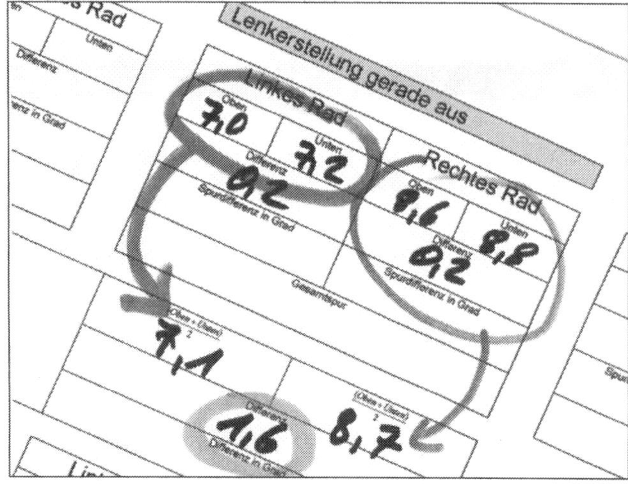

Ablesen zum Umrechnen.

■ Nach dem die Messwerte auf dem Auswerteblatt erfasst wurden, kann die Auswertung erfolgen. Zumeist weisen kleine Abweichungen schon auf die mögliche Ursache für schlechte Fahreigenschaften hin. Schon beim Ausrichten der Lenkung kann man schnell der Versatz der Achse erkennen. Die Messung bei eingelenkten Rädern zeigt den Spurdifferenzwinkel und zusammen mit der Sturzveränderung lässt die Messung Rückschlüsse auf die Lage der »Lenkachse« und somit auf die Radaufhängung zu.

Fahrwerksvermessung mit Maurerschnur

Genau wie »Mann« mit einer Nylonstrumpfhose einen Keilriemen ersetzen kann (nein!, diesen Trick zeige ich deshalb nicht, weil ich keinen der Traktoristen überzeugen konnte, in den Nylons zu posieren ...) ist es auch möglich, die Vermessung mit einfachen Mitteln einigermaßen genau hinzukriegen. Natürlich müssen im Gegensatz zum Messsystem schon deutliche Abstriche an Messgenauigkeit und Möglichkeiten gemacht werden.

Hilfsmittel und Werkzeuge

Werkzeug	**Wozu**
Wasserwaage	Zur Sturzmessung
Zollstock	Zur Sturz und Spurmessung
Unterstellböcke	Als Schnurhalter
Maurerschnur	Als Referenzlinie für die Vermessung

■ Nachdem die Voruntersuchungen wie schon beschrieben durchgeführt wurden, wird der zugegebenermaßen recht abenteuerliche Aufbau realisiert:

■ Zuerst werden die Unterstellböcke oder die Ständer so platziert, dass sie im Bereich der Vorderräder stehen.

■ Nun wird eine Schnur am hinteren Ende des Traktors angebunden und an dem jeweiligen Unterstellbock derselben Fahrzeugseite angebunden (siehe Aufbauskizze). Es ist wichtig, dass die Schnüre parallel zum Boden laufen.

Werden 4 Ständer eingesetzt, müssen die hinteren Ständer hinter den Hinterrädern platziert werden.

■ Als Nächstes werden die Böcke so verschoben, dass die Schnur am hinteren Reifen hinten anliegt und die vordere Reifenflanke gerade so berührt.

Ist die Vorderachse breiter als die Hinterachse, sollten die Abstandshülsen zum Einsatz kommen.

Aufbau von oben.

Schnürchen spannen!

Aufbau von der Seite.

Zur Sicherheit im Profil einhängen.

Platz für Böckchen oder auch mit Ständern.

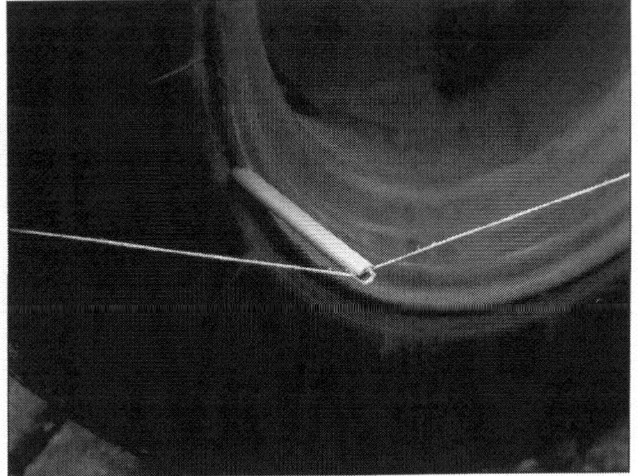
Abstandshülse mit Schnur.

Spur messen.

Sturz messen.

Spur messen – das Messergebnis wird so ausgewertet:

Messstrecke	Bedeutung
Messstrecke Rad vorne ist größer als die Messstrecke Rad hinten.	Nachspur (Rad schwenkt in Fahrtrichtung vorne nach außen).
Messstrecke Rad vorne ist kleiner als die Messstrecke Rad hinten.	Vorspur (Rad schwenkt in Fahrtrichtung vorne nach innen).
Messstrecke Rad vorne ist gleich Messstrecke Rad hinten.	Spur null (Räder stehen parallel in Fahrtrichtung gerade aus)

■ Ist diese Arbeit für beide Seiten erfolgt, kann die Messung der Spurwerte erfolgen.

■ Der Abstand zwischen Schnur und Vorderreifen sollte zuerst einmal gleich ausfallen. In diesem Fall steht die Lenkung gerade und beide Räder in Richtung geradeaus, also in Richtung »Spur 0«.

■ Als Bezugsebene muss die ebene Fläche herhalten. Ein schiefer Bodenbelag wird das Messergebnis verfälschen.

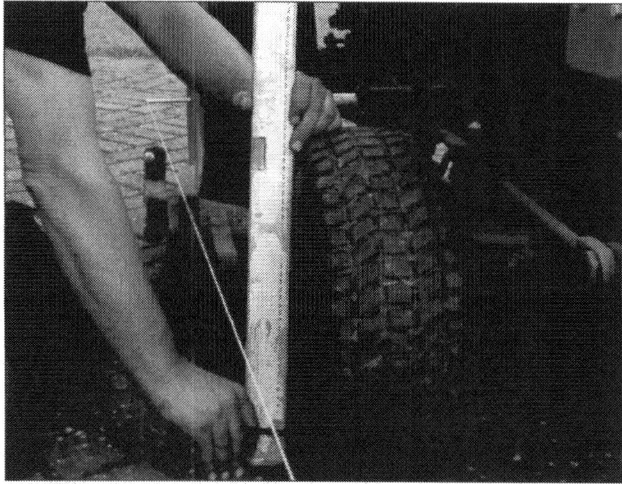
Am besten wird die Wasserwaage außen am Rad angelegt und »ins Wasser gerückt«.

Da die Wasserwaage zumindest an einer Stelle am Reifen anliegt, muss nur der Abstand zwischen Waage und dem Reifen gemessen werden.

Sturz messen – die Messergebnisse werden so ausgewertet:	
Messstrecke	**Bedeutung**
Messstrecke Rad »oben« ist größer als die Messstrecke Rad »unten«.	Negativer Sturz (Rad schwenkt oben nach innen).
Messstrecke Rad »unten«" ist größer als die Messstrecke Rad »oben«.	Positiver Sturz (Rad schwenkt oben nach außen).
Messstrecke Rad »oben« ist gleich Messstrecke Rad »unten«.	Spur null (Räder stehen parallel in Fahrtrichtung gerade aus).

Tipps und Werte		
Fachbegriff	**Auswirkung**	**Einstellwert**
Vorspur der Gesamtspur	Lenkung wird direkter aber unruhiger.	0 cm bis 2 cm (Räder laufen vorne zusammen).
Nachspur der Gesamtspur	Lenkung wird indirekter aber ruhiger.	0 cm bis 2 cm (Räder laufen vorne auseinander).
Sturz	Wirkt sich auf die Fahrstabilität aus. Unterschiedlich Sturzwerte rechts und links können ein Ziehen in eine Richtung zur Folge haben.	Ist meist nicht einstellbar, sollte aber Achsweise symmetrisch ausgerichtet sein.

Protokoll / Aufnahme Bogen Eingangsvermessung

Lenkerstellung Links

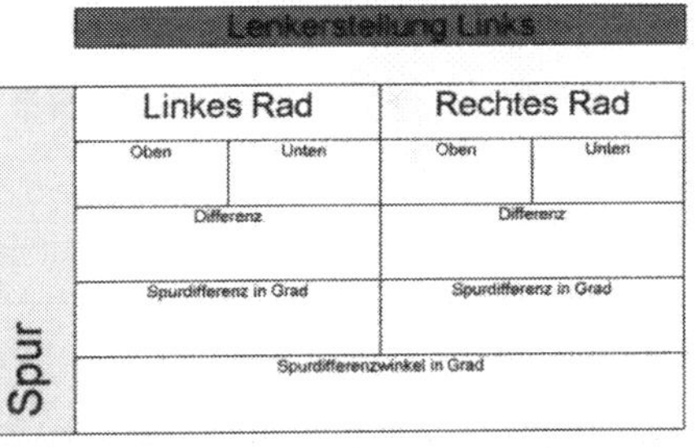

Spur	Linkes Rad		Rechtes Rad	
	Oben	Unten	Oben	Unten
	Differenz		Differenz	
	Spurdifferenz in Grad		Spurdifferenz in Grad	
	Spurdifferenzwinkel in Grad			

Lenkerstellung gerade aus

Linkes Rad		Rechtes Rad	
Oben	Unten	Oben	Unten
Differenz		Differenz	
Spurdifferenz in Grad		Spurdifferenz in Grad	
Gesamtspur			

Lenkerstellung rechts

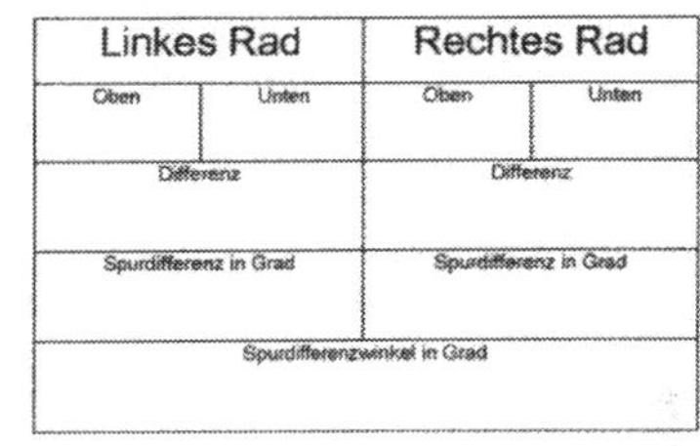

Linkes Rad		Rechtes Rad	
Oben	Unten	Oben	Unten
Differenz		Differenz	
Spurdifferenz in Grad		Spurdifferenz in Grad	
Spurdifferenzwinkel in Grad			

Geofahrachse	(Oben + Unten) / 2	(Oben + Unten) / 2
	Differenz	
	Differenz in Grad	

Sturz	Linkes Rad		Rechtes Rad	
	Oben	Unten	Oben	Unten
	Differenz		Differenz	
	Sturzdifferenz in Grad		Sturzdifferenz in Grad	
	Sturzdifferenz in mm		Sturzdifferenz in mm	

Linkes Rad		Rechtes Rad	
Oben	Unten	Oben	Unten
Differenz		Differenz	
Sturzdifferenz in Grad		Sturzdifferenz in Grad	
Sturzdifferenz in mm		Sturzdifferenz in mm	

Linkes Rad		Rechtes Rad	
Oben	Unten	Oben	Unten
Differenz		Differenz	
Sturzdifferenz in Grad		Sturzdifferenz in Grad	
Sturzdifferenz in mm		Sturzdifferenz in mm	

		Differenz
Radabstand rechts	mm	mm
Radabstand Links	mm	

Muster Auswertung QAT System – Messprotokoll.

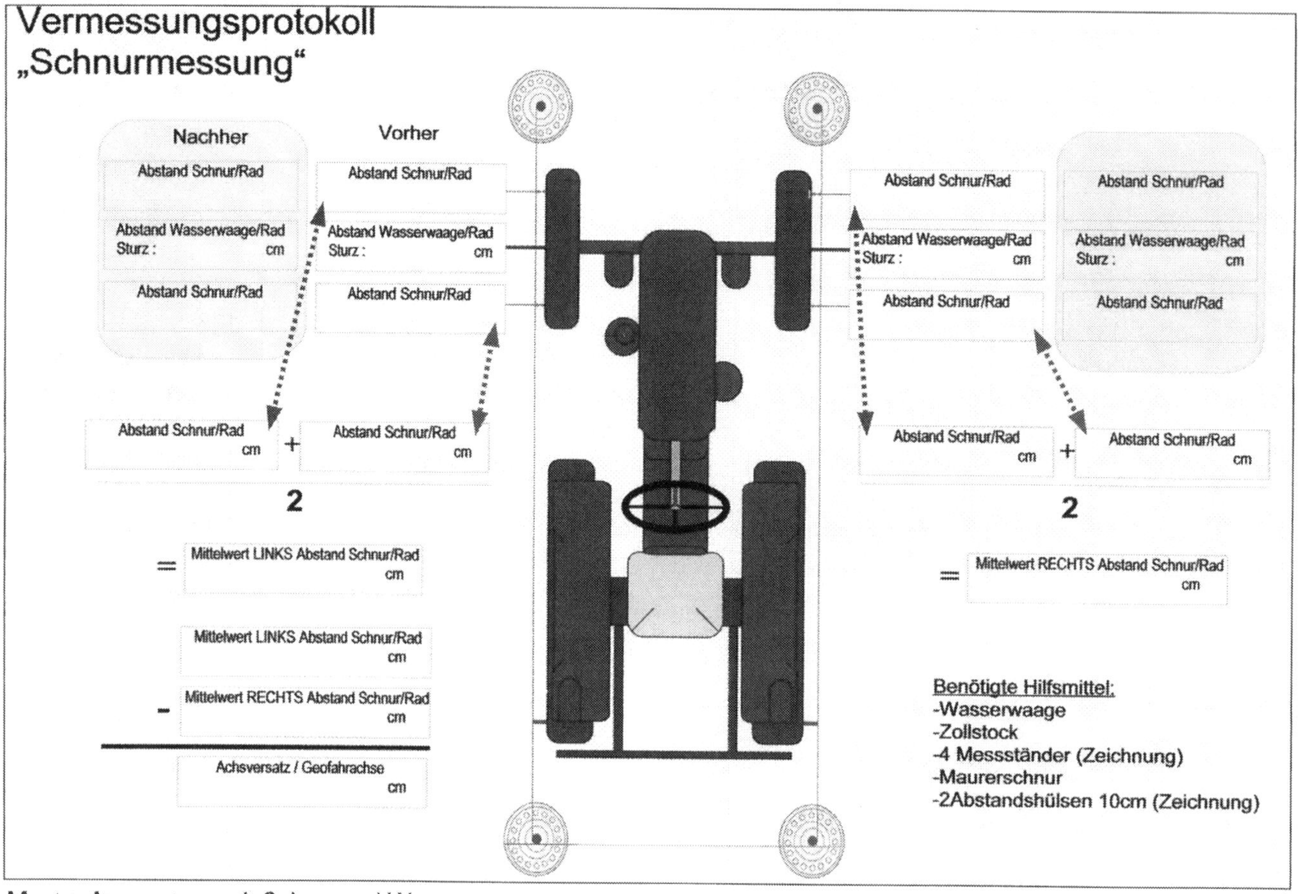

Vermessungsprotokoll
„Schnurmessung“

Nachher

Abstand Schnur/Rad

Abstand Wasserwaage/Rad
Sturz : cm

Abstand Schnur/Rad

Vorher

Abstand Schnur/Rad

Abstand Wasserwaage/Rad
Sturz : cm

Abstand Schnur/Rad

Abstand Schnur/Rad cm + Abstand Schnur/Rad cm

2

= Mittelwert LINKS Abstand Schnur/Rad cm

Mittelwert LINKS Abstand Schnur/Rad cm

\- Mittelwert RECHTS Abstand Schnur/Rad cm

Achsversatz / Geofahrachse cm

Abstand Schnur/Rad

Abstand Wasserwaage/Rad
Sturz : cm

Abstand Schnur/Rad

Abstand Schnur/Rad

Abstand Wasserwaage/Rad
Sturz : cm

Abstand Schnur/Rad

Abstand Schnur/Rad cm + Abstand Schnur/Rad cm

2

= Mittelwert RECHTS Abstand Schnur/Rad cm

Benötigte Hilfsmittel:
-Wasserwaage
-Zollstock
-4 Messständer (Zeichnung)
-Maurerschnur
-2Abstandshülsen 10cm (Zeichnung)

Muster Auswertung mit Schnur und Waage.

Bremsen

Bremssysteme

Bei einem Trecker können die unterschiedlichsten Bremssysteme verbaut sein. Die gängigste Variante ist die Trommelbremse mit innenliegenden Bremsbacken. Die Trommelbremse gibt es in einigen seltenen Fällen (z.B. beim Fordson) auch als doppelte Trommelbremse. Hier sind dann jeweils 1 Backenpaar für die Fußbremse und 1 Backenpaar für die Handbremse pro Seite verbaut.

Sind die Bremsbacken von der Belagstärke her noch in Ordnung, werden diese einfach mit Schmirgelleinen abgezogen und anschließend mit einem feinen Pinsel gereinigt (alternativ mit Bremsenreiniger abspülen). Gleiches geschieht mit den Bremstrommeln. Um diese mühelos auszuschmirgeln, werden sie verkehrt herum auf die Radnabe aufgesteckt. So kann man die Trommel durch langsamen Drehen gleichmäßig ausschmirgeln.

Bei Arbeiten an der Bremse immer eine Staubschutzmaske tragen, da alte Bremsbeläge asbesthaltig sind.

Showroom: So sollte es im Inneren der Bremse aussehen – hier hat Öl oder Schmutz nichts verloren.

Doppelte Trommelbremse.

Hilfsmontage zum Reinigen der Bremstrommeln.

Weiterhin können aber auch so genannte Bremsbänder verbaut sein.
In seltenen Fällen aber können auch Scheibenbremsen verbaut sein.

Bremsbacken wechseln

Bremsbacken können ohne große Vorkenntnisse leicht selbst überholt werden.

- Zuerst muss der verschlissene Belag von der Trägerbacke entfernt werden. Hierzu sollten die Nieten vorsichtig aufgebohrt werden, damit der Träger nicht beschädigt wird. Geübte Heimwerker können die Nieten auch mit einem Karosseriemeißel entfernen.
- In einigen Fällen ist der originale Bremsbelag auch mit der Backe verklebt. In diesen Fällen wir der Restbelag vorsichtig mit dem Karosseriemeißel entfernt und die Rückstände dann mit der Bohrmaschine und einer Drahtbürste abgeschliffen. **ACHTUNG:** Staubschutzmaske tragen.
- Sollte die Backe noch keine Löcher zum Vernieten haben, so können diese anhand des neuen Belages angezeichnet und gebohrt werden. Beläge gibt es in den verschiedensten Varianten.
- Wenn der alte Belag vollständig entfernt ist, wird der Träger ordentlich gereinigt und an der Belaganlagefläche entrostet. Hierzu empfiehlt sich eine Bohrmaschine mit einer Drahtbürste oder einer Nylon-Gewebescheibe. Ist die Backe nun ordentlich entrostet, muss sie natürlich auch gegen neue Rostbildung geschützt werden. Also gut mit Rostschutzlack lackieren.
- Ist der Lack getrocknet, kann mit den neuen Belägen begonnen werden. Hierzu spannt man das Ge-

Nieten aufbohren.

Vernieten.

Vernieten mit Körner.

Nachstellung.

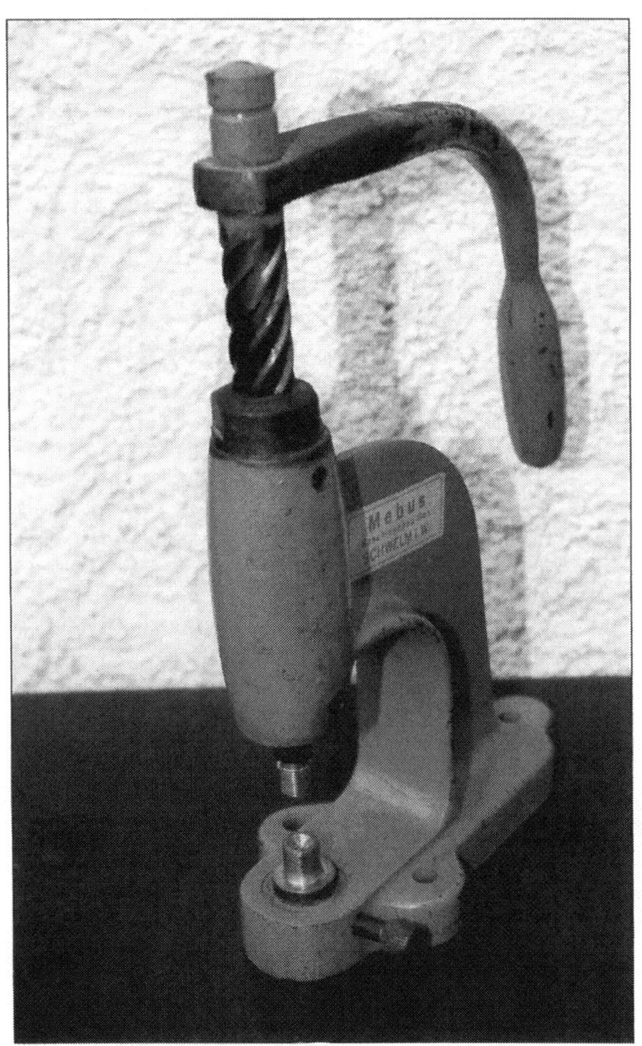
Nietmaschine.

genhalteeisen (Durchmesser sollte der gleiche sein wie der Kopf der Nieten) in einen Schraubstock ein, sodass die Backe mit dem Belag von oben auf den Eisen gehalten werden kann.

■ Nun wird eine Niete durch den Belag und die Backe gesteckt und dann auf das Gegeneisen gehalten. Mit einem kleinen Hammer wird nun die Niete von der Gegenseite her mit Hilfe des Treibeisens vernietet. Hierbei fängt man in der Mitte der Backe an und geht über Kreuz nach außen weiter.

■ Falls das nötige Nietwerkzeug nicht zur Hand sein sollte, tut es auch ein Durchschlag als Gegeneisen und ein Körner zum Aufweiten der Niete. Vernietet wird dann mit dem kleinen Hammer.

In Fachbetrieben wird dieser Vorgang maschinell getätigt.

■ Bevor nun die Bremse wieder zusammengebaut wird, ist noch die Bremstrommel zu prüfen. Sollten hier deutliche Rillen in der Lauffläche sichtbar sein, empfiehlt es sich, die Bremstrommeln ausdrehen zu lassen. Solche Arbeiten übernehmen in der Regel alle Bremsenfachbetriebe sowie Lkw-Werkstätten.

■ Auch der Nachstellung ist große Beachtung zu schenken. Häufig sind diese festgerostet. Daher sollte die Nachstelleinrichtung immer zerlegt, gangbar gemacht und gefettet werden.

Fußbremse/Koppelbremse

Die Fußbremse eines Treckers ist in der Regel mechanisch, das heißt über Gestänge betätigt. Es werden lediglich die hinteren Räder gebremst und zwar getrennt voneinander. Dadurch lässt sich der Trecker im Gelände auch mit der Bremse lenken. Die Funktionsweise ist einfach und simpel. Man hat einfach zwei voneinander getrennte Pedale direkt nebeneinander. Für den Alltagsgebrauch werden die Pedale mit Hilfe eines Bügels miteinander verkoppelt. Somit ist gewährleistet, dass der Trecker auch bei Fahrten auf der Straße ordentlich und gleichmäßig bremst. Voraussetzung hierfür ist allerdings, dass die Bremsen auf beiden Seiten gangbar und richtig eingestellt sind. Denn durch die Tatsache, dass nur die Hinterachse gebremst ist, ist die Gefahr des einseitigen Bremsens sehr hoch.

Handbremse

Auch die Handbremse wirkt bei einem Trecker auf die Hinterachse. Hierbei wirkt der Handbremshebel über eine Umlenkung auf eines der beiden Bremspedale. Es ist zu beachten, dass die Pedale gekoppelt sind, damit auch die Handbremse auf beide Räder wirkt. Die Verzahnung der Handbremse ist oft auch sehr abgenutzt, sodass diese nicht mehr richtig einrastet und sich somit die Handbremse von selbst lösen kann. Wenn die Verzahnung noch nicht zu sehr verschlissen ist, kann diese vorsichtig nachgefeilt werden. Dazu wird der Hebel am Einfachsten ausgebaut und im Schraubstock eingespannt.

Bremsentest

Da ja nicht jeder einen Bremsenprüfstand zu Hause hat, muss die Wirkung und die Gleichmäßigkeit der Bremsen eben auf einfachere Weise getestet und überprüft werden. Bei der Hand- bzw. Feststellbremse ist dies im Grunde noch relativ einfach. Bei angehobenem Fahrzeug wird die Feststellbremse nach und nach jeweils eine Raste fester angezogen. Nun kann durch Drehen der Räder verglichen werden, ob die Reibwirkung der Bremse auf beiden Seiten gleichmäßig ist bzw. ob die Räder bei gleichem Hebelweg blockieren. Für die Fußbremse ist dieses Verfahren natürlich auch möglich, sofern man eine zweite Person zur Verfügung und diese einen feinfühligen Fuß hat, um das Pedal nur leicht zu betätigen und so zu halten.
Ist diese statische Prüfung noch ungleichmäßig, so muss über die Nachstellung der Bremse ausgeglichen werden. Ist die Wirkung gleichmäßig, so sollte diese auch noch mal dynamisch geprüft werden.

So wird's auch beim TÜV der Bremsenprüfstand.

Eigentest auf einem Schotterweg.

Auf einem geschotterten Weg kann man leicht erkennen, welches Rad zuerst blockiert.

Auf einer unbefahrenen Straße oder einem großen Hof wird mit mäßiger Geschwindigkeit gefahren, um dann den Trecker zuerst vorsichtig abzubremsen und zu beobachten, ob ein weiterer Geradeauslauf gewährleistet ist. Ist dies der Fall, wird die Prüfung wiederholt, jedoch mit einer »Vollbremsung«. Auf gleiche Weise wird auch mit der Feststellbremse verfahren.
Bei einseitigem Ziehen der Bremse wird zwischendurch immer wieder nachgestellt.
Die bessere Variante ist natürlich der Bremsenprüfstand. Eine solcher findet sich in fast jeder Kfz-Werkstatt oder Kfz-Überwachungsstelle .
Häufig können diese auch kostenlos benutzt werden. Einfach mal freundlich nachfragen.

STÖRUNGSBEISTAND

Fahrwerk und Bremsen

Symptom	Ursache	Abhilfe?
A Traktor zieht während der Fahrt in eine Richtung.	**1** Bremseinstellung fehlerhaft.	Hebelweg und Freigängigkeit des Hebelwerks prüfen gegebenenfalls einstellen oder Instandsetzen. Bremseinstellung prüfen.
	2 Sturzwert der Vorderachse ungleichmäßig.	Achsschenkel und Achsträger auf Schäden untersuchen. Achsvermessung durchführen.
	3 Reifenluftdruck, Raddurchmesser oder Walkverhalten unterschiedlich.	Luftdruck und Reifen prüfen.
B Starker Reifenverschleiß hinten.	**1** Reifenluftdruck oder Walkverhalten unterschiedlich.	Luftdruck und Reifen prüfen.
C Lenkung ist schwergängig, Lenkung ist punktuell schwergängig.	**1** Lenkgetriebe defekt. Lagerung defekt.	Lenkgetriebe (Schneckentrieb) auf Verschleiß prüfen.
	2 Lenkgetriebe läuft trocken.	Ölstand des Lenkgetriebes prüfen.
D Lenkung hat Spiel.	**1** Lenkgetriebe defekt.	Lenkgetriebe (Schneckentrieb) auf verschleiß prüfen.
	2 Lagerspiel zu groß.	Lagerspiel neu einstellen.
E Traktor zieht beim Bremsen zu einer Seite.	**1** Bremseinstellung fehlerhaft.	Hebelweg und Freigängigkeit des Hebelwerks prüfen gegebenenfalls einstellen oder Instandsetzen.
	2 Bremsbeläge verschlissen.	Bremsbeläge ersetzen.
	3 Bremsbeläge verölt.	Achsimmenringe prüfen.
F Schleifgeräusche in der Bremse.	**1** Bremsbeläge verschlissen.	Bremsbeläge ersetzen.
	2 Bremstrommel verrostet.	Bremstrommel entrosten eventuell überarbeiten (lassen).
	3 Bremsmechnik defekt.	Federn und Nocken prüfen.
G Handbremse geht nicht.	**1**Hebelwerk defekt oder schwergängig.	Hebelweg und Freigängigkeit des Hebelwerks prüfen gegebenenfalls einstellen oder Instandsetzen.
	2 Bremseinstellung fehlerhaft.	Bremseinstellung prüfen.
H Handbremshebel hält nicht.	**1** Mechanik des Handbremshebels defekt.	Hebelweg des Handbremshebels prüfen und Instandsetzen, evtl. Mechanik ersetzen.

Starter und Generator

Die beiden Hochstromer der elektrischen Anlage können zwar auch repariert werden, diese Aufgabenstellung wollen wir aber nicht aufgreifen und sie den Profis überlassen. Sie würden einfach zu viele spezielle Abzieher und Bearbeitungswerkzeuge benötigen. Die Arbeiten um die eigentliche Überholung herum können Sie durchaus in eigener Regie durchführen.

Anlasser

Ein Verbrennungsmotor kann nicht aus eigener Kraft starten. Bei den Traktoren kommen unterschiedliche Startsysteme zum Einsatz, von der Handkraft bis zum elektrischen Anlasser. Wie zu erwarten finden, sich in dieser Fahrzeugklasse ausnahmslos alle Varianten der Startertypen, die jemals konstruiert und gebaut wurden. Alle elektrischen Anlasser sind als so genannte Hauptstrommotoren ausgelegt. Die Erregerwicklungen bei diesen Elektromotoren sind Ankerwicklung und Erregerspulen in Reihe geschaltet. Die Auslösung und Ausrückung kann auf unterschiedliche Weise erfolgen. Nehmen wir die Anlassermotoren mal genauer unter die Lupe:

Der Schraubtriebstarter: Besonderes Merkmal ist ein externes Starterrelais, keine Ausrückspule verbaut.

Der Schraubtriebstarter:
Wie es der Name schon verrät, wird der Antrieb, also das Anlasserritzel, durch eine Drehbewegung herausgedreht. Auf der Ankerwelle und im Ritzel ist ein Gewinde verbaut. Wird der Anlasser betätigt, wird das Ritzel aufgrund der Massenträgheit langsamer verdreht als die Ankerwicklung. Dadurch spurt das Anlasserritzel in der Schwungscheibe des Motors ein. Da die Anlasserdrehzahl geringer ist als die Leerlaufdrehzahl des Motors, wird das Anlasserritzel bei laufendem Motor wieder ausgespurt.
Die einfache Bauweise des Starters wirft aber auch Probleme auf. Das Starterritzel wird oft schon bei geringen Drehzahlunterschieden ausgespurt, was gerade bei verschlissenem Starter ein häufiges Wiederholen des Startvorgangs notwendig macht.

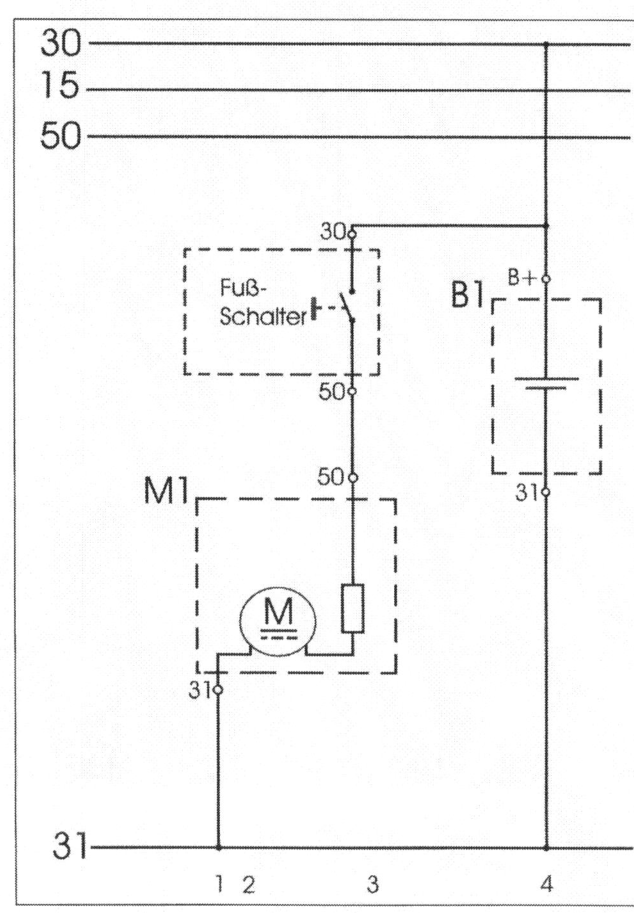

Schaltplan Schraubtriebstarter.

Der Schubtriebstarter
Die Auslösung erfolgt über ein Fußpedal oder einen Seilzug. Der Anlassschalter ist am Startermotor verbaut. Er kann aber auch wie der Schubtriebstarter mit einer Ausrückspule versehen sein.
Die Einrückung bei diesem Bautyp erfolgt durch die Kraft, die über den Seilzug vom Fahrer übertragen wird. Wenn das Ritzel in der Schwungscheibe eingerückt ist, wird über denselben Zug ein Schalter betätigt, der den Startermotor zuschaltet. Das Antriebsritzel läuft auf der Ankerwelle. Beide sind durch eine gerade Keilnutverzahnung miteinander verbunden.

Der Schub-Schraubtriebstarter
Er besitzt einen Magnetschalter neben dem eigentlichen Anlassermotor. Ein externes Starterrelais entfällt. Der Starter kann über das Zündschloss angesteuert werden.
Dieser Bautyp vereinigt das System des Schubtriebstarters mit dem System des Schraubtriebstarters.
Durch einen kräftigen Elektromagneten wird das Anlasserritzel in den Zahnkranz der Schwungscheibe

Der Schubtriebstarter: Der Anlassschalter ist am Startermotor verbaut.

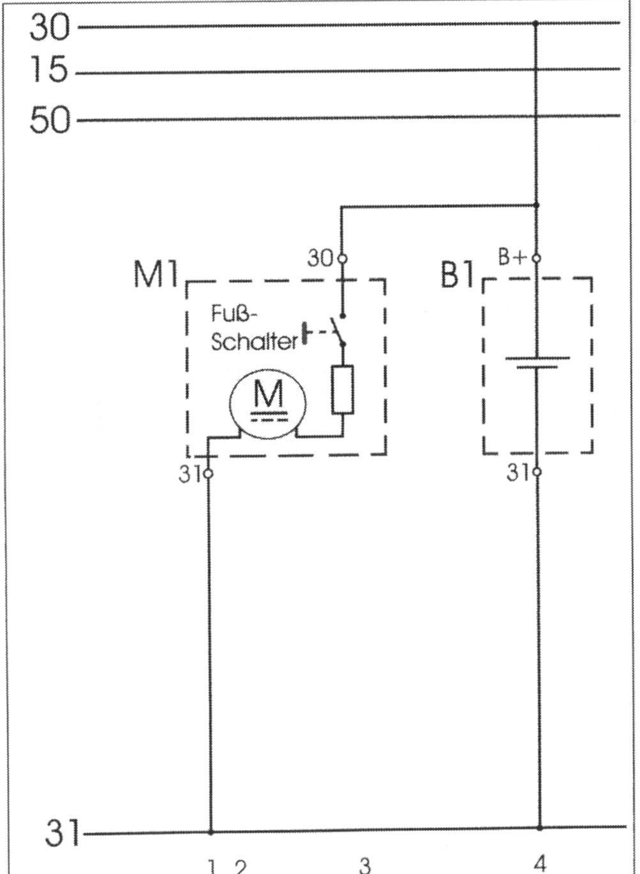

Schaltplan Schubtriebstarter.

eingerückt. Zum Ende des Einrückvorgangs wird der Schaltkontakt für den Elektromotor geschlossen. Durch die Drehbewegung des Elektromotors wird das Einrücken für den Startvorgang und das Ausspuren des Anlassers bei laufendem Motor erleichtert.

Der Schub-Schraubtriebstarter: Klar zu erkennen ist der Magnetschalter neben dem Anlassermotor.

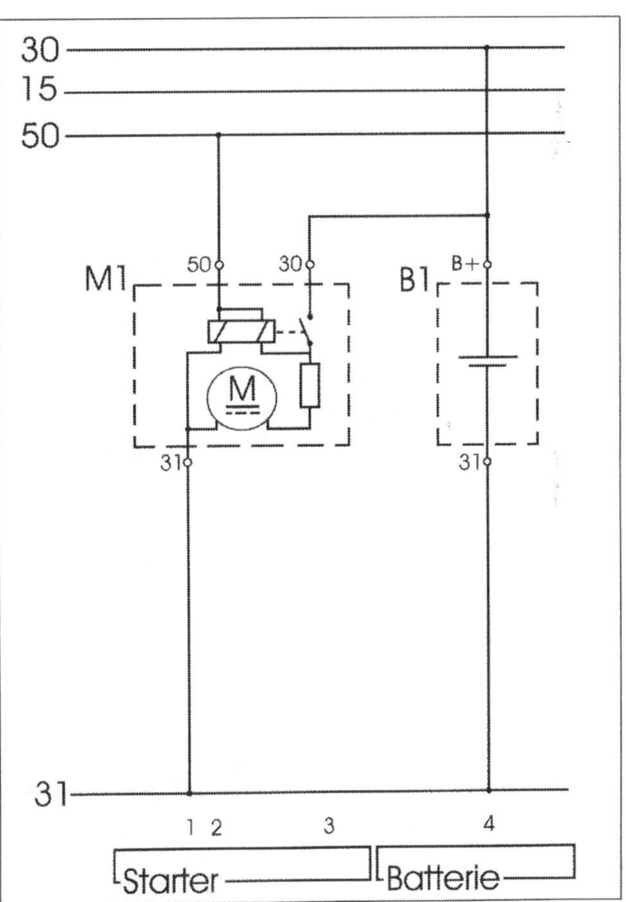

Schaltplan Schub-Schraubtriebstarter.

Der Schubankerstarter

Der Magnetschalter dieses Startertyps ist meist mit einem Blechgehäuse mit dem Anlassermotor verbaut. Der Schaltblock ist am hinteren Ende des Anlassermotors verbaut.

Der Schubankerstarter: Der Magnetschalter ist meist mit einem Blechgehäuse mit dem Anlassermotor verbaut.

Der Pendelstarter: Zusätzlich zum Magnetschalter sitzt am vorderen Ende der Ausrückmagnetschalter.

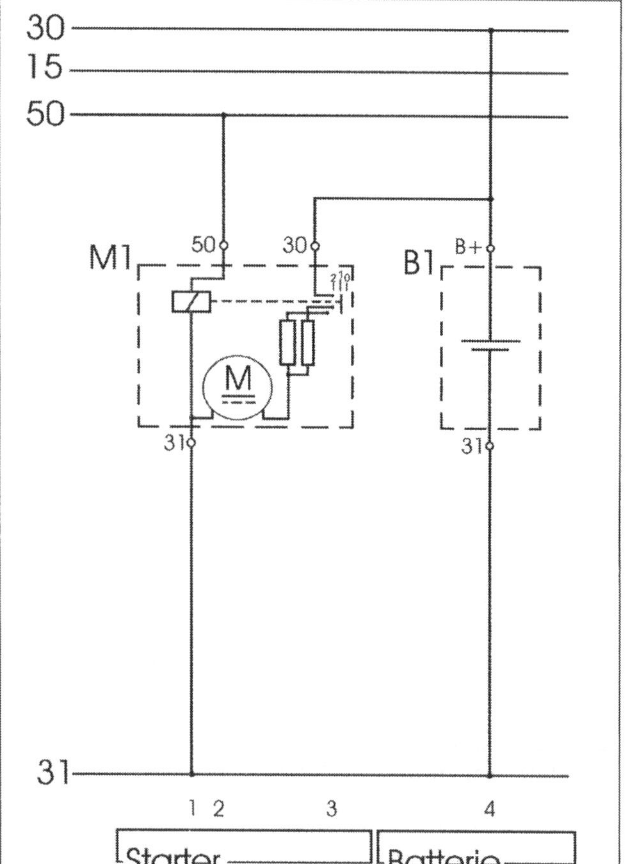

Schaltplan Schubankerstarter.

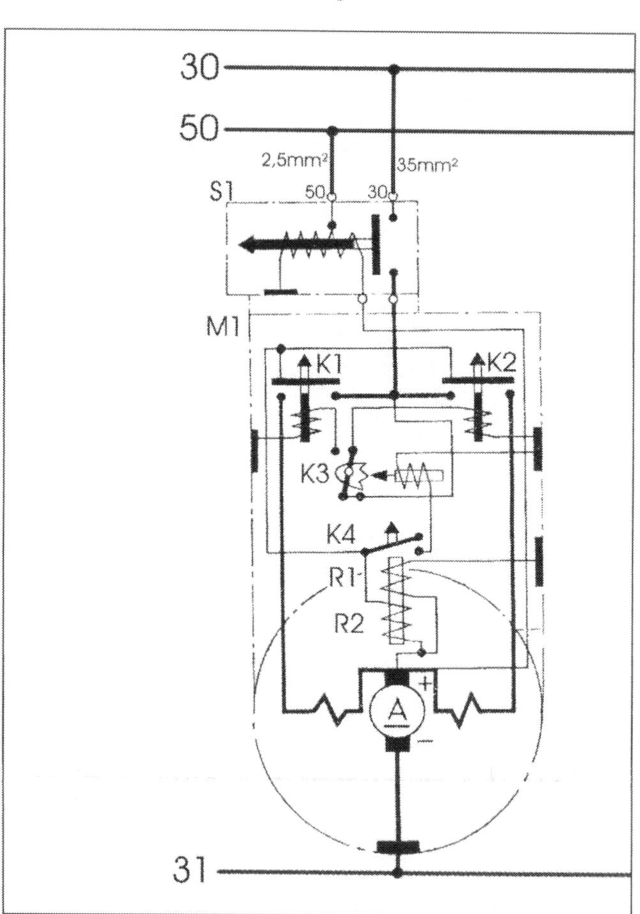

Schaltplan Pendelstarter.

Bei diesem Anlasserbautyp wird auch das Prinzip der Drehbewegung des Motors mit der Hubbewegung zum Einspuren miteinander verbunden. Zum Einspuren in die Schwungscheibe wird die gesamte Ankerwelle verschoben. In der Regel wird diese Bauart nur bei Startern mit hoher Leistung verwendet.

Der Pendelstarter

Merkmale: Von außen sieht er aus wie eine Mischung aus Schubtrieb- und Schubankerstarter. Der Magnetschalter ist meist mit einem Blechgehäuse mit dem Anlassermotor verbaut. Am vorderen Ende sitzt aber zusätzlich der Ausrückmagnetschalter.

Der Schwunglichtstarter: Sieht im Traktorbereich meist aus wie eine Gleichstromlichtmaschine.

Dynastarter am Hako.

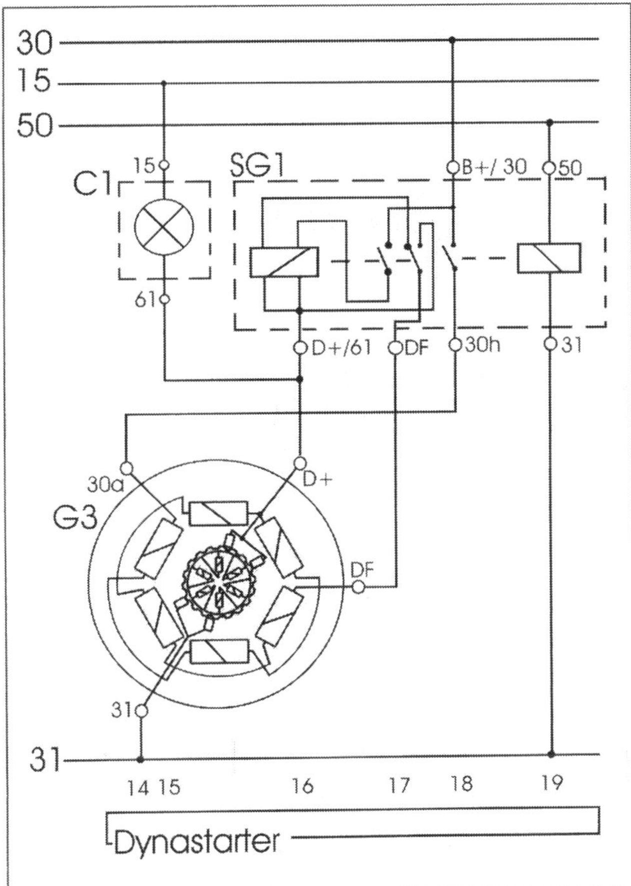

Schaltplan Schwunglichtstarter.

Nicht nur das Äußere dieses Starters zeigt Unerwartetes. Auch die Funktionsweise ist erstaunlich. Die Bauweise dieses Anlassertyps wird in der Regel bei großen Einzylindermotoren eingesetzt. Normalerweise würde man für diese Motoren eine hohe Starterleistung benötigen. Der Pendelstarter kann bei zu großer Stromaufnahme seine Drehrichtung ändern und nutzt so den Schwung des Motors zum Anlassen mit.

Der Schwunglichtstarter

Eigentlich stammt dieser Starter aus dem Motorradbereich, findet aber auch bei kleinen Traktoren ein Einsatzgebiet. Der so genannte Dynastarter vereinigt die Funktion des Generators mit der Funktion des Starters. Ein klarer Nachteil ist seine kleine Leistung. Er wird also dementsprechend nicht bei Dieselmotoren zu finden sein.

In der Regel sind die Hauptwicklungen für den Starter und die Erregerwicklungen für den Generator im Gehäuse verbaut. Der Anker hingegen ist als Starter und Generatoranker ausgelegt. Da er nach dem Startvorgang als Generator dient, muss er auch nicht ein- oder ausspuren, sondern bleibt immer fest angetrieben in Verbindung mit der Kurbelwelle des Motors.

Lade- und Startrelais des Schwunglichtstarter (Dynastarter)

Dieses Bausystem ist eigentlich nur sehr selten in Traktoren anzutreffen. Der Grund liegt wohl in der entsprechend zur Baugröße nur geringen Leistungsausbeute von Starter und Generator. Sehr wohl wurden sie aber bei Kommunaltraktoren und ähnlichen kleinen Vertretern der Gattung Trecker verbaut.

Das Lade- und Startrelais übernimmt die Aufgabe, zum einen die Umschaltung von Starter auf Generator zu realisieren und zum andern die Generatorspannung zu regeln. Ein Fehler in Startersteuerung oder Feldspannungsregelung macht den Ersatz des Bauteils erforderlich.

Anlasser werden am besten auf einem Prüfstand auf ihre Leistung geprüft. Der Starter wird hier so weit abgebremst, bis er eine angegebene Stromaufnahme erreicht hat. Nun wird die dazugehörige Drehzahl erfasst. Diese Mindestdrehzahl wird vom Anlasserhersteller angegeben.
Kann man bei Startschwierigkeiten die Batterie und die Verkabelung ausschließen, sollte der Anlasser von einem Spezialisten überprüft werden. Auch der Wechsel der Kohlebürsten kann durchaus Probleme hervorrufen. Die Kohlebürsten weisen einen bestimmten Kupfergehalt auf, der auf die Leistung des Anlassers abgestimmt ist. »Passt schon« kann dann teuer werden!

Wartungsarbeiten am Starter

Natürlich gibt es auch Schrauber, die durchaus in der Lage sind, einen Anlasser zu demontieren, die Bauteile zu überprüfen und ihn dann nach erfolgter Generalüberholung und Reinigung wieder zu montieren. Hierzu sei angemerkt, dass längst nicht mehr alle Ersatzteile für die Startermotoren ohne weiteres erhältlich sind. Meist müssen dann wirklich schon spezialisierte Firmen angesprochen werden. In den meisten Fällen ist die Anlasserüberholung nicht teuer. Häufig ist die Reparatur eines defekten Anlassers über die Hälfte günstiger als die Neuanschaffung. Versierte Firmen machen da nicht mal vor einer durchgebrannten Wicklung Halt. Sie können aber in jedem Fall die folgenden Prüfungen in eigener Regie durchführen:

- Kontrollieren Sie in regelmäßigen Abständen die Anschlüsse der Batterie und des Anlassers auf Korrosion.
- Reinigen Sie die Verschraubung, falls das erforderlich sein sollte.

Lichtmaschine oder Generator?

Die Ausdrucksweise »Lichtmaschine« ist irreführend, da schließlich kein Licht, sondern lediglich elektrischer Strom erzeugt werden soll. Für den Betrieb eines Treckers wird eigentlich kein Strom benötigt. Zumindest stimmt das für die älteren Semester dieser Fahrzeuge. Einspritzung und Gasregelung erfolgt mechanisch. Läuft er erst einmal, braucht er nichts als Diesel und reine Luft. Allerdings sind da noch einige Anbauteile, die zum einen für die Überwachung der

Der Gleichstromgenerator.

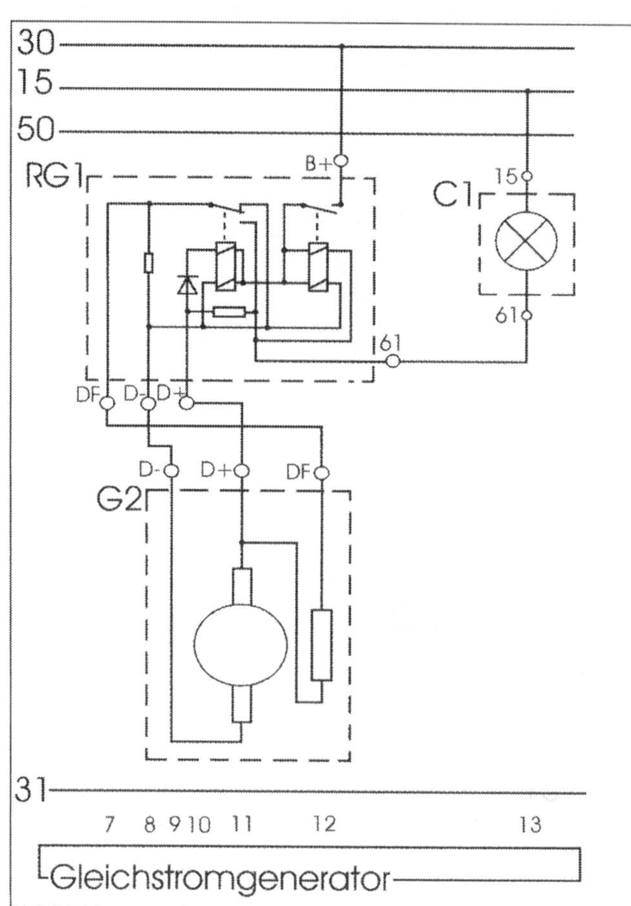

Schaltplan Gleichstromgenerator.

Funktionen dienen und zum andern die Absicherung und Information im Straßenverkehr übernehmen. Die Aufgabe des Generators besteht darin, die elektrische Stromerzeugung vom Leerlauf bis zur Höchstdrehzahl sicherzustellen. Die Spannung soll aber Drehzahl-unabhängig und immer in einem Niveau bleiben. Zusätzlich muss noch der Energiespeicher, die Batterie, wie-

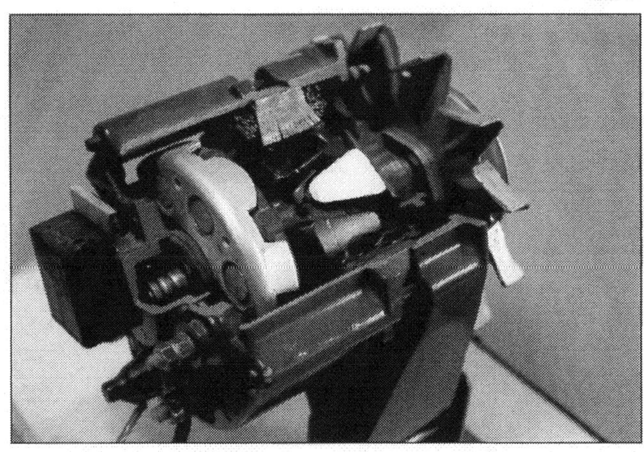

Der Drehstromgenerator.

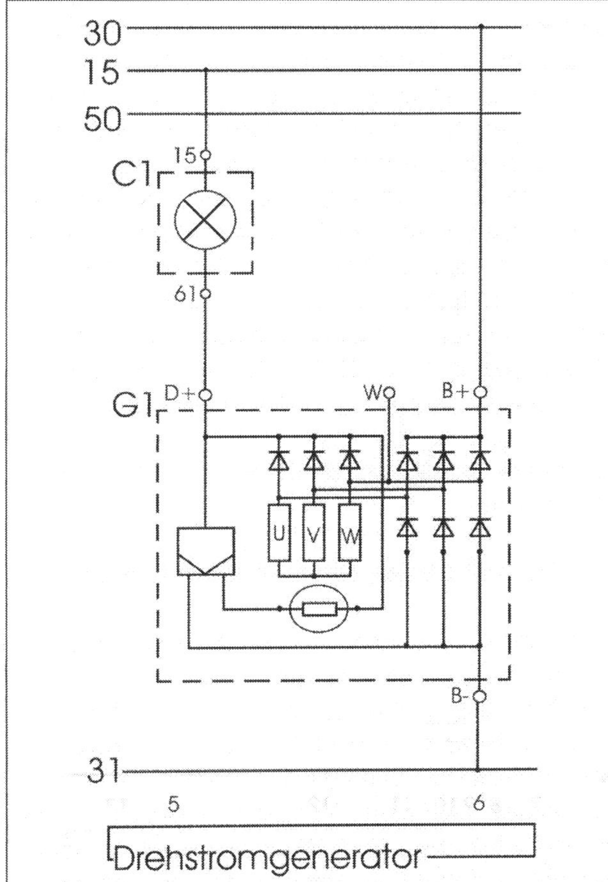

Schaltplan Drehstromgenerator.

der geladen werden. Das stellt im Groben das Anforderungsprofil an den Generator dar. Betrachten wir zunächst einmal die unterschiedlichen Bautypen des Generators im Traktor etwas genauer:
Sieht man mal vom Dynastarter ab, finden sich im Wesentlichen zwei Generatorentypen in Traktoren.
Zum einen gibt es die so genannten »Gleichstromgeneratoren« und zum anderen den »Drehstromgenerator«.

Der Gleichstromgenerator.
Merkmal: Kleiner Durchmesser und länger als die Drehstromgeneratoren. Der Regler muss einen Überlastungsschutz beinhalten. Er benötigt keinen Diodensatz zur Gleichrichtung.
Der Nachteil dieses Bautyps liegt in der Hauptsache darin, dass die Leistung des Generators sehr gering ausfällt. Zudem fällt auch die Bilanz Gewicht zur Leistung für diesen Generator negativ aus.
Durch die Anordnung der Leiter im Kollektor, die als Stromwender fungieren, liegt auf der Plusseite des Generators immer plus an. Daher auch die Namensgebung Gleichstromgenerator. Die Drehrichtung ist somit konstruktiv festgelegt.

Der Drehstromgenerator.
Merkmal: Kleine Gesamtbauweise, geringes Gewicht zur abgegebenen Leistung, drehrichtungsunabhängig. Diodensatz und Regler meist in einem Gehäuse.
Es handelt sich um ein Generatorsystem, was bis heute Anwendung findet. Im Gegensatz zur Gleichstromlichtmaschine fließt über die Kohlen und die Schleifringe nur der Erregerstrom. In der Regel sind diese Generatoren wesentlich drehzahlfester und können so auch mit hoher und niedriger Drehzahl in einem breiteren Drehzahlbereich des Motors eingesetzt werden.

Externer Generatorregler.
Generatoren erzeugen den Strom für die Bordnetzspannungsversorgung. Auch beim Traktor wird der Motor in durchaus unterschiedlichen Drehzahlen betrieben. Die Bordnetzspannung sollte aber möglichst gleich bleibend um die Nennspannung der Batterie liegen. Um nicht bei niedriger Drehzahl eine zu geringe Spannung zu produzieren und bei hoher Drehzahl eine zu hohe, muss der Generator geregelt werden. Abhängig ist die abgegebene Spannung des Generators im Wesentlichen von zwei Größen. Zum einen ist es die Generatordrehzahl und zum anderen die Stärke des Magnetfeldes, welches die Spulen des Generators schneidet. Der einfachste Weg ist es, das Magnetfeld des Generators, genauer gesagt die Erregerspannung am Anker, je nach Bedarf zu verändern. Ist der Sollwert der Generatorspannung (z.B. 14 V) erreicht, wird die Erregerspannung kurz abgeschaltet, bis die Regeluntergrenze (z. B. 13,8 V) die Erregerspannung wieder einschaltet. Die mechanischen Regler realisierten das

Externer Generatorregler.

Interner Generatorregler.

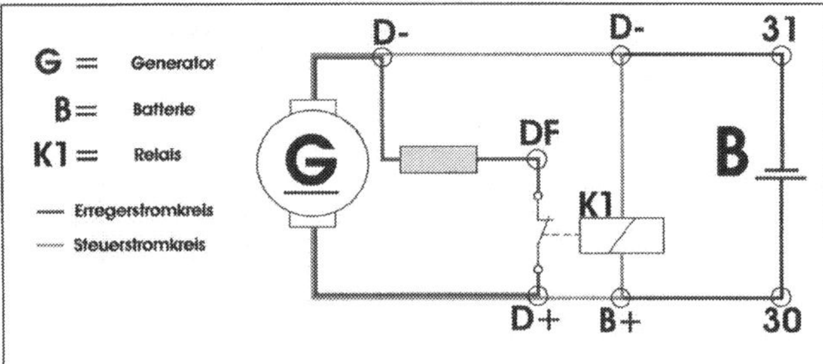

Schaltplan externen Regler.

mit einem Schaltrelais, was genau auf diese Regelgrenzen abgestimmt war.
Die Größe der Bauteile machte es erforderlich, den Regler außerhalb des Generators zu verbauen.
Ein weiterer Nachteil der Regelmechnik ist neben dem normalen Verschleiß der Kontaktabbrand und die dadurch entstehenden Übergangswiderstände, die sich durch die Ablagerungen bilden. Die Wahrscheinlichkeit des Ausfalls ist deutlich höher als bei den modernen fast nicht mehr sichtbaren elektronischen Systemen.
Die kleine Bauweise elektronischer Bauteile macht es möglich, den Regler in das Generatorgehäuse zu integrieren. In den meisten Fällen ist dann der Regler auch der Bürstenträger für den Anker. Leider gibt es nicht für alle Generatortypen die Kohlebürsten einzeln. Die Kosten beim Ersatz steigen dann von wenigen Euro auf ca. 40 Euro für den neuen Regler.

Wartungsarbeiten am Generator

Natürlich gibt es auch Schrauber, die durchaus in der Lage sind, einen Generator zu demontieren, die Bauteile zu überprüfen und ihn dann nach erfolgter Generalüberholung und Reinigung wieder zu montieren. Hierzu sei angemerkt, dass längst nicht mehr alle Ersatzteile für die Generatoren ohne Weiteres erhältlich sind. Zumeist müssen dann wirklich schon spezialisierte Firmen angesprochen werden. In den meisten Fällen ist die Anlasserüberholung nicht teuer. Oftmals ist eine Reparatur eines defekten Anlassers über die Hälfte günstiger als die Neuanschaffung. Versierte Firmen machen da nicht mal vor einer durchgebrannten Wicklung halt. Sie können aber in jedem Fall die folgenden Prüfungen in eigener Regie durchführen:

- Kontrollieren Sie in regelmäßigen Abständen die Anschlüsse der Batterie und des Anlassers auf Korrosion.
- Reinigen Sie die Verschraubung, falls das erforderlich sein sollte.

Umbau auf einen Drehstromgenerator

Oft kommt es vor, dass gerade die Fahrzeuge, die noch im täglichen Einsatz laufen und lediglich einen guten technischen Zustand aufweisen, durch diverse Zusatzausrüstung keine ausreichende Batterieladung mehr produzieren, wenn die Scheinwerfer oder andere zusätzlich angebaute Verbraucher betrieben werden. Der einfachste Weg ist meist, einen Generator mit einer größeren Leistung zu verbauen. Grundsätzlich ist es möglich, jeden Generator zu verwenden, der die gleiche Nennspannung wie die Bordspannung aufweist.
Dieser Generatortyp eignet sich hervorragend für Umbaumaßnahmen von Generatoren an einen Traktor. Der Platzbedarf ist deutlich geringer als der des Drehstromgenerators. Achtet man bei der Verwendung des Generators darauf, einen Bautyp zu verwenden, der auch in der Autoindustrie häufig verbaut wird,

dürften dann auch nach Jahrzehnten noch leicht Teile für den Generator zu beschaffen sein.

- Klemmen Sie die Batterie ab.
- Demontieren Sie den alten Generator Ihres Traktors.
- Prüfen Sie, ob Ihr ausgewählter Generator sich an den alten Befestigungspunkten verbauen lässt.

Ist das nicht der Fall, müssen Sie mit Adapterhülsen oder sogar mit Eigenbauhaltern eine neue Befestigung herstellen. Achten Sie darauf, dass die Riemenscheiben fluchten. Wichtig ist auch, die Drehrichtung des Generators zu beachten. Relevant für die Drehrichtung ist im Wesentlichen nur das Lüfterrad, welches allerdings auch getauscht werden kann.

- Montieren Sie einen passenden Keilriemen.
- Demontieren Sie den alten externen Regler.
- Schließen Sie nun das Batterie-Pluskabel an den Anschluss B+ an.
- Der Masseanschluss muss entweder an das Generatorgehäuse oder auf B- angeschlossen werden.
- Der Anschluss D+ wird nun an die Ladekontrollleuchte angeschlossen. Die Lampe der Ladekontrollleuchte sollte etwa 3 W haben.
- Der freie Pol der Ladekontrollleuchte wird an Masse angeschlossen.
- Prüfen Sie den Ruhestrom bei abgeschalteter und eingeschalteter Zündung sowie die Ladespannung am laufenden Motor im Leerlauf und bei höherer Drehzahl.

Zumeist reicht es aus, die Ladespannung mit dem Multimeter zu prüfen. Bricht aber die Ladespannung vor dem Erreichen der maximal angegebenen Belastung zusammen, sollte auf jeden Fall vor dem Ausbau und der Schrauberei die Oberwelligkeit mit dem Oszilloskop kontrolliert werden. Es ist sehr leicht möglich, eine ausgefallene Diode so auf »frischer Tat« zu ertappen!

Auslegung des Kabelquerschnittes

Der Betrieb von Glühanlagen bedingt eine relativ hohe und intensive Stromaufnahme der Glühkerzen / -wendel. Entsprechend muss der Kabelquerschnitt ausgelegt werden. Die Querschnittsberechnung kann auf recht einfache Art und Weise durchgeführt werden. Durch den Betrieb der Glühanlage mit uralten, teilweise lädierten Anschlüssen und dem damit verbundenen hohen Stromfluss werden auch die Kabel

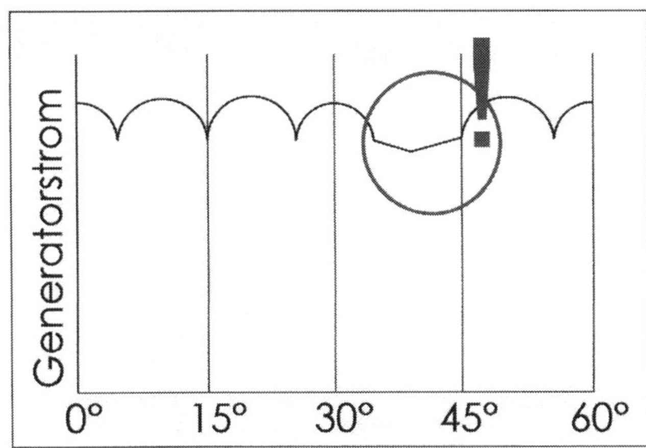

Das Oszilloskop zeigt es an: Diode defekt.

immer sehr warm. Hierdurch ist sehr häufig die Isolierung verbrannt oder geschmolzen. Daher sollten die Kabel auf jeden Fall ersetzt werden. Wichtig ist darauf zu achten, dass der Kabelquerschnitt groß genug gewählt ist, nicht dass es direkt wieder wegschmilzt. Die genaue Formel lautet: **A=L/y*R**

Hierzu gibt es eine einfache Formel um den min. notwendigen Querschnitt zu berechnen. Als Faustregel gilt hier nämlich: Kabelquerschnitt = 2–3/10 des Maximalstromes.

A = Querschnitt der Leitung
L = Länge der Leitung
y = Gamma – el. Leitfähigkeit (bei Kupfer 56)
R = Widerstand (Ohm)

Der Widerstand (R) errechnet sich wie folgt: **R=U/I**
U = Spannung (Volt)
I = Stromaufnahme (Ampere)

Beispiel:
12 V, 30 A, Leitungslänge 2 m, Querschnitt???

12 V/A = 0,4 Ohm

2m/56*0,4 = 8,57 m^2

Das heißt, in diesem Falle würde ein 10 m^2 Kabel Verwendung finden.

STÖRUNGSBEISTAND

Starter und Generator

Symptom	Ursache	Abhilfe?
A Starter macht gar nichts.	**1** Anschlusskabel oder Kohlen verschlissen oder beschädigt.	Anschlüsse, Schleifkohlen und Masseverbindung prüfen.
	2 Anker oder Gehäusewicklung defekt, Steuerrelais defekt, Anlasseranschlusskabel defekt.	Bauteile prüfen, Anschlüsse und Gehäuse reinigen und überarbeiten, nötigenfalls ersetzen.
B Starter hat keine Leistung.	**1** Anlasseranschlusskabel oder Kohlen verschlissen bzw. defekt.	Schleifkohlen und Masseverbindung prüfen.
C Anlasserdrehzahl ist zu niedrig.	**1** Erregerwicklung oder Anker defekt, Kohlen verschlissen, Anschlusskabel nicht in Ordnung.	Anschlüsse, Anlasserkohlen und Anker prüfen, reinigen und überarbeiten, nötigenfalls ersetzen.
D Anlassermotor dreht nicht.	**1** Kohlen verschlissen, Sperrklinke defekt, Anker oder Gehäusewicklung defekt.	
E Anlasser spurt nicht ein.	**1** Einrückmagnet oder Hebelwerk schwergängig oder verschlissen.	Anlasserritzel, Ausrückeritzel läuft möglicherweise zu schwer auf der Keilnut, Ausrückeritzel verklemmt sich auf der Keilnut. Mit Rostlöser, Drahtbürste und etwas Fett gängig machen.
	2 Kontaktschalter an der Kippbrücke verbrannt, Steuerrelais defekt. Einzugswicklung defekt.	Kontaktabbrand oder Korrosion an den Kontaktschrauben. Bei einigen Bautypen ist die Demontage und Reinigung möglich.
	3 Hubgewinde des Anlasserritzels verschlissen.	Anlasser austauschen oder Überholen lassen.
F Pendelanlasser: Kein Drehrichtungswechsel feststellbar.	**1** Umschalter oder Magnetschalter dazu defekt.	Umschalter oder Magnetschalter ersetzen oder erneuern..
G Generator hat keine Leistung, Ladespannung zu gering.	**1** Anker oder Erregerwicklungen defekt, Leistungsdioden defekt, Kohlebürsten verschlissen, Bürstenfeder ermüdet, Ankerkollektor verschlissen oder verdreckt, Anschlüsse unsauber.	Bauteile prüfen, Anschlüsse und Gehäuse reinigen und überarbeiten, nötigenfalls Generator ersetzen.
H Generator wird nicht erregt.	**1** Erregerwicklung defekt, Anschlüsse unsauber.	

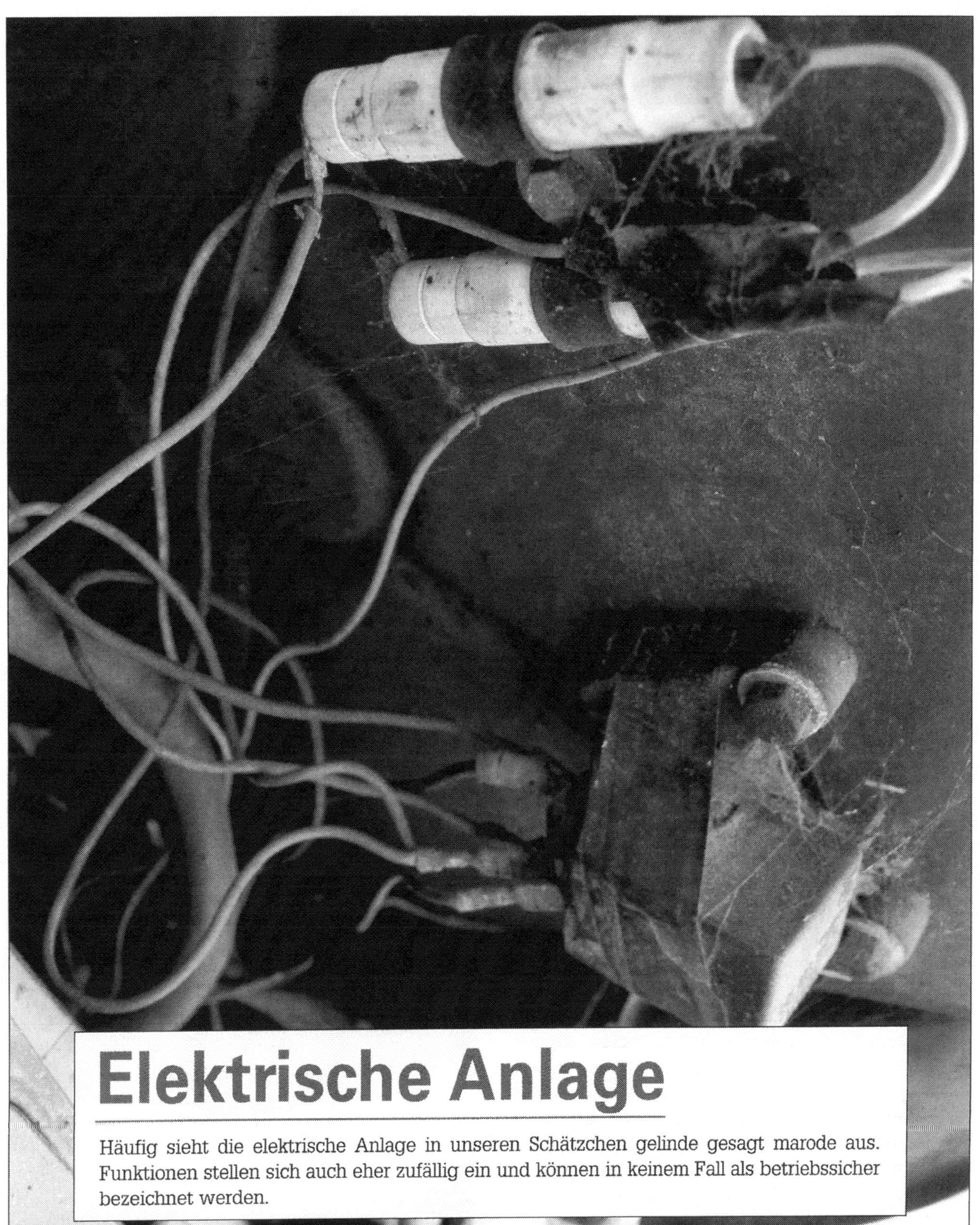

Elektrische Anlage

Häufig sieht die elektrische Anlage in unseren Schätzchen gelinde gesagt marode aus. Funktionen stellen sich auch eher zufällig ein und können in keinem Fall als betriebssicher bezeichnet werden.

Schalter und Sensoren

Über die Funktionsweise von Schaltern und Sensoren kann verstanden werden, wie welche Funktion im Schaltplan der Schalter erreichen kann. Die Kenntnisse über die Bauweise ermöglicht eigenständige Prüfmethoden zu entwickeln und Überlegungen zu vorliegenden Fehlern anzustellen. Betrachten wir die wichtigsten Baukomponenten des Traktors im Bereich der »Schaltung« und »Waltung«.

Bauteile und Lampen am Traktor

Natürlich betrachten wir auch den elektrischen Teil des Traktors mal etwas genauer. Neben vielen Informationen wird auch auf die wichtigsten Bauteile und Baugruppen sowie die Herstellung und Reparatur der Kabelbäume eingegangen. Gerade für Anfänger und Wiedereinsteiger sind die Messübungen am Ende dieses Kapitels eine wichtige Übung. Betrachten wir nun zuerst einmal die wichtigsten Komponenten am Traktor.

Scheinwerfer

Wenn die alten HELLA-Scheinwerfer nicht mehr lieferbar sind, wird oft auf Zubehörscheinwerfer zurückgegriffen. Zu beachten ist dann meist, dass diese Scheinwerfer oft keine E-Prüfung oder das alte Prüfzeichen auf dem Glas haben. Zudem sind in vielen Fällen die Lichtbilder unsauber oder die Blendreflektoren für eine ältere Bauweise der Biluxbirnen ausgelegt. Meistens erkennt man es daran, dass das Lichtbild verkehrt herum erscheint. Nacharbeiten sind dann erforderlich. Grundsätzlich sollte man klären, in wieweit bei den Herstellern wie HELLA noch Teile für den Scheinwerfer lieferbar sind. Meistens reicht es ja aus, den Reflektor zu ersetzen.

Standlicht

Das Standlicht soll die Fahrzeugabmessungen bei abgezogenem Zündschlüssel kenntlich machen können. Als Standlicht bezeichnet man auch die Begrenzungsleuchten. Schon bei der Auswahl des Zündschlosses sollte man darauf achten, dass diese Schaltfunktion integriert ist. Die Leistungen dieser Lampen sollten so klein wie möglich gewählt werden, soweit die Leistung nicht durch den Scheinwerferhersteller angegeben wurde.

Prüfzeichen alt.

Prüfzeichen neu.

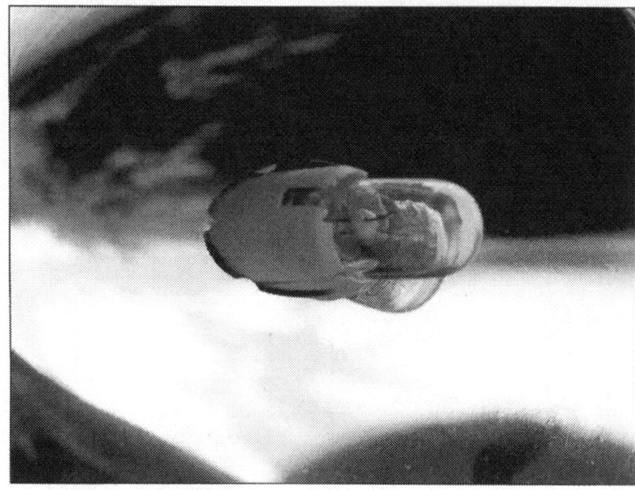
Standlicht im Scheinwerfer vorne.

Kontrollleuchten
Auch eine Lampe kann verschleißen. Das Durchbrennen der Glühfaden in der Lampe wird durch zu hohe Spannungen und durch starkes Rütteln während des Betriebes begünstigt. Das Rütteln ist meist Fahrbahnabhängig und kann wohl kaum beeinflusst werden. Eine zu große Betriebsspannung kann auf Probleme mit dem Lichtmaschinenregler hinweisen. Durch einen Überspannungsschaden könnte auch das Blinkrelais betroffen sein. Birnen mit 5 W passen zwar auch in die Fassung des Blinkergehäuses, werden aber wesentlich wärmer als die 2 W-Version. Durch die stärkere Hitzeentwicklung kann das Armaturenbrett oder der Lampenträger beschädigt werden.

Kontrollleuchten.

Hupentaster

In den meisten Fällen dürften wohl hier die Lenkradtaster zum Einsatz kommen. Natürlich gibt es auch Varianten, die einen Taster im Armaturenbrett oder als Kombischalter im Blinkerhebel verwenden. Der Hupentaster ist eines der wenigen Geräte, die Masse schalten. Der Masseanschluss wird über eine Klammer im Lenkrad abgenommen. Der Kabelanschluss liefert Masse für die Hupe. Probleme bereitet meist nur die Mechanik, die allerdings oft noch zerlegbar ist, oder die elektrischen Anschlüsse.
Selbsttätiges, sporadisches Hupen während der Fahrt ist übrigens zumeist an einem beschädigten Kabel in der Lenksäule festzumachen. Egal wo die Masse herkommt ... es wird dann gehupt.

Hupentaster.

Leuchten und Lampen

Je nach Bordnetzspannung kommen zumindest in der Betriebsspannung unterschiedliche Leuchtmittel zum Einsatz. Betrachten wir einmal die am meisten im Traktor verbauten Leuchtmittel für die 12 V-Bordnetzspannung:

Bild	Leistung	Einsatzgebiet
	5W	Standlicht, Kontrollleuchten, Tachobeleuchtung.
	10W	Standlicht, Kontrollleuchten, Tachobeleuchtung.
	10W	Fahrlicht, Kennzeichenleuchte
	10W	Rücklicht, Begrenzungslicht, Kennzeichenleuchte.
	21W	Bremslicht, Blinkerlampe.

Bild	Leistung	Einsatzgebiet
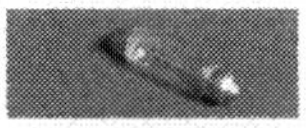	18W	Bremslicht, Blinkerlampe.
	21W	Bremslicht, Blinkerlampe.
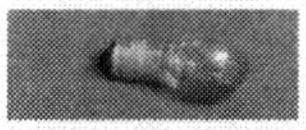	21/5W	Kombination Fahrlicht Bremslicht.
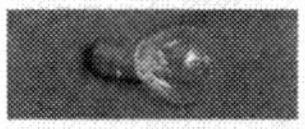	35/35W	Auf- und Abblendlicht in Kombination.
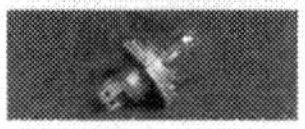	45/40W	Auf- und Abblendlicht in Kombination.

Durchgangsprüfung für Leuchtmittel

Für die Durchgangsprüfung muss die Glühlampe ausgebaut werden. Das Gehäuse der Lampenfassung stellt die Masse dar. Der oder die Lötpunkte unten sind die elektrischen Anschlüsse. Es ist möglich, den Durchgang auch mit dem Diodentest durchzuführen. Die Messungen werden aber keine Übergangswiderstände entlarven. Deshalb werden Durchgangsprüfungen prinzipiell immer im Widerstandsmessbereich durchgeführt.

Messgerät		Multimeter			
Pin1	Pin2	Einstellung	Aktion	Ergebnis	Auswertung
58 am Rücklicht	Klemme 31 am Rücklicht	0 bis 200 Ohm	Keine	0 Ohm	OK
54 am Rücklicht	Klemme 31 am Rücklicht	0 bis 200 Ohm	Keine	0 Ohm	OK

Sicherungen

In den meisten Fällen sind in den Traktoren die guten alten Keramiksicherungen verbaut. Legen Sie die Sicherungen immer so aus, dass sie knapp 1/3 über der errechneten Stromstärke liegen. Betrachten wir ein Beispiel am Standlicht rechts:

Einbauort	Leistung
Vorne im Scheinwerfer	10 W
Positionsleuchte auf dem Kotflügel	10 W
Rücklicht	10 W
Rücklicht Anhänger	10 W
Positionslicht Anhänger	10 W
Summe	50 W

P= U x I (Leistung = Spannung x Strom)
I = P / U (Strom = Leistung / Spannung)
I = 50W / 12 V
I = 4,166 A

4,166A +30% = 5,4 A

Die 5-Ampere-Sicherung könnte bei kurzen Spannungsspitzen durchbrennen. Die nächst höhere ist eine 7,5-Ampere-Sicherung. Diese Sicherung reicht für diesen Stromkreis aus. Ein Kurzschluss wird eine deutlich höhere Stromaufnahme bewirken und die Sicherung würde durchbrennen.

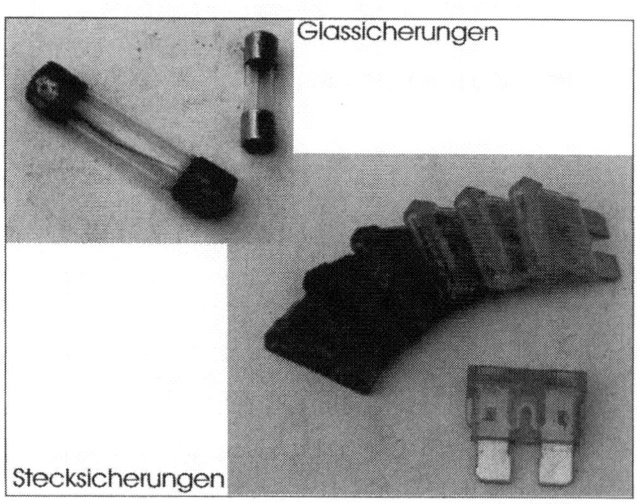

Sicherungssortiment.

Anschlussschema 7-polige Dose.

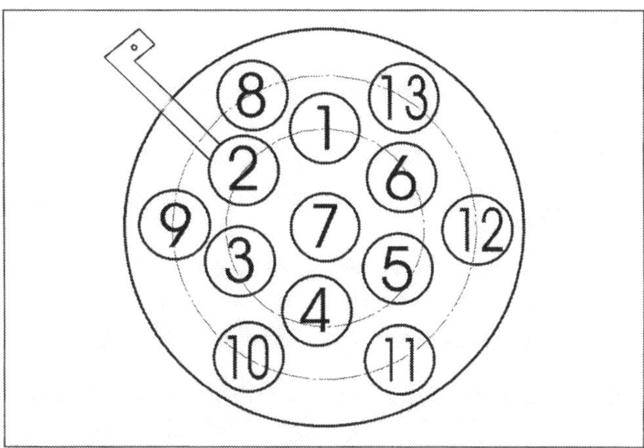

Anschlussschema Multicon Dose.

Anhängersteckdose 7-polig oder 13-polig?

Die Normung von Anschlüssen und Systemen erleichtert, genau betrachtet, den Umgang mit ihnen. Die Normung der Anhängersteckkontakte ermöglicht den einfachen Anschluss eines beliebigen Anhängers an ein Zugfahrzeug oder sogar beim Mehranhängergespann an einen weiteren Anhänger. Im Laufe der Zeit haben sich drei wichtige Steckdosensysteme entwickelt.

Der 7-polige Universal mit Nebellampenabschaltung
Der 7-polige stellt die meist verbreite Steckverbindungen unter den alten Systemen dar und ist aus meiner Sicht nach wie vor noch immer das robusteste System unter den Dreien. Gerade für die älteren Semester unserer Traktoren reichen die Kontakte aus, um die Funktionen für den Anhänger nach hinten zu übertragen.
Der 13-polige Multicon mit Nebellampenabschaltung
Eigentlich die intelligentere Lösung, hat sich aber nie richtig durchgesetzt. Die Multicon baut auf die »normalen« 7-poligen Stecker auf und erweitert sie lediglich um sechs Anschlüsse. So lassen sich die 7-poligen Anschlussstecker auch in der Multicondose betreiben. Ein weiterer Vorteil liegt in den dickeren Anschlüssen, die im Alltag sicherlich die robustere Varianten darstellen.
Der 13-polige Jäger/DIN mit Nebellampenabschaltung
Die besonderen Merkmale dieses Systems liegen in den fein gegliederten Steckkontakten, der Drehverriegelung und an der Inkompatibilität zu den 7-poligen Steckverbindungen. Dieses System ist das am weitest verbreitete an neueren Anhängersystemen.

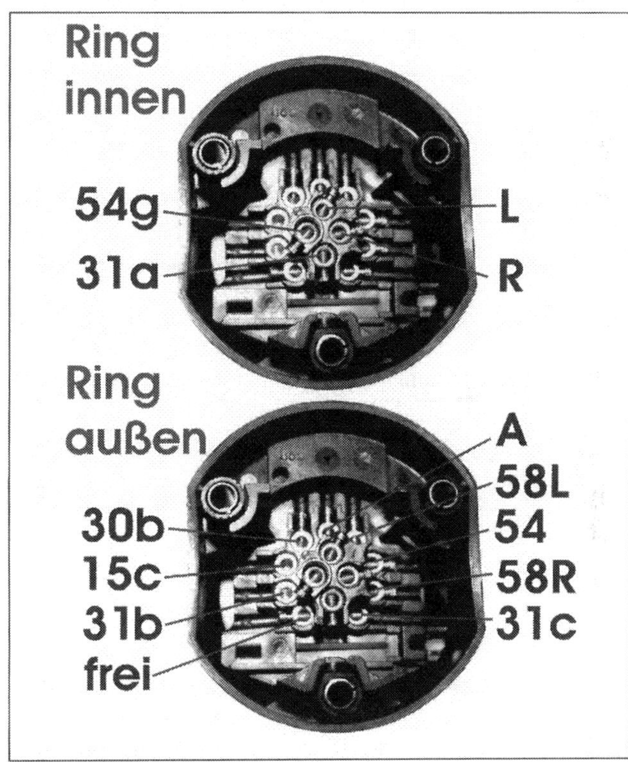

Anschlussschema Jäger Dose.

Um- und Anbau einer Anhängersteckdose

- Schalten Sie die Zündung aus.
- Demontieren Sie die alte (vorhandene) Steckdose am Traktor.
- Notieren Sie sich am Rand der nachstehenden Tabelle die Kabelfarben für Ihre Steckdose.
- Klemmen Sie den Steckkontakt ab. Lösen Sie dazu

die Kabelverschraubungen in der Steckdose. Achten Sie auf den Zustand der Anschlusskabel. Sind diese oxidiert, sollten Sie besser neu abgeschnitten und abisoliert werden.

- Schließen Sie die Kabel an den Kontakteinsatz der neuen Steckdose an. Achten Sie auf die vorher notierten Kabelfarben.
- Vor der Wiedermontage des neuen Steckdosengehäuses sollten Sie die Steckkontakte von hinten mit Kettenfett einsprühen. Das Sprühfett ist Wasser abweisend. Korrosion oder festgerostete Verschraubungen können somit nicht entstehen.

Wenn eine 13-polige Steckdose verbaut werden soll, können zusätzliche Funktionen genutzt werden.

Wenn Sie in einem Anhänger eine Batterie verbaut haben oder wollen auf der Ladepritsche die Weidezaunbatterie aufladen, empfiehlt es sich, Pin 10 und 11 zu aktivieren. Sie sollten dann aber die Ladeleitung zusätzlich absichern, um eventuellen Kurzschlüssen recht schadlos begegnen zu können.

Umbau oder Adapterplan:

Was muss wo drauf, wenn ein Stecker angebaut werden muss? In der nachstehenden Tabelle findet sich die erstaunlich einfache Lösung.

Pin Nr.	Klemme	7-polig	Multicon	Jäger Din
1	L	Blinker links	Blinker links	Blinker links
2	54g	Nebelleuchte / Schalter	Nebelleuchte / Schalter	Nebelleuchte / Schalter
3	31	Masse Pin 1-8	Masse Pin 1-8	Masse Pin 1-8
4	R	Blinker rechts	Blinker rechts	Blinker rechts
5	58R	Rechte Schlussleuchte	Rechte Schlussleuchte	Rechte Schlussleuchte
6	54	Bremslicht	Bremslicht	Bremslicht
7	58L	Linke Schlussleuchte	Linke Schlussleuchte	Linke Schlussleuchte
8	58b	--	Rückfahrleuchte	Rückfahrleuchte
9	30	--	Dauerplus	Dauerplus
10	30	--	Ladeleitung Anhänger	Ladeleitung Anhänger
11	31	--	Masse für Pin 10	Masse für Pin 10
12	Frei	--	Frei	Frei
13	31	--	Masse für Pin 9	Masse für Pin 9

Batterie

Damit Ihr Traktor starten kann, muss der Anlasser (Starter) ausreichend elektrische Leistung erhalten. Das sind im Augenblick des Starts bis zu 2.000 Watt, gegenüber knapp 400 Watt, die dem Starter zum Durchdrehen des warmen Motors genügen. Diese Startenergie bereitzustellen ist die wichtigste Aufgabe der Batterie. Sechs in Reihe geschaltete Zellen bilden das Herz einer 12-Volt-Batterie. Jede Zelle besteht aus positiven und negativen Hartblei-Gitterplatten. Die positive Platte enthält Bleidioxid, die negative Platte reines Blei. Dazwischen sitzt ein Separator. Er trennt die beiden Platten voneinander, lässt aber den Elektrolyten, bei Säurebatterien Schwefelsäure plus destilliertes Wasser, bei Gel-Batterien ein gasungsfreies, auslaufsicheres Gel, durch feinste Poren passieren. Im Inneren der Batterie laufen chemische Prozesse ab, durch die sie Energie aufnimmt und im Rahmen ihrer Kapazität speichert. Bei der Stromabgabe wird chemische in elektrische Energie umgewandelt. Dabei setzt die Blei-Säure-Batterie Gase frei, die zentral abgeführt werden. Ein Rückzündungsschutz verhindert die Zündung des brennbaren Gases. Bei Batterien mit Rohr und Schlauch für die Zentralentgasung darf der Schlauch nicht abgeklemmt werden! Bei Batterien mit nur einer Öffnung in der oberen Deckelseite muss diese frei von Verstopfungen sein.

Wartung an der Batterie

Unter normalen Betriebsbedingungen macht die Wartung der Batterie im Traktor wenig Aufwand. Bei hohen Außentemperaturen oder langen oder auch extrem kürzeren, täglichen Fahrten oder nach jedem Ladevorgang empfiehlt es sich jedoch, den Säurestand zu prüfen. Die Batterieflüssigkeit aus Schwefelsäure und destilliertem Wasser kann bei hohen Temperaturen oder bei defektem Lichtmaschinen-Spannungsregler übermäßig Wasser verdunsten. Auch eine Selbstentladung (lange Standzeiten) oder eine Tiefentladung durch einen nicht ausgeschalteten, starken Stromverbraucher kommen als Ursache infrage.

- Füllen Sie aber nur destilliertes Wasser nach. Die im Leitungs- sowie auch abgekochtem Wasser enthaltenen leitfähigen Salze und weitere mineralische Stoffe schaden der Batterie. Wirkt die Batterie trotz richtigem Säurestand kraftlos, wird per Säureheber die Säuredichte in der Batteriezelle geprüft.
- Prüfen Sie die Ruhespannung der Batterie. Sie sollte über 12,5 V liegen. Ist sie darunter, laden Sie die Batterie auf.
- Reinigen Sie die Anschlusspole der Batterie gründlich.
- Fetten Sie die Übergänge zwischen Batteriepol und Batteriegehäuse mit Batteriepolfett ein. Sie dichten hiermit das Gehäuse um die Pole zusätzlich ab. Der Korrosion durch den Austritt der Batteriegase treten Sie wirkungsvoll entgegen.
- Führen Sie einen Belastungstest an der Batterie durch. Sorgen Sie dafür, dass die Batterie gut vorgeladen und Raumtemperatur hat. Schalten Sie für etwas 15 Sekunden einen Verbraucher auf, der etwa der halben Kaltstartleistung der Batterie entspricht.
- Lesen Sie die Spannung der Batterie erneut ab (sofort!). Liegt Sie unter 9,6 V, muss die Batterie ersetzt werden.

Eine ausgebaute Batterie oder den Akku in einem vorübergehend stillgelegten Fahrzeug sollten Sie einmal im Monat nachladen. Verwenden Sie dazu aber nur Geräte, die ausgewiesen ohne Strom- und Spannungsspitzen arbeiten. Batteriestopfen müssen gut schließend eingeschraubt sein. Die Batterie muss zum Laden eine Mindesttemperatur von 10 °C haben. Schnellladen schadet der Batterie und ist nur im Ausnahmefall (z.B. bei Starthilfe) akzeptabel.

Bremslichtschalter

Für den Bremslichtschalter werden drei Bautypen eingesetzt. Der hydraulische Druckschalter kann selbstverständlich nur in hydraulischen Bremssystemen verwendet werden. Diese findet man meist in modernen Traktoren.

Wird Druck aufgebaut, biegt das Metallmembran durch und schließt den Kontakt.

Hydraulischer Druckschalter.

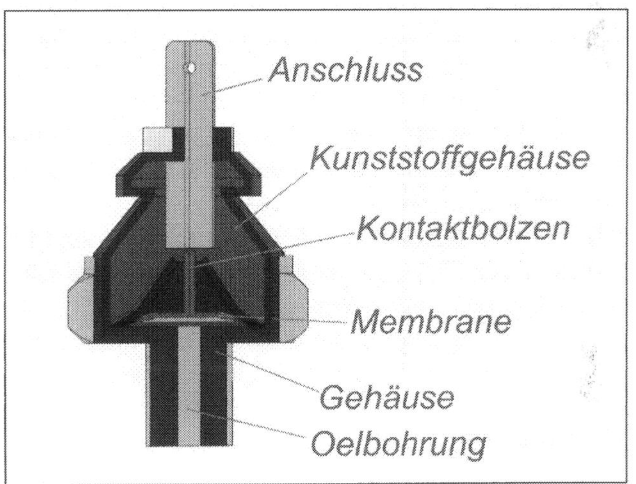

Skizze Druckschalter als Schließer.

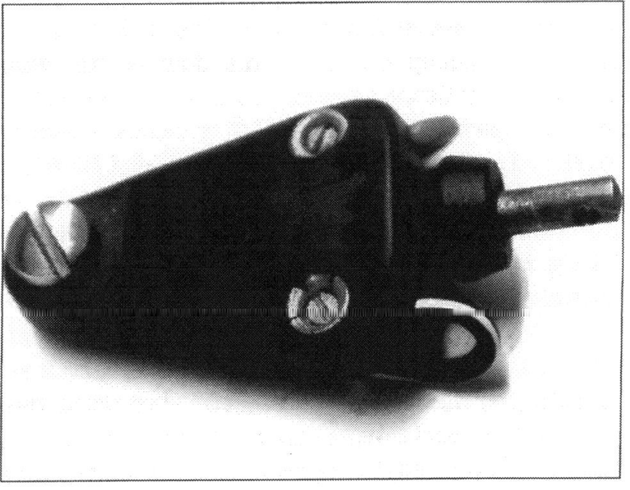

Zugschalter.

Druckschalter.

Blinkrelais.

In den meisten Fällen, wenn sie überhaupt verbaut wurden, kommen so genannte Zugschalter zum Einsatz. Sie werden mit einer Entlastungsfeder am Betätigungshebel für die Bremse oder am Gestänge eingehängt und schalten dann durch, wenn die Bremse betätigt wird.
Eine weitere Variante sind Druckschalter. Sie sind im unbestätigten Zustand der Bremse betätigt. Ihr Kontakt hingegen ist in diesem Zustand geöffnet. Wird die Bremse betätigt, wird der Kontakt im Schalter geschlossen und das Bremslicht kann leuchten.

Blinkrelais

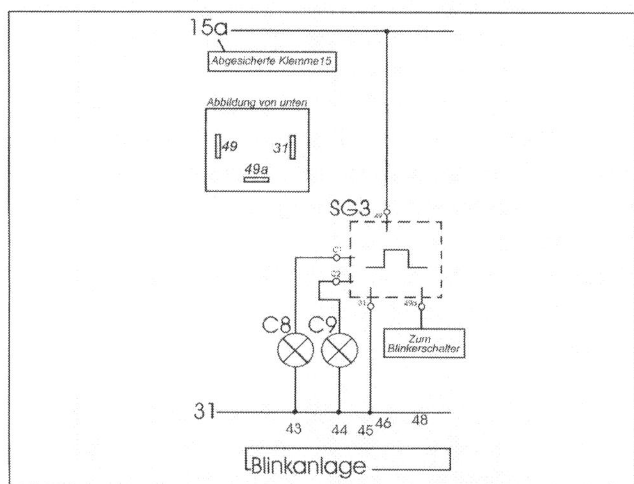

Anschlussplan.

Das Blinkrelais unterbricht und verbindet die Spannungsversorgung zu den Blinkleuchten. Bei allen Bimetall-Relais ist es erforderlich, das Relais auf die Last, die durch die Birnen geschaltet werden, aufeinander abzustimmen. Stimmt die Leistung der Birnen nicht genau mit der Leistungsangabe auf dem Relais überein, stimmt die Blinkgeschwindigkeit, also die Blinkfrequenz, nicht mit der gesetzlichen Vorgabe überein.
Die STVZO besagt, dass die Blinkfrequenz 60 Hz +/- 30 Hz aufweisen muss. Die Leuchten müssen also zwischen dreißig und neunzig Mal in der Minute angesteuert werden. Im Traktorenbereich ist es auch nicht unüblich, mehrere Anhänger hintereinander zu hängen. Die Mehrleistungsaufnahme wird durch das Relais erfasst und entsprechend dann durch eine Kontrollleuchte C1= 1 Anhänger oder C1 und C2 für beide Anhänger angezeigt. Natürlich müssen dann ein ent-

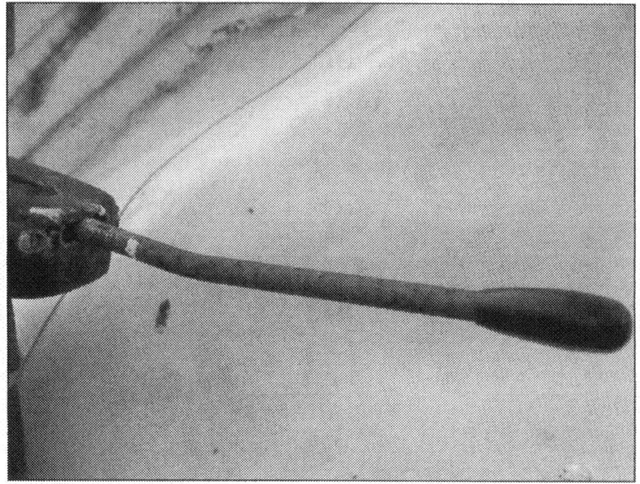

Blinkerschalter.

sprechendes Relais und auch die dazugehörigen Kontrollleuchten verbaut sein.

Blinkerschalter

Die Aufgabe ist schnell beschrieben: Links, Aus, Rechts. Der Blinkerschalter soll es ermöglichen, die Fahrtrichtungsanzeigeleuchten (also die Blinker) wahlweise rechts oder links einzuschalten. Es handelt sich um einen dreistufigen Wechselschalter, dessen mittlere Stellung zum Ausschalten genutzt wird.
Im Wesentlichen können hier nur Verschleiß in der Mechanik oder an den Schaltkontakten sowie korrodierte Kontakte oder Anschlüsse die Funktion des Schalters einschränken oder verhindern. Bestromt wird der Schalter durch das Blinkrelais. Je nach dem, welche Blinkseite aufgeschaltet ist, erfolgt dann die Spannungsversorgung der gewünschten Leuchten für die Fahrtrichtungsanzeige.
Soll der eingebaute Schalter geprüft werden, ist es einfacher, den Schaltereingang (49a) abzuklemmen und eine Prüfspannung von 12 V an diesen Anschluss (a), anzulegen. Die Blinkleuchten werden nun dauernd leuchten. Übergangswiderstände können bei einer Spannungsverlustmessung leicht entlarvt werden.

Warnblinkschalter mit Relais

Die Aufgabe des Warnblinkschalters scheint zunächst einmal klar. Er soll im Gefahrenfall die Blinkleuchten beider Fahrtrichtungen betreiben und so den nachfolgenden Verkehr auf eine Gefahrenstelle hinweisen.
Die Funktion des Schalters ist allerdings aufwändiger. Er muss nicht nur bei eingeschalteter Zündung betrieben werden können, sondern auch dann, wenn das Fahrzeug mal mit abgezogenem Schlüssel abgestellt werden muss. Das Relais muss in der Lage sein, die doppelte Anzahl der »normalen« Fahrtrichtungsanzeige zu schalten. Es darf den normalen Betrieb der Blinkanlage nicht beeinflussen. Der Betrieb der Warnblinkanlage muss durch ein Kontrolllicht gut erkennbar sein. Diese Anforderungen machen den Einsatz eines Warnblinkschalters mit integrierten Lampen und Relais sinnvoll. Die Nachrüstung fällt auch bei sehr alten Traktoren nicht besonders in Auge.

Hupe

Die Hupe an sich funktioniert recht einfach. In der Hupe befindet sich eine Spule mit einem Metallkern.

Warnblinkschalter mit Relais.

Hupe im Schnitt.

Wird dieser Metallkern mit Spannung beaufschlagt, wird er magnetisch und zieht die Ankerplatte an. Trifft die Ankerplatte den im Innern verbauten Öffner, wird der Stromkreis unterbrochen. Das Magnetfeld wird abgebaut, die Membran mit der Ankerplatte schwingt zurück, bis der Öffner wieder schließt. Dann beginnt dasselbe Spiel wieder von vorne. Durch die Schwingung wird ein Ton erzeugt. Bei vielen Hupen ist es möglich, den Öffner mit einer kleinen Schraube einzustellen.

Tankanzeige

Die Tankanzeige kann im Traktor, soweit überhaupt vorhanden, in zwei Bauarten ausgeführt sein.

Zu einen gibt es den klassischen Tankschwimmer, der über den Schwimmer und einen angeschlossenen Potenziometer die Sensorspannung verändert und diese dann mit der Tankanzeige als Füllstand wiedergibt.
Auch werden Tankwarnleuchten mit einer zuweilen überraschenden Ansteuerung eingesetzt.
Auch hier gibt es das klassische Schwimmermodell. In einigen Fällen und bei älteren Semestern kommt ein NTC zum Einsatz. Dieser wird durch die anliegende Spannung »angeheizt« und durch den Kraftstoff gekühlt. Bei geringem Kraftstoffstand steigt die Temperatur des NTC, es sinkt sein Widerstand und nach etwa 1 Minute beginnt die Warnleuchte zu leuchten. Die Reaktion des NTC ist so träge, dass selbst das Schwappen des Kraftstoffs die Sensorreaktion nicht beeinflusst. Für diese Sensoren sind bestimmte Leistungen der Kontrollleuchten vorgeschrieben. Die Leistung ist auf dem Geber angegeben. Von wegen »Low-Tech« ...

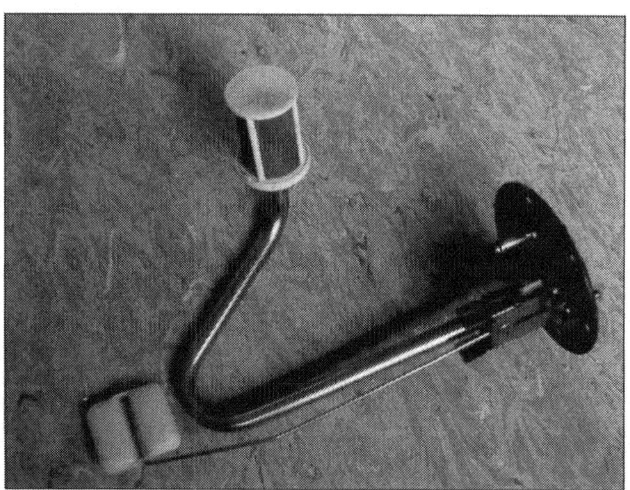

Tankschwimmer.

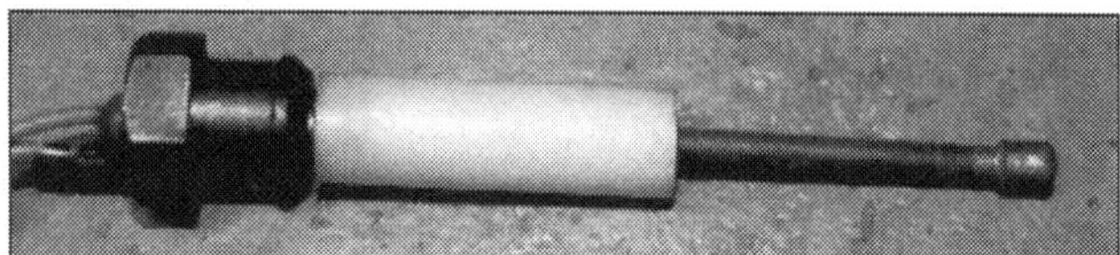

Tankschwimmerschalter.

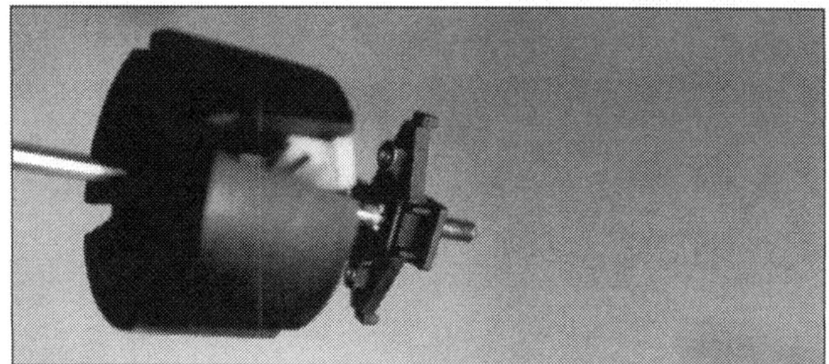

Tanksensor.

Temperaturanzeige

Die Temperaturanzeige, also das Anzeigegerät in der Armaturentafel, unterscheidet sich in der Funktion nicht von der Tankanzeige. Als Sensor dient ein Thermowiderstand, der bei steigender Wasser- oder Lufttemperatur immer niederohmiger wird. Die Anzeige im Armaturenbrett steigt entsprechend und zeigt mit Hilfe der Skala die Temperatur an. Die Auslegungen der unterschiedlichen Armaturenhersteller können sich unterscheiden. Man sollte deshalb immer den passenden Fühler zum Anzeigeinstrument verwenden.

Tanksensor Kontaktschalter mit Reedkontakt

Der Reedkontakt ist ein Schalter, der durch einen Magneten ausgelöst wird. Zwei magnetische Kontakt-

Sensoren.

Anzeigeinstrumente.

streifen sind in einem mit Edelgas gefüllten Röhrchen untergebracht. Zumeist findet sich außen ein Schwimmer, in den ein Magnet integriert worden ist. Bei sinkendem Tankstand wird der Magnet mit abgesenkt und kann mit dem Magnetfeld den Schalter schließen. Die Kontrollleuchte leuchtet. Diese Sensoren sind sehr robust. Prüfen Sie zuerst die Anschlusskabel, sollte er trotzdem einmal ausfallen.

Tanksensor mit PTC Heißleiter

Der in diesem Sensor verbaute PTC (Positiv Temperature Coeffizient) hat folgende Eigenschaften: Wenn die Temperatur steigt, steigt auch ihr Widerstand. Sinkt die Temperatur, wird auch der Widerstand kleiner.
Genutzt wird dieser Effekt in einigen Traktoren für die Tankanzeige. Hier ist es wichtig, dass die auf dem Sensor angegebene Leistung für das Birnchen unbedingt eingehalten wird. Durch den Strom, der durch die Reihenschaltung aus Birne und PTC fließt, wird der Widerstand zunehmend wärmer. Wird der PTC von Kraftstoff umspült, kühlt er ab und bleibt »hochohmig« mit ca. 1-2 tausend Ohm. Sinkt der Kraftstoffstand im Tank, wird irgendwann die Kühlung für den PTC nicht mehr ausreichen. Der Widerstand sinkt zunehmend und die Kontrolllampe beginnt zuerst ganz schwach, aber dann immer heller werdend, zu leuchten.
Da Elektronikteile altern, liegt hier oftmals ein kleiner defekter Widerstand vor, der im Elektronikshop nur wenige Cent kostet. Es kommt auch vor, dass der Widerstand sich im Laufe der Zeit gelöst hat.
Nach dem Öffnen des Gehäuses reicht ein »Tupfer« Lötzinn meist schon aus, um die Funktion wieder herzustellen.

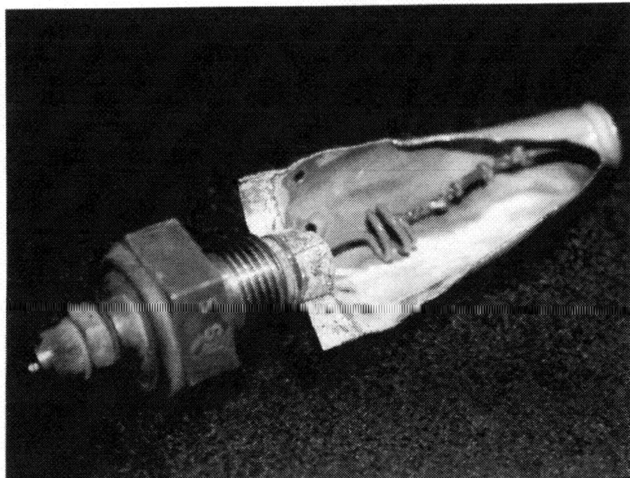

Tanksensor aufgeschnitten.

Tankgeber

Vom Tankgeber spricht man immer dann, wenn eine »Füllstandsanzeige« im Spiel ist. Im Grunde genommen handelt es sich um einen durch einen Schwimmer betätigten, veränderbaren Widerstand.
In der Regel ist er als Drahtwicklung ausgeführt. Ein Schleifer greift dann entsprechend des Tankfüllstandes den Widerstand an einer Stelle ab. Die anliegende Sensorspannung wird verändert. Der Anzeigewert der Anzeige verändert sich mit dem Schwimmerstand und den sich daraus ergebenden Ausgangsspannungen.

Öldruckgeber

Auch hier gibt es unterschiedlichste Bauweisen. Eine Variante funktioniert wie der vorher beschriebene Tankgeber. Lediglich der regelbare Widerstand wird nicht durch einen Schwimmer, sondern durch eine Druckdose angetrieben. Die Druckdose arbeitet gegen eine Federkraft. Somit lässt sich leicht aus dem Einfederweg und dem dazugehörigen Widerstandswert der Öldruck ableiten und mittels einer Anzeige im Armaturenbrett darstellen.

Öldruckschalter

Die Funktionsweise des Öldruckschalters unterscheidet sich zu der des hydraulischen Bremslichtschalters nur dadurch, dass seine Funktion gegenteilig ist. Der Bremslichtschalter schließt seinen Kontakt, wenn der

Öldruckschalter.

hydraulische Druck ansteht. Der Öldruckschalter hingegen öffnet den Kontakt, sobald der Öldruck hoch genug ist. Geschaltet wird mit Hilfe eines eingebauten Membrans, welches bei einem bestimmten Druck durchbiegt und den Schalterkontakt betätigt.

Öldruckanzeige

Für die Öldruckanzeige gibt es zwei verschiedene Bautypen. Die eine Variante führt eine Öldruckleitung bis zum Instrument und realisiert den Zeigerausschlag mit einem Wickelrohr im Inneren.
Die funktionssicherere Möglichkeit ist das elektrische Messinstrument. Hier sitzt der Öldruckgeber angeschlossen am Ölkreislauf am Motor. Der Öldruck wird zu einer Messspannung umgewandelt, die dann am Anzeigeinstrument mit dem Zeigerauschlag wieder den Öldruck darstellt. Beide Systeme können nicht vollständig zerlegt werden. Es gibt aber Tachometerrestauratoren, die einem alten Messgerät reparierte oder neue Technik einpflanzen und den Urzustand des Messgerätes wieder herstellen können. Alles allerdings eine Frage des Preises.

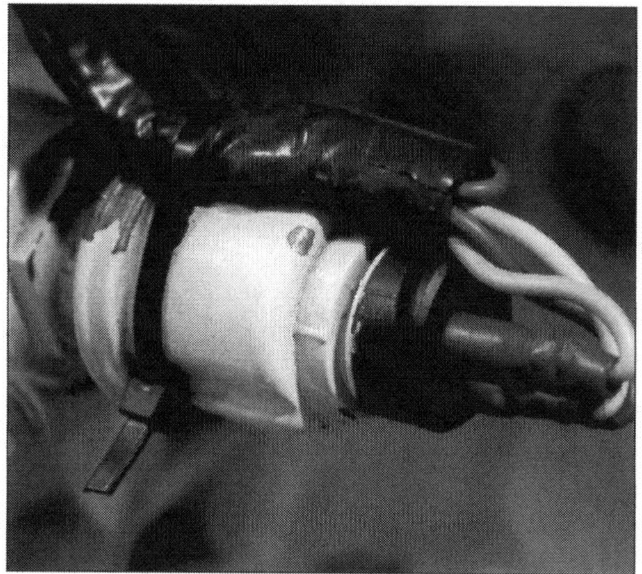

Öldruckgeber.

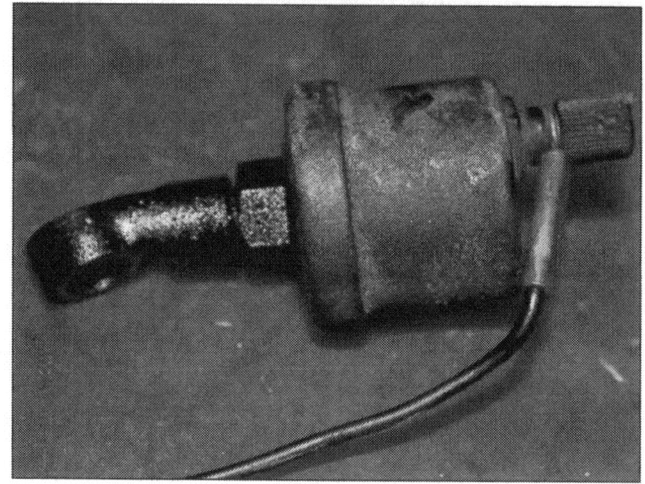

Öldruckmessdose.

Temperaturfühler

Der Temperaturfühler für das Kühlwasser ist als NTC-Widerstand ausgelegt (Negativ Temperature Coeffizient).
Der eigentliche Messwiderstand ist in einem Metallgehäuse mit Harz vergossen.
Je größer die Messtemperatur wird, umso kleiner wird sein Widerstand. Um ihn vollständig überprüfen zu können, ist es sinnvoll, wie im Kapitel »Kühlsystem« beschrieben, die Messwerte als Grafik ausgewertet zu betrachten.

Temperaturschalter

Der Temperaturschalter sieht vom Aufbau dem Temperaturfühler sehr ähnlich. Er unterscheidet sich in seiner Funktion aber deutlich. Hier wird nicht mit dem veränderten Widerstand eine Kurve beschrieben, sondern ein Bimetallstreifen schaltet bei Erreichen der Temperatur »ein«. Der Schaltbereich und der Schaltpunkt werden meistens auf dem Fühler angegeben. Die höhere Temperaturangabe auf dem Fühler beschreibt dann den »Einschaltzeitpunkt«, die niedrigere den »Ausschaltzeitpunkt«.

Temperaturfühler.

Temperaturschalter.

Zündlichtschalter.

Zündlichtschalter

Der Zündlichtschalter übernimmt, wie sein Name schon sagt, mehrere Funktionen auf einmal. Neben der normalen Funktion als Zündschloss fungiert er auch als Lichtschalter. Neben der Funktionsvielfalt zeichnen sich die Schalter durch ihre robuste Bauweise aus. Fehlfunktionen entstehen nur selten aufgrund mechanischer Probleme. Die Schaltleistung vermag leicht die Stromversorgung für das Licht zu gewährleisten. Ein zusätzlicher Kontakt erlaubt sogar den Betrieb der Glühanlage. Sollte hier Fehler auf der elektrischen Seite erwartet werden, muss die Messung immer als Spannungsverlustmessung unter Last durchgeführt werden.

Starterbatterie

Die Batterie Ihres Traktors wird im Laufe der Betriebszeit stetig altern. Auch mit Akkuauffrischern werden Sie nach unserm heutigen Erkenntnissen keine langfristigen Erfolge erzielen. Sicher ist jedoch, doch das eine Batterie immer eine Grundladung aufweisen muss. Gerade bei Fahrzeugen die über einen längeren Zeitraum stehen bleiben, sollten Sie ein gutes Dauerladegerät mit Überwachungsfunktion beschaffen. Bei Frost werden Batterien mit geringer Säuredichte schneller »einfrieren«. Natürlich muss auch dann noch die Befüllung regelmäßig im Auge behalten und notfalls aufgefüllt werden.

Zum Schutz der Umwelt sind Kauf und Entsorgung einer Autostarterbatterie per Gesetz geregelt. Ein Pfandsystem verhindert, dass Batterien unsachgemäß entsorgt werden und dadurch giftige Inhaltsstoffe in die Umwelt gelangen können.

- Eine ausgediente Batterie muss beim Händler oder der Werkstatt abgegeben werden. Dort ist man verpflichtet, die Alt-Akkus unentgeltlich abzunehmen.
- Beim Kauf einer Batterie muss ein Alt-Akku zurückgegeben oder ein Pfand gezahlt werden. Haben Sie für die alte Batterie bereits Pfand gezahlt, erhalten Sie dort, wo Sie die Batterie gekauft haben (natürlich nur gegen Vorlage der Quittung) ihr Geld wieder zurück.
- Geben Sie beim Kauf einer Batterie eine alte zurück, für die Sie noch kein Pfand entrichtet haben, ist es egal, wo Sie diese gekauft haben. Ein Pfand für die neue Batterie entfällt aber auch in diesem Fall.
- Zurzeit wird den Händlern durch die Recyclingfirmen sogar ein annehmbares Entgelt geboten. In der Regel nehmen deshalb die Händler ihre Altbatterie auch gerne ohne einen Neukauf an.

Batterie Begriffe und Normen

Kennzeichnung.
Ist auf dem Gehäuse der Batterie, bezeichnet ihre Eigenschaften. Beispiel: 12V 340A 70Ah (12V = Nennspannung; 340A = Kälteprüfstrom; 70Ah = Nennkapazität).

Nennspannung.
Die allgemeine Spannungsabgabe beträgt bei allen Traktor IV-Modellen 12V (Volt). Die Tatsächliche Spannung hängt vom Ladezustand der Batterie ab.

Nennkapazität.
Entspricht dem Speichervermögen einer Batterie, gemessen in Amperestunden (Ah). Gibt an, wie viel die vollgeladene Batterie bei 25 Grad in 20 Stunden abgeben kann, ohne dass dabei die Spannung unter 10,5 V absinkt (Entladeschlussspannung). Das Standlicht des Traktors nimmt z.B. 25 Watt auf. Bei der Bordspannung von 12 V gibt die Batterie nach der Formel Strom (A) = Leistung (W) geteilt durch Spannung (V) einen Strom von 2,08 Ampere ab. Mit einer 40 Ah-Batterie konnten Sie also theoretisch 19,2 Stunden mit eingeschaltetem Standlicht parken.

Kälteprüfstrom.
Ein definierter Entladestrom in Ampere (A), der einer 12-Volt-Batterie bei -18 Grad C entnommen werden kann, ohne dass die Spannung innerhalb von 30 Sekunden unter 9 Volt, innerhalb von 150 Sekunden unter 6 Volt absinkt.

Selbstentladung.
Chemische Vorgänge im Inneren der Batterie führen zur Entladung, auch wenn kein Verbraucher angeschlossen ist. Eine geladene Starterbatterie verliert täglich etwa 0,5 Prozent ihrer Ladung. Hohe Temperaturen, Beschädigungen und Verschmutzungen des Batteriedeckels beschleunigen die Selbstentladung.

Elektrische Anlage

STÖRUNGSBEISTAND

Symptom	Ursache	Abhilfe?
A Batterie entlädt sich.	**1** Säurestand zu gering.	Säurestand korrigieren.
	2 Batterie defekt (Platten sulfatiert).	Batterie ersetzen.
	3 »Heimlicher« Verbraucher.	Stromabgang ohne geschalteten Verbraucher überprüfen. Sicherungen nacheinander ziehen und prüfen wann der Stromverbrauch nachlässt.
B Batterie kocht über.	**1** Zu starke Ladung.	Lichtmaschine und Regler prüfen.
C Angefressene Polklemmen.	**1** Schwefelsäure der Batterie greift das Metall an.	Polklemmen reinigen (am Besten mit Sodalauge und dann mit Wasser nachspülen) ggf. Polklemmen ersetzen.

Elektrische Anlage

Symptom	Ursache	Abhilfe?
D Lampen leuchten zu schwach.	**1** Batteriespannung zu gering.	Batterie laden, ggf. ersetzen.
	2 Spannungsabfall in den Leitungen an den Sicherungen oder den Leitungsverbindungen infolge Oxidation.	Anschlüsse reinigen. Kabelanschlüsse und Sicherungen ggf. ersetzen.
E Lampen flackern	**1** Kabelverbindungen lose.	Kabelverbindungen befestigen, ggf. ersetzen.
	2 Lichtmaschinenregler defekt.	Regler ersetzen.
	3 Schlechte Masseverbindung..	Masseverbindungen reinigen und befestigen.
F Lampen leuchten nicht.	**1** Lampen defekt.	Lampen ersetzen..
	2 Sicherungen durchgebrannt.	Sicherung ersetzen. **GANZ WICHTIG!** Ursache feststellen und beheben.
	3 Batterie entladen oder defekt.	Batterie laden, ggf. ersetzen.
G Lampen	**1** Lichtmaschinenregler defekt.	Regler ersetzen.
H Ladekontrolle leuchtet bei stehendem Motor nicht.	**1** Lampe defekt.	Lampe ersetzen.
	2 Leitungsverbindung Lima-Lampe unterbrochen.	Leitung instand setzen.
	3 Lichtmaschine defekt.	Lichtmaschine instand setzen, ggf. ersetzen.
I Ladekontrolle erlischt nicht.	**1** Leitungsverbindung Lima-Lampe hat einen Masseschluss.	Leitung instand setzen.
	2 Keilriemen lose oder fehlt. Kohlebürsten der Lima verschlissen oder verklemmt. Kollektor verschmort Wicklung durchgebrannt.	Lichtmaschine instand setzen, ggf. ersetzen.
	3 Regler defekt.	Regler ersetzen.
J Lichtmaschine lädt zu wenig.	**1** Regler arbeitet nicht richtig.	Regler ersetzen.
	2 Schlechte Masseverbindung.	Masseverbindungen reinigen und befestigen.

Muster-Schaltplan

Die nachfolgenden Schaltpläne können universell am Traktor eingesetzt werden. Es wurden die meist verwendeten Varianten der unterschiedlichen Geräte mit in den Plan eingepflegt. Natürlich finden Sie beispielsweise nicht drei verschiedene Generatoren an Ihrem Traktor. Der jeweilige verbaute ist dann für die Anschlüsse relevant. Die nicht an Ihrem Traktor verbauten aber im Schaltplan aufgeführten Bauteile stellen dann eine zusätzliche Information dar. Diese Informationen können bei Umbau oder Fehlersuche sehr hilfreich sein. Der Aufbau des Schaltplanes ist am Lauf des Stromes orientiert. So fällt die praktische Fehlersuche am Traktor deutlich leichter. Die Strompfade kennzeichnen die Lage des Bauteils im Schaltplan und werden am unteren Ende des Schaltplanes als Nummer aufgeführt. Sucht man beispielsweise die Batterie im Schaltplan, weist die Legende den Strompfad 4 aus. Auf der ersten Seite den Zahlen folgend findet man dann die Batterie über der entsprechenden Strompfadnummer.

Legende nach Bauteilkürzeln sortiert.

Kurzzeichen	Bezeichnung	Strompfad	Information
AZ1	Tankanzeige	94	Seite 169, 181
AZ2	Temperaturanzeige	97	Seite 170,181
Z3	Öldruckanzeige	100	Seite 172, 181
	Batterie	4	Seite 173,178
C1	Ladekontrollleuchte	5	Kontrollleuchte mit 2W - 5W
C10	Glühkontrollleute	76	5W oder 10W
C10	Tankwarnleuchte	92	5W oder 10W
C11	Temperaturwarnleuchte	95	5W oder 10W
C12	Öldruckkontrollleuchte	98	5W oder 10W
C13	Zündkondensator	114	Seite 115, 181
C14	Glühkontrollleuchte Flamstartanlage	108	5W oder 10W
C2	Lichtkontrollleuchte	32	Grüne Lichtscheibe 5W
C3	Fernlichtkontrollleuchte	41	Blaue Lichtscheibe 5W
C4	Kontrollleuchte Warnblinker	62	Kontrollleuchte mit 2W - 5W
C5	Kontrollleuchte Blinker (links und rechts)	59	Kontrollleuchte mit 2W - 5W
C6	Kontrollleuchte Blinker (nur links)	63	Kontrollleuchte mit 2W - 5W
C7	Kontrollleuchte Blinker (nur rechts)	64	Kontrollleuchte mit 2W - 5W
C8	Kontrollleuchte Anhängersteckverbindung	43	Kontrollleuchte mit 2W - 5W
C9	Kontrollleuchte Anhänger II	44	Kontrollleuchte mit 2W - 5W
E1	Standlicht vorne rechts	20	5W oder 10W
E10	Blinker links Kotflügel	55	21W oder auch andere Leistungen
E10	Bremslicht hinten links	65	21W oder auch andere Leistungen
E10	Beleuchtung Anzeigeinstrument	102	5W oder 10W
E11	Blinker links hinten	56	21W oder auch andere Leistungen
E11	Bremslicht hinten rechts	66	21W oder auch andere Leistungen
E11	Beleuchtung Anzeigeinstrument	104	5W oder 10W
E12	Blinker rechts vorne	58	21W oder auch andere Leistungen
E12	Arbeitsleuchte	69	12V 55W H1 oder H3
E13	Blinker rechts Kotflügel	60	21W oder auch andere Leistungen
E14	Blinker rechts hinten	61	21W oder auch andere Leistungen
E2	Zusatzleuchte Kotflügel 21W rechts	22	21W oder auch andere Leistungen
E3	Standlicht hinten rechts	24	5W oder 10W

Kurzzeichen	Bezeichnung	Strompfad	Information
E4	Standlicht vorne links	26	5W oder 10W
E5	Zusatzleuchte Kotflügel 21W links	28	21W oder auch andere Leistungen
E6	Standlicht hinten links	30	5W oder 10W
E7	Scheinwerfer rechts	34	2 Fadenbirne 12V 35/35W oder Bilux
E8	Scheinwerfer links	38	2 Fadenbirne 12V 35/35W oder Bilux
E9	Blinker links vorne	52	21W oder auch andere Leistungen
F1	Sicherung Standlicht rechts	27	10A
F2	Sicherung Standlicht links	29	10A
F3	Sicherung Abblendlicht	31	15A
F4	Sicherung Fernlicht	33	15A
F5	Sicherung Klemme 15 andere Verbraucher	35	20A
F6	Sicherung Klemme 30 andere Verbraucher	35	20A
G1	Drehstromgenerator mit integriertem elektronischem Regler	6	Seite 157, 178, 195
G1	Kontaktschalter meist Reedkontakt	92	Seite 170, 181
G2	Gleichstromgenerator	9	Seite 157, 178
G2	Tankgeber	94	Seite 171, 181
G3	Dynastarter	14	Seite 155, 179
G3	Temperaturschalter	95	Seite 95, 181
G4	Temperaturfühler	97	Seite 94, 172, 181
G5	Öldruckschalter	98	Seite 171, 181, 277
G6	Druckgeber	100	Seite 171,181
H2	Hupe	68	Seite 169, 180, 272
M1	Anlasser mit elektromagnetischen Ausrückschalter	1	Seite 152, 178, 193
R1	Vorwiderstand mit Kontrollschalter	77	Seite 104, 180, 196
R2 - R5	Glühkerze	79, 83, 87	Seite 103, 196
R6	Vorwiderstand (Glühanzeige)	83, 87	Seite 105, 180
R7	Glühkerze Flammstartanlage	106	Seite 107, 181
RG1	Lichtmaschinenregler extern mechanisch	8	Seite 157, 178
S1	Zündlichtschalter	23	Seite 173, 179
S2	Blinkerschalter	51	Seite 169, 179
S3	Bremslichtschalter	66	Seite 167, 180
S4	Hupentaster	68	Seite 163, 180
S5	Schalter Arbeitsscheinwerfer	69	Seite 180
S6	Glühstartschalter	76, 83,87	Seite 103, 180
S7	Zündunterbrecherkontakt	113	Seite 113, 116, 181
SG1	Lade und Startrelais Dynastarter	16	Seite 155, 179
SG2	Warnblinkschalter mit Relais	43	Seite 169, 179
SG3	Blinkrelais Fahrtrichtungsanzeige	44	Seite 168, 179
SG4	Glühsteuergerät Flammstartanlage	107	Seite 107, 181
V1	Verteilerkappe Zündanlage	110	Seite 117, 181

X1	Anhängersteckdose 7-polig	71	Seite 165, 180
Kurzzeichen	**Bezeichnung**	**Strompfad**	**Information**
Y1	Einspritzventil Flammstartanlage	105	Seite 106, 181
ZK1	Zündkerze 1. Zylinder	109	Seite 113, 181
ZK2	Zündkerze 3. Zylinder	110	Seite 113,181
ZK3	Zündkerze 4. Zylinder	111	Seite 113, 181
ZK4	Zündkerze 2. Zylinder	112	Seite 113, 181
ZS1	Zündspule	115	Seite 115, 181
ZV1	Zündverteiler Batteriezündanlage	109	Seite 117, 181

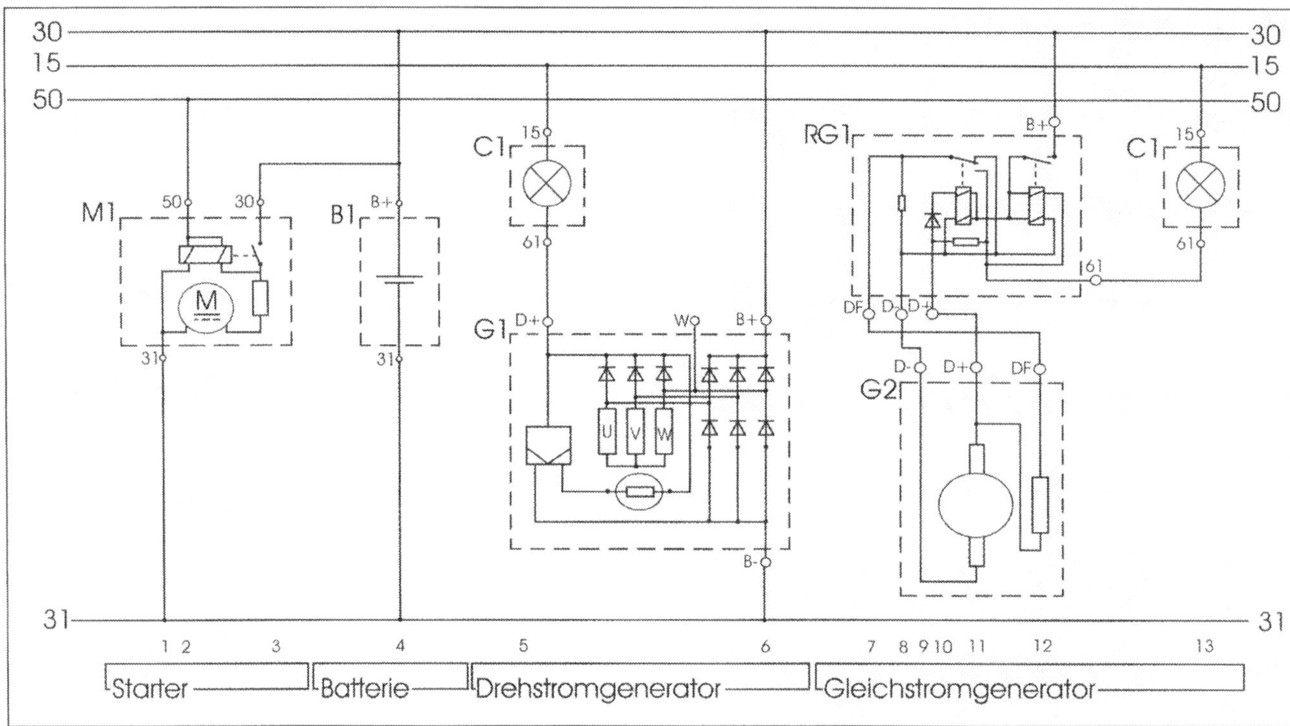

B1 Batterie, C1 Ladekontrolleuchte, G1 Drehstromgenerator, G2 Gleichstromgenerator, M1 Starter/Anlasser, RG1 Generatorregler.

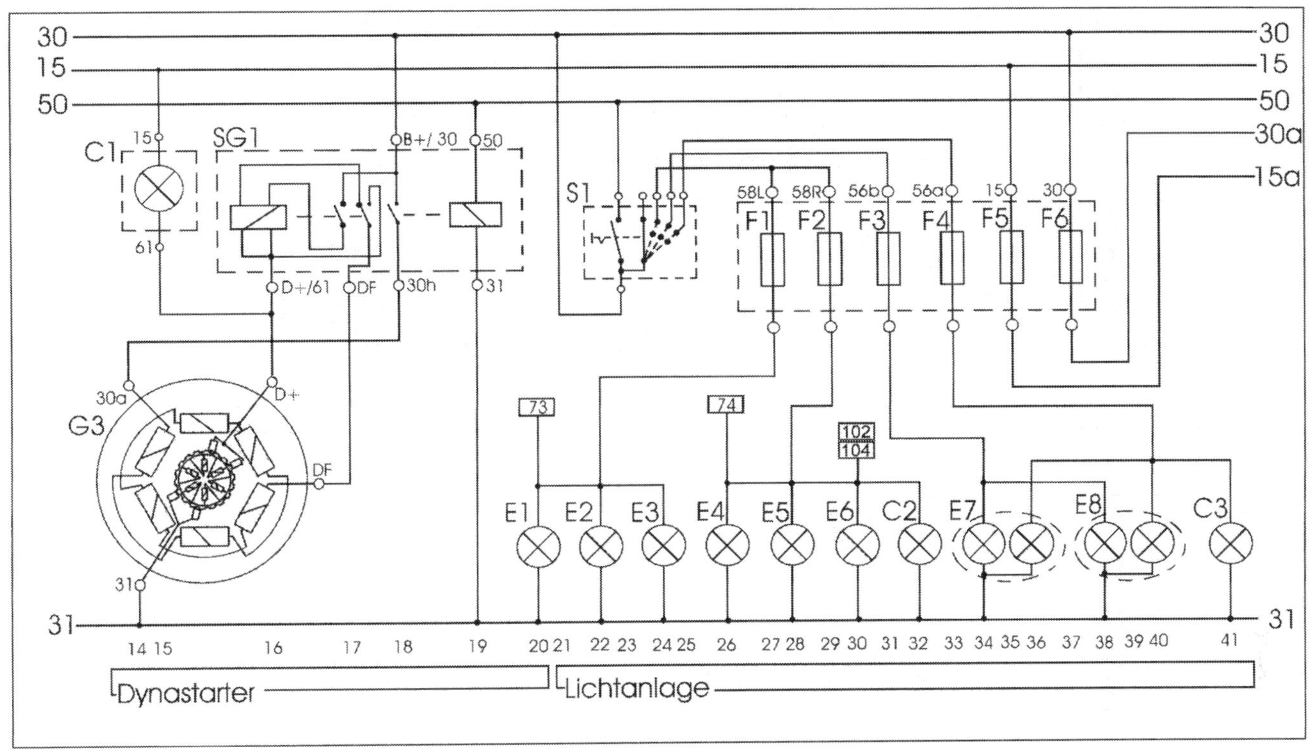

C1 Ladekontrollleuchte, C2 Lichtkontrollleuchte, C3 Fernlichtkontrollleuchte, E1 Standlicht VR, E2 Zusatzleuchte Kotflügel rechts, E3 Standlicht HR, E4 Standlicht VR, E5 Zusatzleuchte Kotflügel links, E6 Standlicht HL, E7 Scheinwerfer rechts, E8 Scheinwerfer links, F1-F6 Sicherungen, G3 Dynastarter, S1 Zündlichtschalter, SG1 Relais Dynastarter.

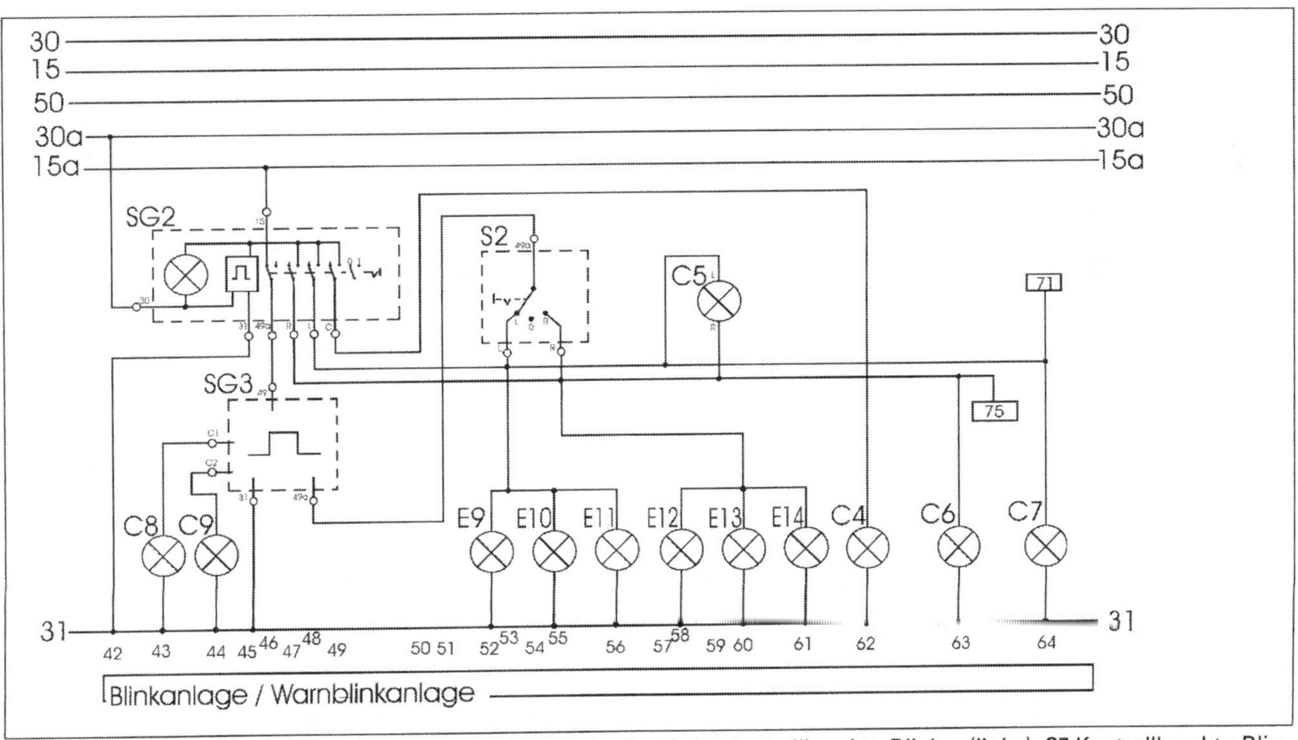

C4 Kontrollleuchte Warnblinker, C5 Kontrollleuchte Blinker(L+R), C6 Kontrollleuchte Blinker (links), C7 Kontrollleuchte Blinker (rechts), C8 Kontrollleuchte Anhänger, C9 Kontrollleuchte Anhänger 2, E9 Blinker links vorne, E10 Blinker links Kotflügel, E11 Blinker links hinten, E12 Blinker rechts vorne, E13 Blinker rechts Kotflügel, E14 Blinker rechts hinten, S2 Blinkerschalter, SG2 Warnblinkschalter mit Relais, SG3 Blinkrelais

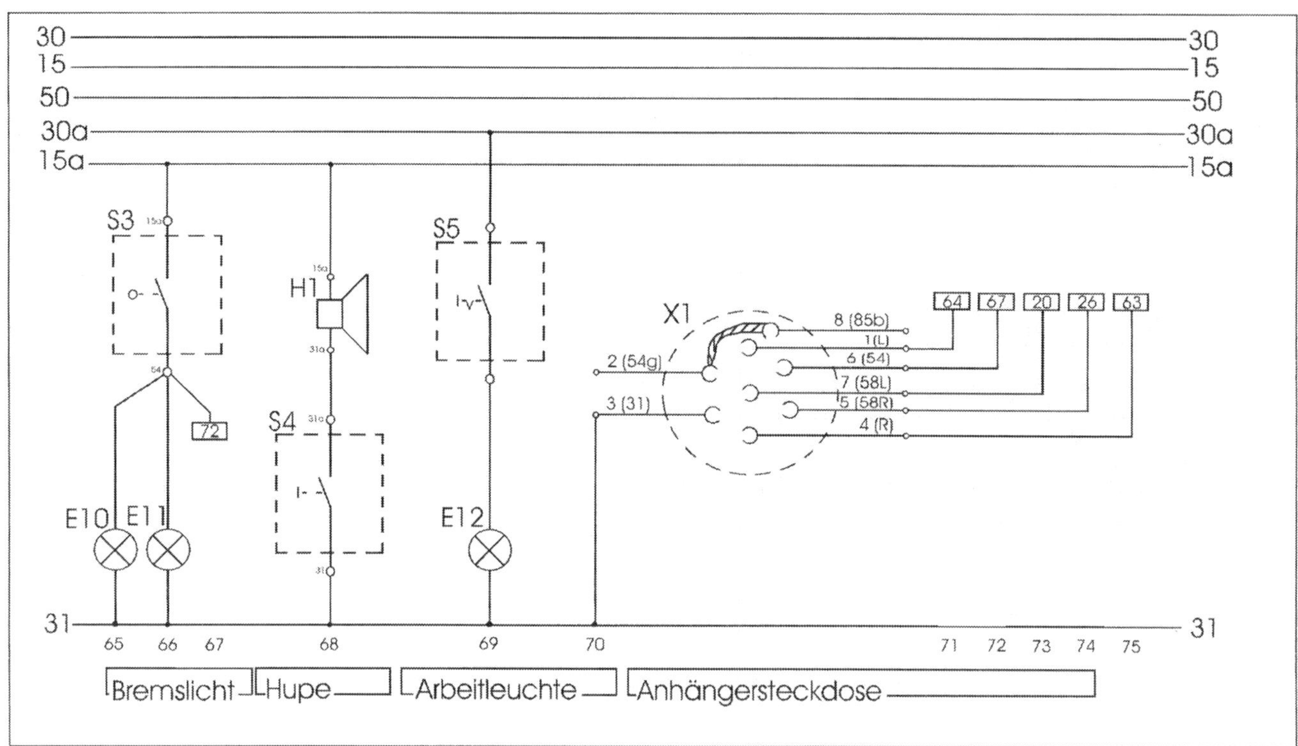

E10 Bremslicht links, E11 Bremslicht rechts, E12 Arbeitsscheinwerfer, H1 Hupe, S3 Bremslichtschalter, S4 Hupentaster, S5 Schalter Arbeitsleuchte, X1 Anhängersteckdose 7-polig.

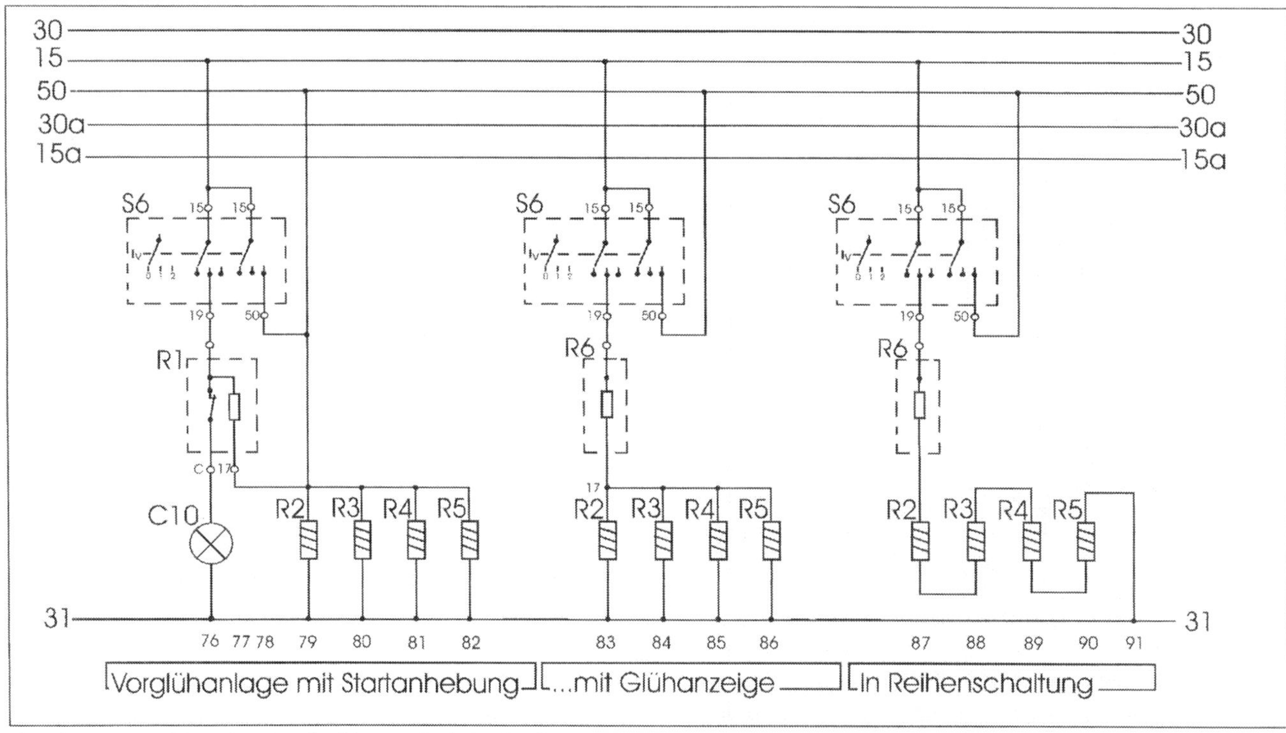

C10 Glühkontrollleuchte, R1 Glühkontrollrelais, R2-R5 Glühkerzen, R6 Vorwiderstand, S6 Startglühschalter.

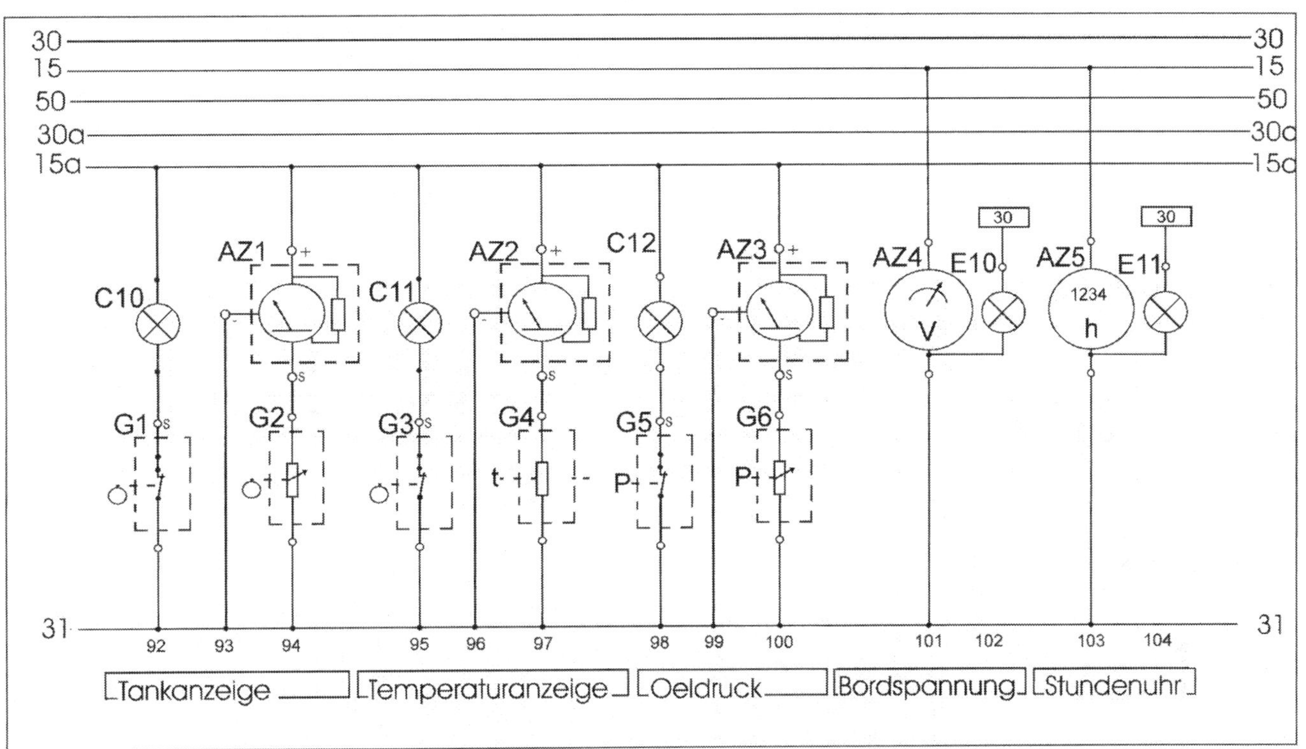

AZ1 Tankanzeige, AZ2 Temperaturanzeige, AZ3 Öldruckanzeige, AZ4 Ladespannungsanzeige, AZ5 Betriebsstundenzähler, C10 Tankwarnleuchte, C11 Temperaturwarnschalter, C12 Öldruckwarnleuchte, E10/E11 Anzeigenbeleuchtung, G1 Tankgeber, G2 Tanksensor, G3 Temperaturschalter, G4 Temperatursensor, G5 Öldruckschalter, G6 Öldrucksensor.

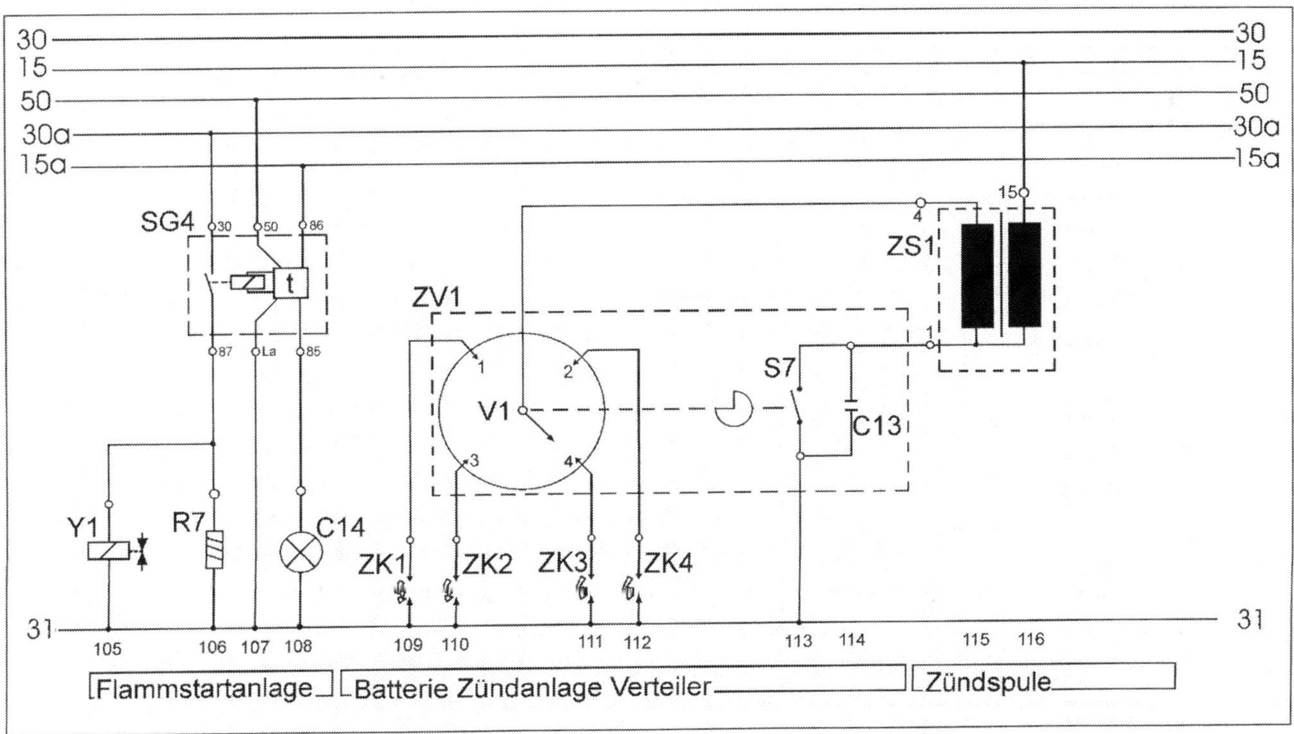

C13 Zündkondensator, C14 Flammstartkontrollleuchte, R7 Glühkerze Flammstartanlage, S7 Unterbrecherkontakt, SG4 Glühsteuergerät, V1 Zündverteiler, Y1 Magnetventil Flammstartanlage, ZK1-ZK4 Zündkerzen, ZS1 Zündspule, ZV1 Zündverteiler.

Klemmenbezeichnungen nach Norm

In Schaltplänen und technischen Beschreibungen sowie auf den Aufdrucken der einzelnen Relais und Bauteile finden sich Zahlenkombinationen. Diese Kürzel stehen für ganz bestimmte elektrische Funktionen und sind in der deutschen Industrie Norm 72552 aufgeführt und werden auszugsweise an dieser Stelle nach Ihrem Aufgabengebiet sortiert vorgestellt. Hier finden sich nicht nur die gebräuchlichsten Klemmenbezeichnungen, sondern durchaus die eine oder andere, die nur selten auftaucht und entsprechend Probleme beim Aufschlüsseln verursacht.

Akustische Warnanlage	
Klemmenbezeichnung	**Bedeutung**
71	Eingang Tonfolge Schaltgerät (z.B.: Martinshorn ...).
71A	Ausgang zu Horn 1 und Horn 2 Hochton.
71B	Ausgang zu Horn 1 und Horn 2 Tiefton.
72	Alarmschalter Rundumleuchte (Blaulicht).

Batterie	
Klemmenbezeichnung	**Bedeutung**
15	Geschaltetes Batterie PLUS (über Zündschloss).
30	Dauer-PLUS von der Batterie.
30a	Eingang der 2. Batterie am Batterieumschaltrelais 12V/24V.
31	Masseanschluss oder Anschluss an Batterie MINUS.
31a	MINUS Rückleitung der 2. Batterie am Batterieumschaltrelais 12V/24V.
31b	Geschalteter Masseanschluss .
31c	MINUS Rückleitung der 1. Batterie am Batterieumschaltrelais 12V/24V.

Beleuchtungsanlage	
Klemmenbezeichnung	**Bedeutung**
54	Bremslicht bei Leuchtenkombinationen und Anhängevorrichtungen.
55	Nebelscheinwerfer.
56	Fahrlicht Scheinwerfer vorne.
56a	Fahrlicht aufgeblendet (Fernlicht).
56b	Fahrlicht abgeblendet (Abblendlicht).
56d	Signallicht (Lichthupe) Ausgang für 56a Funktion.
57a	Parklicht.
57L	Parklicht links.
57R	Parklicht rechts.
58	Begrenzungsleuchten, Kennzeichenleuchten, Schlussleuchten, Tachobeleuchtung.
58b	Schlusslichtumschaltung bei Einachsschleppern.
58c	Anhängersteckverbindung einadrig verlegt mit Absicherung im Anhänger.
58d	Regelbare Instrumentenbeleuchtung.
58L	Begrenzungsleuchten links.
58R	Begrenzungsleuchten rechts.
54g	Zusätzliche Anlagen (Nebelschlussleuchten).

Fahrtrichtungsanzeige

Klemmenbezeichnung	Bedeutung
49	Eingang Blinkgeber (meist Klemme 15).
49a	Ausgang Blinkgeber (meist zum Blinkerschalter).
49b	Ausgang 2. Blinkkreis (Sonderrelais).
49c	Ausgang 3. Blinkkreis (Sonderrelais).
C	Anzeigelampe.
C2	Anzeigelampe 2.
C3	Anzeigelampe 3.
L	Blinkleuchten für Fahrtrichtung links.
R	Blinkleuchten für Fahrtrichtung rechts.

Generator Regler

Klemmenbezeichnung	Bedeutung
61	Generatorkontrollleuchte.
B+	Batterie Plus (Klemme 30).
B-	Batterie Minus (Klemme 31).
D+	Dynamo Plus.
D-	Dynamo Minus.
DF	Dynamo Feld.
DF1	Dynamo Feld 1.
DF2	Dynamo Feld 2.
U	Drehstrom Klemmen am Generator.
V	Drehstrom Klemmen am Generator.
W	Drehstrom Klemmen am Generator.

Generator Wechselstrom

Klemmenbezeichnung	Bedeutung
51	Gleichspannung am Gleichrichter.
51e	Gleichspannung am Gleichrichter mit Drosselspule für Tagfahrten.
59	Wechselspannungsausgang und Gleichrichter Eingang.
59a	Ladeanker Ausgang.
59b	Schlusslichtanker Ausgang.
59c	Bremslichtanker Ausgang.

Glühstartschalter

Klemmenbezeichnung	Bedeutung
15	Eingang Glühschalter (nach Zündschloss).
17	Starten.
19	Vorglühen.
50	Startersteuerung.

Relais	
Klemmenbezeichnung	**Bedeutung**
30	Dauerplus Eingang Relaisschalter.
84	Eingang, Antrieb und Relaiskontakt (Stromrelais).
84a	Ausgang Antrieb (Wicklungsende) (Stromrelais).
84b	Ausgang Relaiskontakt (Stromrelais).
85	Ausgang Antrieb (Wicklungsende, Minus) (Schaltrelais).
86	Eingang, Antrieb (Wicklungsanfang) (Schaltrelais).
86a	Eingang 1. Wicklung (Schaltrelais).
86b	Eingang 2. Wicklung (Schaltrelais).
87	Ausgang Schließer und Wechsler (Schließerseite).
87	Eingang Öffner und Wechsler (meist Klemme 30).
87a	Ausgang Öffner und Wechsel (Öffnerseite).
87b, 87c	Ausgang Öffner und Wechsel (Öffnerseite) bei mehreren Ausgängen.
87z, 87y	Eingang Öffner und Wechsler (meist Klemme 30) bei mehreren Eingängen.
88	Eingang Schließer (meist Klemme 30).
88a	Ausgang Schließer und Wechsler (Schließerseite).
88b; 88c	Ausgang Schließer und Wechsler (Schließerseite) bei mehreren Ausgängen.
88z, 88y	Eingang Schließer (meist Klemme 30) bei mehreren Eingängen.

Schalter	
Klemmenbezeichnung	**Bedeutung**
81	Eingang Öffner und Wechsel .
81a	1. Ausgang Öffner und Wechsel.
81b	2. Ausgang Öffner und Wechsel.
82	Eingang Schließer.
82a	1. Ausgang Schließer.
82b	2. Ausgang Schließer.
82z	1. Eingang Schließer.
82y	2. Eingang Schließer.
83	Eingang Mehrstellenschalter.
83a	Ausgang Stellung 1.
83b	Ausgang Stellung 2.

Wischermotor	
Klemmenbezeichnung	**Bedeutung**
53	Plus Kohlenbürste 1. Stufe.
53a	Plus Endabstellung.
53b	Plus Kohlenbürste 2. Stufe.
53c	Scheibenwaschpumpe.
53e	Bremswicklung Wischermotor.
53i	Plus Kohlenbürste 3. Stufe.

Starter und Startersteuerung	
Klemmenbezeichnung	**Bedeutung**
45	Ausgang getrenntes Startrelais, Eingang Starter (Hauptstrom).
45a	Ausgang Starter 1.
45b	Ausgang Starter 2 am Startrelais für Einrückstrom (2 Starter-Betrieb).
48	Startwiederholrelais Starter.
50	Startersteuerung direkt (Ausrücken).
50a	Startersteuerung am Batterieumschaltrelais.
50b	Startersteuerung, Startdoppelrelais (2 Starter-Betrieb).
50e	Startsperrrelais Eingang.
50f	Startsperrrelais Ausgang.
50g	Startwiederholrelais Eingang.
50h	Startwiederholrelais Ausgang.

Zündanlage	
Klemmenbezeichnung	**Bedeutung**
1	Zündspule, Zündverteiler Niederspannung (Primär).
1a, 1b	Zündspule, Zündverteiler Niederspannung bei Zündspulen mit 2 Stromkreisen.
2	Kurzschließklemmer Magnetzünder.
4	Zündspule, Zündverteiler Hochspannung (sekundär).
4a, 4b	Zündspule, Zündverteiler Hochspannung bei Zündspulen mit 2 Stromkreisen.
15	Geschaltetes Plus nach der Batterie (Zündung).
15a	Ausgang zum Vorwiderstand Starter und Zündspule (Startanhebung).

Zusätzliche Anlagen	
Klemmenbezeichnung	**Bedeutung**
52	Signal vom Anhänger allgemein (Rückmeldung Ladeklappe usw.).
54g	Ventil für Dauerbremse im Anhänger (elektromagnetisch).
75	Radio, Zigarettenanzünder.

Elektrisches Messen – gar nicht so schwer

Oftmals ist die Messung selbst gar kein Problem. Auch die Messpunkte werden schnell gefunden. Es hängt nur an der Auswertung des Ermessenen und ein gewisses Verständnis sowie eine gewisse Logik. Beides kann man jedoch durch Erfahrung erwerben.

Messübungen mit dem Multimeter

Wir alle kennen das Problem. Geht man von der Mechanik aus, so lassen sich Fehler häufig alleine durch die Tatsache finden, dass sie »begreifbar« sind, soll heißen, Verschleiß ist sichtbar oder zu mindestens erfassbar.
Bei der Elektrik/Elektronik ist es etwas anders. Hier gestaltet sich eine Fehlersuche häufig frustrierend. Sensoren, Kabel und Aktoren (z.B. Motoren, Magnetventile usw.) zeigen sich optisch meist ohne Fehler. Das System ist nicht mit den Händen »begreifbar«. Deshalb ist es wichtig, dass man es durch Messgeräte »begreifbar« macht, in dem man z.B. Spannungen an Bauteilen misst und damit optisch darstellt. Die ermessenen Istwerte können dann mit Sollwerten verglichen werden. Gerade die graphische Auswertung über ein Oszilloskop kommt dann der begreifbaren Überprüfbarkeit der mechanischen Bauteile sehr nahe.
Oftmals ist die Messung selbst gar kein Problem. Auch die Messpunkte werden schnell gefunden. Es hängt nur an der Auswertung des Ermessenen und ein gewisses Verständnis sowie eine gewisse Logik. Beides kann man jedoch durch Erfahrung erwerben.
Auch für die meisten ausgebildeten Mechatroniker ist der »elektrische Bereich« ihres Berufes mit »Kriegsfüßen« behaftet. In diesem Kapitel wollen wir Ihnen das Multimeter näher bringen und einige Messübungen an Ihrem Fahrzeug durchführen. Die Messübungen wurden so zusammengestellt, dass Sie die wichtigsten Funktionen der Messgeräte zeigen, gleichzeitig aber auch schon Prüfungen am Auto beinhalten, die einem in der Praxis weiterhelfen können.

Umgang mit dem Multimeter

Aufbau und Funktion des Multimeters

Nein, wir werden jetzt nicht ein theoretisches Thema aufgreifen und die Bedienungsanweisungen, so schlecht sie meist auch sind, aufgliedern und vorstellen. Dieses Buch befasst sich mit der praktischen Arbeit. Sie sollen möglichst schnell und einfach in die Lage versetzt werden, ein Standardmessgerät als Werkzeug einzusetzen, denn mehr ist es auch nicht.
Dieser Multimeter ist das Standardmultimeter, das wir im Diagnosebereich einsetzen und für ca. 30 Euro im Handel zu erstehen ist. Der Vorteil eines Multimeters dieses Bautyps liegt im großen Display, dem manuell wählbaren Messbereich, den laborkabeltauglichen

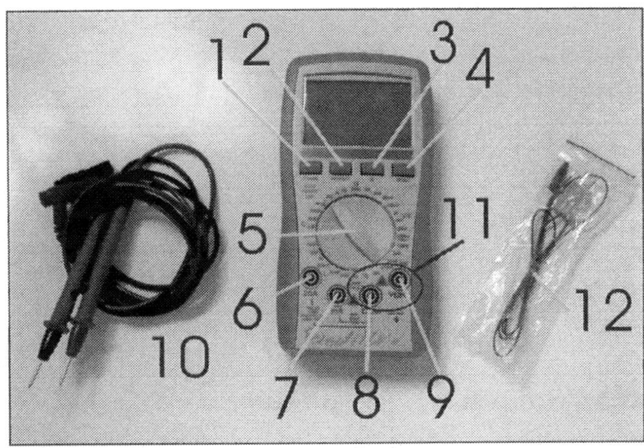

Multimeter »Peak Tech 2010DMM«: 1 Einschalter, 2 Peek Hold Taste, 3 Lichtschalter, 4 Wechselspannung (AC) Gleichspannung (DC), 5 Messbereichswählschalter, 6 Ampere Anschluss bis 20A, 7 0,1 Ampere Anschluss bis 200mA= 0,2 A, 8 COM Anschluss als Messpol, 9 V/Ohm/ Herz Messbuchse, 10 Messkabel, 11 Kabelabgriffe für Spannung und Widerstand, 12 Temperatursensor.

Anschlussbuchsen, der automatischen Abschaltung bei Nichtgebrauch und der geringen Messspannung im Widerstandsbereich von bis zu 2V.
Die folgenden Beispiele sollen die Handhabung eines Messgerätes verdeutlichen. Im Zweifelsfall sollte man immer die Bedienungsanleitung des Messgerätes lesen, insbesondere im Hinblick auf maximale Spannungen oder Ströme, die man mit dem Gerät messen kann. So sind beispielsweise die gebräuchlichen Multimeter nicht dafür geeignet, um Messungen an den Hochspannungsbauteilen einer Zündanlage durchzuführen. Hier bestünde nicht nur Gefahr für das Gerät, sondern auch für denjenigen, der es in den Händen hält, da die vom Hersteller konstruktiv vorgesehenen Isolationsfestigkeiten überschritten werden.

Aufbau und Funktion des Multimeters mit Amperezange Benning CM2

Auch dieses Gerät ist bei uns im Dauereinsatz. Die Vorteile dieses Messgerätes liegen in seiner kleinen Bauweise und den hohen messbaren Strömen bis 300 A, die auch eine Starterprüfung zulassen. Für Prüfungen von Bauteilen ist es durch die automatische Messbereichswahl nur bedingt brauchbar. Der Preis liegt bei etwa 165 Euro.
Wie auch beim Multimeter soll diese Beschreibung der Amperezange keine Exkursion ins Machbare der

Welt der Elektronik werden, sondern lediglich anhand einiger Beispiele den praxisnahen Umgang vorstellen und Ihnen eine Möglichkeit zum Einüben geben.

Ist man sich über die Größe des Messwertes nicht im Klaren, dann sollte man mit einem größeren Messbereich anfangen und Stufe für Stufe so lange runter schalten, bis man ein brauchbares Messergebnis erhält.

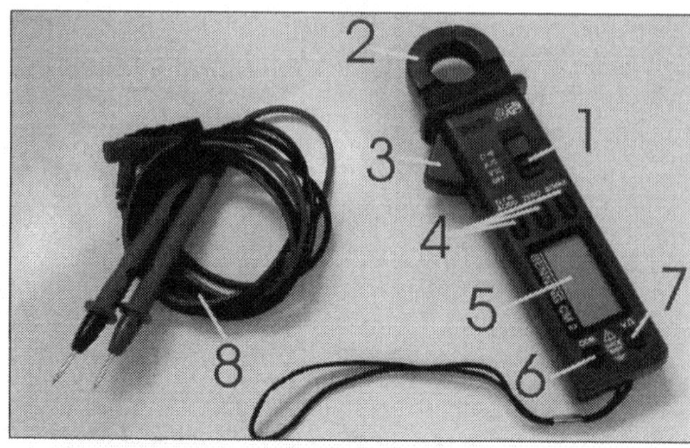

Amperezange: 1 Funktionswahlschalter, 2 Amperezange, 3 Öffnungshebel Amperezange, 4 Funktionswahltasten, 5 Display, 6 COM Anschluss als Messpol, 7 V/Ohm Anschluss, 8 Messkabel.

Messungen

Multimeter sind recht praktische »Vielfachmessgeräte«, die sich für fast alle Messungen eignen, deren Signalablauf entweder langsam oder gleichmäßig erfolgt. Typische Messungen am Fahrzeug sind:

Die Spannungsmessung
Spannung bedeutet Ladungsträgerunterschied! Der Ladungsträgerunterschied zwischen den beiden Batteriepolen ergibt eine Spannung von »12 V«. Die Spannungsmessung ist die häufigste Messung, die am Fahrzeug durchgeführt wird. Ein klarer Vorteil liegt darin, dass die Messungen im Betrieb, also bei eingeschalteten Geräten, erfolgen kann. Die Ergebnisse werden im Betriebszustand bewertet.
Zum Einsatz kommen unterschiedliche Messverfahren für die Spannungsmessung, die die Arbeit mit dem Messgerät deutlich vereinfachen sollen.

Potenzial gebundene Messung
Schwieriges Wort aber eine deutliche Vereinfachung in der Messtechnik. Der Begriff steht für eine Mes-

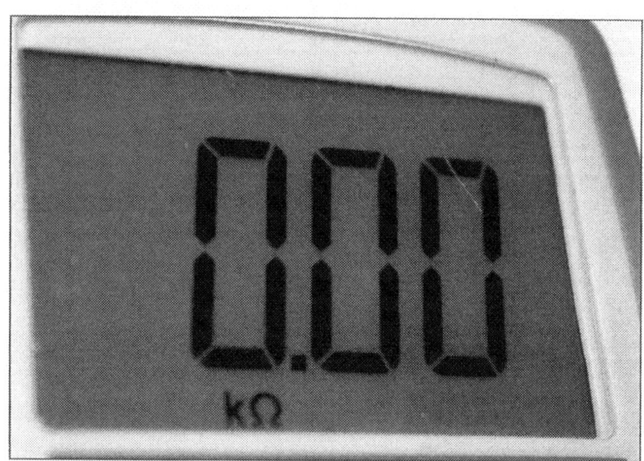

»000«: Keine Aussagen möglich: Der Messbereich ist zu groß eingestellt, er muss verkleinert werden (runter schalten!), um noch eine aussagefähige Messung machen zu können.

Potenzial gebundene Messung: Klammer an Masseanschluss!

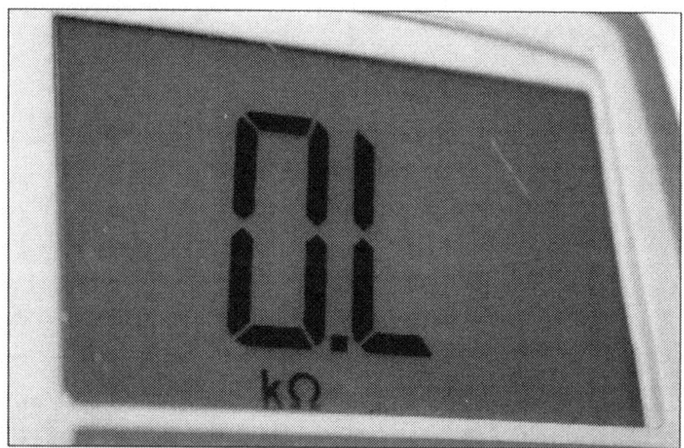

»0L«: Keine Aussage möglich: Der Messbereich ist zu klein eingestellt. Der Messwert kann nicht erfasst werden. Der Messbereich muss vergrößert werden (hoch schalten!).

sung gegen Masse. Das schwarze Kabel des Messgerätes wird bei potenzialgebundenen Messungen immer an die Fahrzeugmasse angeschlossen. Das kann durchaus mit der Kabelklemme geschehen. Für die eigentliche Messung muss nun nur noch das rote Messkabel geführt werden.

Wie versprochen liefern wir ein Beispiele, die Sie sofort durchführen können:

Messübung 1 – Prüfung von Sicherungen im eingebauten Zustand

Arbeitsschritt	Aufgabe	Bemerkung
1. Vorbereitung am Traktor.	Öffnen Sie die Motorhaube.	
	Legen Sie die Batterie frei.	Isolierung aufklappen.
	Öffnen Sie den Deckel des Sicherungskastens (im Motorraum oder an der Armaturentafel verbaut).	
2. Vorbereitung am Multimeter.	Schalten Sie das Multimeter ein.	Taste 1.
	Stellen Sie den Messbereichswählschalter des Multimeters auf den Messbereich bis 20 V Gleichspannung (DC).	Schalter 5.
	Schalten Sie mit der Taste DC/AC auf Gleichspannung (DC) um.	Taste 4.
	Schließen Sie das schwarze Messkabel an den Batterie -Pol und an das Multimeter an.	COM Anschluss am Messgerät (Buchse 8) und Klemme am Minuspol der Batterie.
	Schließen Sie das rote Messkabel an das Multimeter an.	V/Ohm/Herz Messbuchse (Buchse 9).
3. Kontrollmessung.	Halten Sie die Messspitze des roten Kabels an den Batteriepluspol.	Das Multimeter sollte nun eine Spannung von ungefähr 12 V bis 13,7 V anzeigen. Zeigt es immer noch 0 V an, ist entweder Ihre Batterie leer oder Ihr Masseanschluss zum Multimeter ist nicht richtig angeschlossen. Erst wenn hier eine Spannung gemessen wird, kann weitergearbeitet werden.

Messung Sicherung Eingang.

Messung Sicherung Ausgang.

Arbeitsschritt	Aufgabe	Bemerkung
4. Sicherungen prüfen im eingebauten Zustand.		Der Messaufbau zum Masseanschluss bleibt so bestehen.
Messen an der Sicherung KL30.	Betrachtet man die eingebauten Sicherungen von oben, kann man oft an beiden Enden der Sicherung die Anschlussplatten erkennen. Halten Sie nun das rote Kabel an die diese Stelle und messen Sie die Spannung am Eingang und am Ausgang der Sicherung.	Sie werden Sicherungen finden, bei denen trotz ausgeschalteter Zündung eine Spannung anliegt. Diese liegen dann auf »Dauerplus« und werden mit der Klemmenbezeichnung »30« benannt. »30« oder auch »KL30« bedeutet also, dass der Strom direkt von der Batterie kommt und nicht vom Zündschloss oder etwas anderem abgeschaltet wird.
Unterscheiden KL15, KL30.	Finden Sie nun eine Sicherung, an deren Aus- und Eingang bei abgeschalteter Zündung keine Spannung anliegt.	Merken Sie sich diese Sicherung.
Messen an der Sicherung KL15.	Schalten Sie nun die Zündung ein.	
	Halten Sie nun das rote Kabel an die diese Sicherung und messen Sie wieder die Spannung am Eingang und am Ausgang der Sicherung.	Liegt nun bei eingeschalteter Zündung eine Spannung an, so wird die Sicherung mit »15« beaufschlagt. Diese Klemmenbezeichnung beschreibt ein durch das Zündschloss geschaltetes Plus.
Diese Messung ist dann wichtig, wenn Fehler in einem Stromkreis gefunden werden sollen. Gerade bei Steuergeräten ist der Platz in den zum Teil bis zu 100-poligen Steckern sehr beschränkt. Das Hantieren mit einem einzelnen Messkabel erleichtert die Arbeit erheblich!		

Auswertungen von Messungen an der Sicherung

Arbeitsschritt	Aufgabe	Bemerkung
Defekte Sicherungen.	Führen Sie eine potenzialgebundende Messung für die entsprechende Sicherung durch.	Liegen im Eingang 12 V an, jedoch im Ausgang 0 V so ist die Sicherung defekt.
Intakte Sicherungen.	Führen Sie eine potenzialgebundende Messung für die entsprechende Spannung an.	Im Ausgang sowie im Eingang liegen 12 V Sicherung durch.

Sie können nun leicht alle Sicherung im Sicherungsträger ohne Demontage sehr schnell und leicht prüfen. Soll eine ganze Reihe von Sicherungen geprüft werden, wird der Unterschied zwischen »Schaffen« und »Messen« extrem deutlich. Zum Durchmessen wird nur ein Bruchteil der Zeit benötigt, da die Sicherungen nicht zuerst herausgezogen und optisch kontrolliert werden müssen.

Potenzialfreie Messungen

Diese Bezeichnung benennt eigentlich die typische Vorgehensweise, die beim Messen am Kraftfahrzeug durchgeführt wird. Es kommen beide Messkabel in den Einsatz und »verglichen« werden zwei Messpunkte miteinander. Zuerst einmal erscheint diese Messung unsinnig. Tatsächlich erlaubt diese Messung die Anschlüsse eines angeschlossenen Verbrauchers direkt zu prüfen. Gerade beim Anlasser kann ein oxidiertes Kabel die Startleistung des Anlassers deutlich vermindern. Anhand dieser Messung lässt es sich leicht überprüfen, ob die 200 Euro für den neuen Anlasser nun angelegt werden müssen oder die Urlaubskasse merklich gestärkt werden darf.

Messübung 2 – Prüfung des Spannungsverlust Batterieplus zum Anlasserplus

Arbeitsschritt	Aufgabe	Bemerkung
1. Vorbereitung am Traktor.	Öffnen Sie die Motorhaube.	
2. Vorbereitung am Multimeter.	Legen Sie die Batterie frei.	Isolierung aufklappen.
	Schalten Sie das Multimeter ein.	Taste 1.
	Stellen Sie den Messbereichswählschalter des Multimeters auf den Messbereich bis 20 V Gleichspannung (DC).	Schalter 5.
	Schalten Sie mit der Taste DC/AC auf Gleichspannung (DC) um.	Taste 4.
	Schließen Sie das schwarze Messkabel an den Batterie +Pol (ja das stimmt schon!) und an das Multimeter an.	COM-Anschluss am Messgerät (Buchse 8) und Klemme am Minuspol der Batterie.
	Schließen Sie das rote Messkabel an das Multimeter an.	V/Ohm/Herz Messbuchse (Buchse 9).
3. Messaufbau.	Halten Sie die Messspitze des roten Kabels an das dicke Kabel des Anlassers (notfalls beide Klemmen mit Messspitzen ausführen).	Das Multimeter sollte nun eine Spannung von ungefähr 0 V anzeigen (Spannung wird gemessen von + Batterie auf +Anlasser.
	Legen Sie das angeschlossene Multimeter so hin, dass Sie das Display vom Fahrersitz aus ablesen können.	ACHTUNG: Achten Sie darauf, dass kein Messkabel sich in drehende Teile des Motors verwickeln kann.
4.Messung.	Starten Sie den Motor.	Die Messung wird bei drehendem Anlasser einen Spannungswert bis zu 2 V ergeben. Das ist der Spannungsverlust, der durch die hohe Leistung des Anlassers im Kabel zwischen Batterie und Anlasser entsteht.
Diese Messung ist dann wichtig, wenn Fehler unter Last auftreten. Es kann leicht überprüft werden, ob der Spannungsverlust plus-seitig« oder »minus-seitig« entsteht.		

Beispiel: Masseproblem am Rücklicht:
Alles geht aus oder blinkt, wenn beispielsweise Bremslicht und Blinker zusammen betätigt werden.

Masseproblem Lichtmaschine
Die Ladespannung ist an der Batterie zu niedrig. An der Lichtmaschine selbst ist sie in Ordnung.

Pluskabelproblem zum Anlasser
Der Anlasser hat zu wenig Leistung.

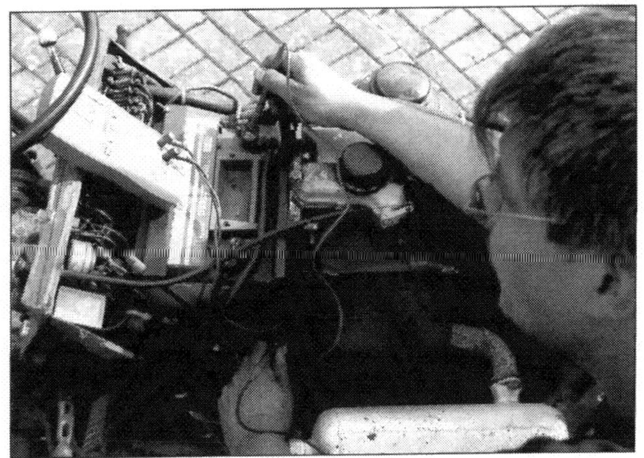

Spannungsverlustmessung am Starterkabel.

Beispielmessungen elektrische Anlage

Messungen der Spannungsversorgung

Vielen guten Mechanikern liegt die Welt der Elektronen weit entfernt von dem Aufgabenbereich, mit dem sie sich gerne beschäftigen. Ein Grundsatz gerade bei der Fehlersuche ist: »Wer gut misst, der ist zu faul zu schrauben«. Ganz sicher finden sich auch in Ihrem Erfahrungsschatz Beispiele, die diesen Spruch bestätigen. Im Folgenden werden die wichtigsten Messarten an einigen Beispielen aufgegriffen und erklärt.

Auf den theoretischen und physikalischen Hintergrund wird allerdings verzichtet. Wir machen Praxis und erklären das »Was, Wie und Warum« der Messungen.

Die Spannungsversorgung des Traktors hängt von der Batterie ab. Und natürlich von den Anschlüssen und der Verkabelung zum Verbraucher. Ein häufiger Fehler, der sich im Laufe der Jahre einschleicht, ist Korrosion. Sie bildet an den Anschlüssen einen Übergangswiderstand, der die Leistung der Bauteile stark einschränkt oder sogar verhindert.

An den folgenden Beispielen werden typische Messungen mit diesen Messaufbauten vorgestellt, die den Betriebszustand des Gerätes erfassen oder die Umgebung auswerten lassen.

Die Spannungsmessung

In den meisten Fällen in der Messtechnik am Kfz kommt die Spannungsmessung zum Einsatz. Die Spannungsmessung kann auch keine Schäden an Bauteilen oder im Kabelbaum hervorrufen. Solange der eingestellte Messbereich die tatsächliche Messung abdeckt, sind auch keine Schäden am Multimeter zu erwarten.

Die Spannungsverlustmessung

Mit der Spannungsverlustmessung kann festgestellt werden, wie groß der Spannungsabfall von einem zum anderen Messpunkt ist. Da der Spannungsabfall immer von der Größe des Widerstandes abhängt, lässt sich ein Übergangswiderstand in der Spannungsversorgung recht gut finden.

Die Strommessung

Die Strommessung ist ein wichtiger Indikator, wenn die Leitung eines Bauteiles bestimmt werden soll. Der Anschluss über ein normales Multimeter beschränkt die Messung auf 10 A beziehungsweise 20 A und macht die Öffnung des Stromkreises erforderlich. Das Messgerät wird in Reihe zum »Verbraucher« angeschlossen. Wird wider Erwarten die Stromaufnahme größer, als das vom Messgeräteshersteller vorgesehen ist, darf mit etwas Glück eine Sicherung ersetzt werden. Schäden an der Elektronik des Multimeters können aber auch leicht vorkommen.

Besser ist hier die Messung mit einer Ampere-Zange. Hier wird dann lediglich die Stromstärke über der Leitung abgegriffen. Das Überschreiten des Messbereiches bleibt dann eben ein Überschreiten des Messbereiches. Schäden sind bei den kleinen Stromaufnahmen nicht zu erwarten.

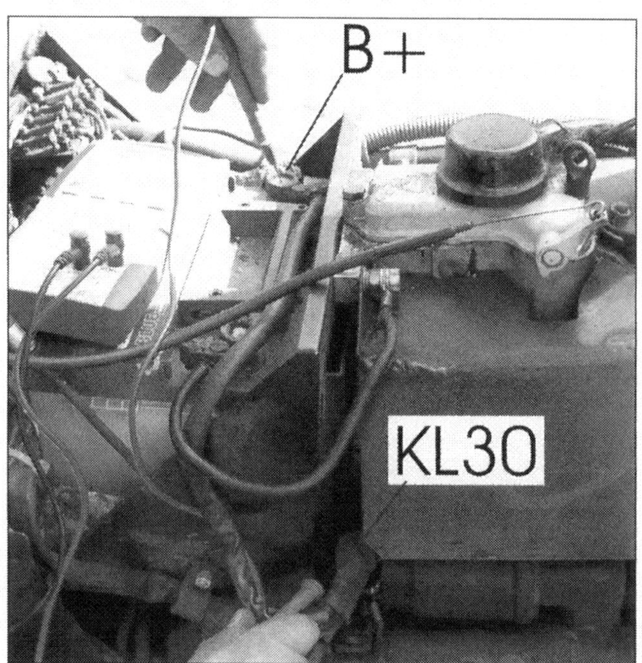

Spannungsverlustmessung am Anlasser.

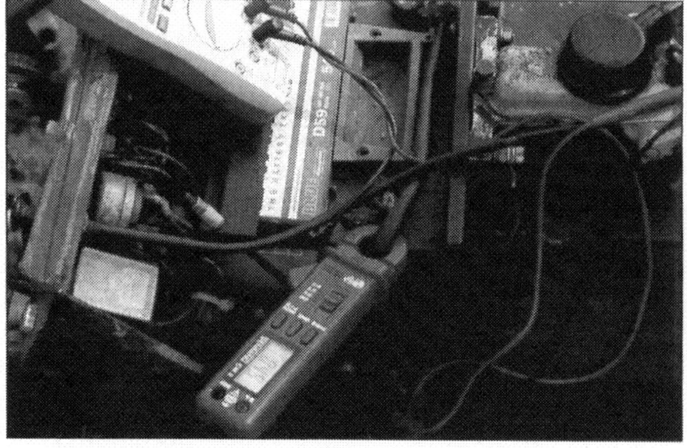

Strommessung mit der Amperezange.

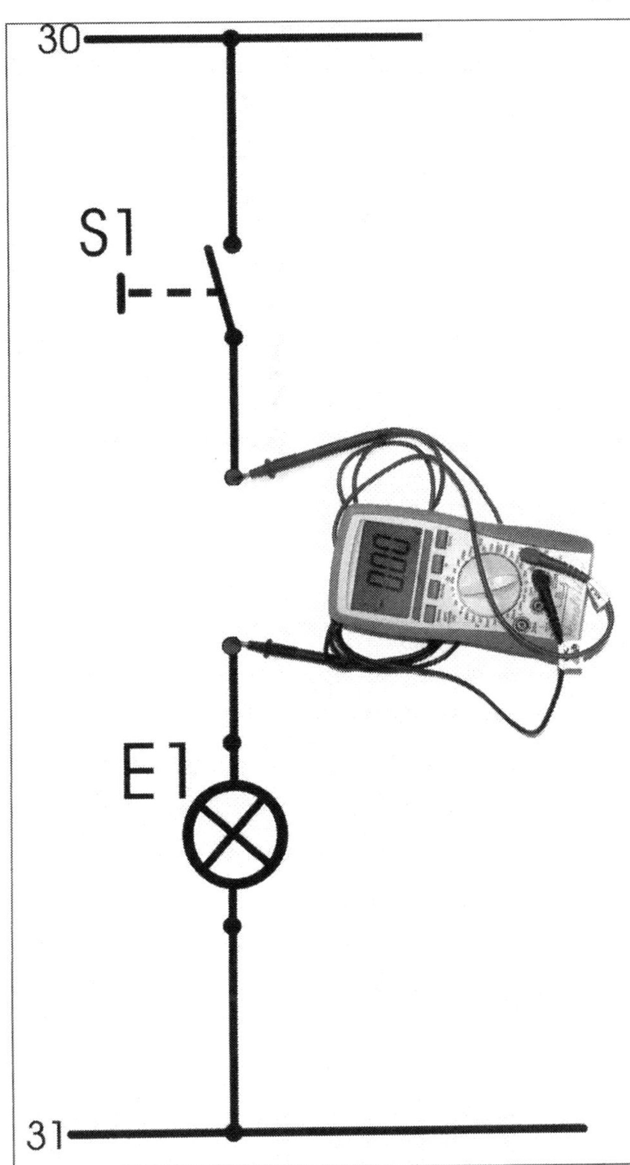

Schaltplan Strommessung an einer Glühbirne.

Die Widerstandsmessung

Egal, was auf Durchgang oder auf Widerstand hin mit dem Multimeter untersucht werden soll, es muss span-

Eine für das Messgerät lebenswichtige Grundlage muss bei diesen Messungen dringend beachtet werden: »OHM OHNE STROM!«

nungsfrei sein! Das Messgerät verwendet eine kleine Messspannung, um die Bauteile beider Messungen nicht zu beschädigen. Auch die jeweiligen Messwiderstände im Gerät sind nicht in der Lage, hohe Ströme oder Leistungen zu übertragen. Stellen Sie immer sicher, dass die Bauteile, dessen Widerstand sie messen wollen, abgeklemmt und spannungsfrei sind.
Die Widerstandsmessung eignet sich nur für Bauteile und Funktionen, deren Funktionszustand fest ist oder deren Messsituation festgelegt werden kann. Selbst die Durchgangsprüfung an Kabeln kann lediglich als Hilfsmessung angesehen werden. Das Verhalten unter Last, wenn der jeweilige Stromkreis tatsächlich arbeitet, kann durch Übergangswiderstände oder beschädigte Kabel ganz anders aussehen. Andere Bauteile wie beispielsweise Temperaturfühler oder auch Glühkerzen verändern ihren Widerstand in Abhängigkeit von Einflussgröße wie beispielsweise der Umgebungstemperatur oder der Betriebstemperatur.

Messbeispiele

Kompliziert in der Gesamtbetrachtung, aber als praktische Anwendung werden Messungen schnell nachvollziehbar. Anhand einiger typischer Messungen werden wir die Vorgehensweise genauer betrachten. »Pin 1« bezeichnet das ROTE Messkabel des Multimeters.

Messungen am Starter

Gehen wir davon aus, dass der Anlasser keine ausreichende Drehzahl erreicht. Der Verdacht liegt nahe, dass der Anlasser defekt ist, da er keine ausreichende Leistung mehr aufbringt.

Versorgungsspannung

Mit dieser Messung wird geprüft, ob eine ausreichende Spannung am Starter anliegt:

Pin1	Pin2	Einstellung	Aktion	Ergebnis	Auswertung
Klemme 50	Masse	Bis 20 V DC	Starten (Anlasser)	ca. 10 -12 V	OK
Klemme 30	Masse	Bis 20 V DC	Keine	ca. 12 V	OK
Klemme 30	Masse	Bis 20 V DC	Starten	ca. 9 -12 V	OK

Spannungsverlust im Pluskabel

Es wird überprüft, ob das Pluskabel zum Anlasser in Ordnung ist.

Messgerät		Multimeter			
Pin 1	**Pin 2**	**Einstellung**	**Aktion**	**Ergebnis**	**Auswertung**
Klemme 30 Anlasser	Klemme 30 Batterie	Bis 20 V DC	Starten (Anlasser)	ca. 0,2-1,5 V	OK

Spannungsverlust über Masse

Es wird überprüft, ob der Masseanschluss zum Motor einwandfrei ist.

Messgerät		Multimeter			
Pin1	**Pin2**	**Einstellung**	**Aktion**	**Ergebnis**	**Auswertung**
Klemme 31 Motor	Klemme 31 Batterie	Bis 20V DC	Starten (Anlasser)	ca. 0,2-1,5 V	OK

Stromaufnahme Starten

Da nun die Versorgung sichergestellt ist, wird der Starter selbst geprüft.

Messgerät	Amperezange			
Anschluss	**Einstellung**	**Aktion**	**Ergebnis**	**Auswertung**
Pluskabel zu Klemme 30 Anlasser.	Bis 500 A	Starten (Anlasser).	150 A–200 A	OK

Stromaufnahme Starten gebremst

Auch die Maximalleistung des Starters kann überprüft werden.

Messgerät	Amperezange			
Anschluss	**Einstellung**	**Aktion**	**Ergebnis**	**Auswertung**
Pluskabel zu Klemme 30 Anlasser.	Bis 500 A	Starten (Anlasser) Gang einlegen, Bremse treten (Anlasser ist dann blockiert).	200A–500 A	OK

Stromaufnahme beim Starten.

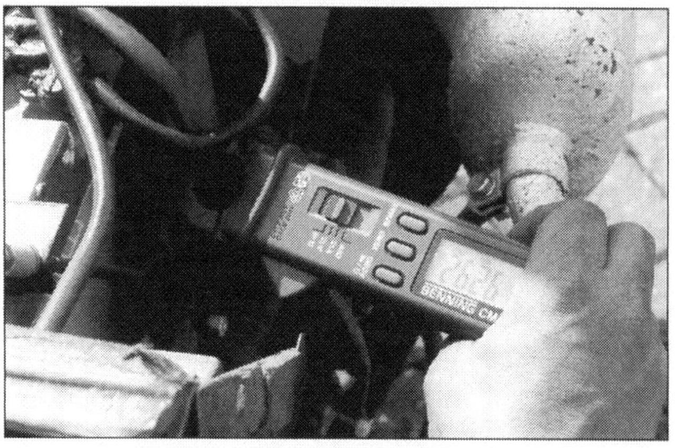

Stromaufnahme beim blockierten Starter.

Sind Daten vom Anlasser bekannt, kann hier anhand der Messung die Leistung bestimmt werden:

Spannung	Stromaufnahme	Leistung Anlasser
12 V	100 A	1200 W
12 V	120 A	1440 W
12 V	140 A	1680 W
12 V	160 A	1920 W
12 V	180 A	2160 W
12 V	200 A	2400 W
12 V	220 A	2640 W
12 V	240 A	2880 W
12 V	260 A	3120 W

Spannung	Stromaufnahme	Leistung Anlasser
12 V	280 A	3360 W
12 V	300 A	3600 W
12 V	320 A	3840 W
12 V	340 A	4080 W
12 V	360 A	4320 W
12 V	380 A	4560 W
12 V	400 A	4800 W
12 V	420 A	5040 W
12 V	440 A	5280 W
12 V	460 A	5520 W
12 V	480 A	5760 W
12 V	500 A	6000 W

Messungen am Generator

Gehen wir davon aus, dass der Generator keine ausreichende Spannung zum Laden der Batterie erzeugt. Wir wollen nun herausfinden, ob der Generator selbst, der Regler oder die Verkabelung ursächlich dafür sind.

Erregerspannung messen.

Wir wollen prüfen, ob die Spannung nach der Ladekontrollleuchte hoch genug ist, um das Magnetfeld des Generators aufzubauen.

Messgerät	Multimeter				
Pin 1	**Pin 2**	**Einstellung**	**Aktion**	**Ergebnis**	**Auswertung**
D+	Klemme 31 Batterie	Bis 20 V DC	Zündung einschalten.	ca. 12 V (etwas weniger als Bordnetz).	OK

Ladespannung

Mit dieser Messung wird überprüft, ob der Generator eine ausreichend hohe Ladespannung hat.

Messgerät		Multimeter			
Pin 1	**Pin 2**	**Einstellung**	**Aktion**	**Ergebnis**	**Auswertung**
B+	Klemme 31 Batterie	Bis 20 V DC	Zündung einschalten.	12,5 V-15 V (höher als Bordnetz).	OK

Ruhestrom

Um festzustellen, ob die Batterie von einem Verbraucher »leer gesaugt« wird, reicht diese Messung aus. Will man feststellen, welcher es ist, zieht man zuerst einmal eine Sicherung nach der anderen heraus. Der Stromkreis, an dem das Amperemeter dann wieder »0« anzeigt, wird genauer unter die Lupe genommen.

Messgerät	Amperezange			
Anschluss	**Einstellung**	**Aktion**	**Ergebnis**	**Auswertung**
Alle Pluskabel von Klemme 30 Batterie.	mA	Alles abgeschaltet.	0 m A	OK

Ladestrom

Will man feststellen, ob nach dem Einschalten aller elektrischer Verbraucher noch eine Batterieladung stattfindet oder bereits die Batterie entladen wird, ist diese einfache Messung erforderlich.

Messgerät	Amperezange			
Anschluss	**Einstellung**	**Aktion**	**Ergebnis**	**Auswertung**
Pluskabel zu Klemme 30 Anlasser.	Bis 500 A	Starten (Anlasser) Gang einlegen, Bremse treten (Anlasser ist dann blockiert).	200 A – 500 A	OK

Messung an der Glühanlage

Bei Startschwierigkeiten geht man oft davon aus, dass die Glühanlage einen Fehler aufweisen könnte. Die Funktionen – zumindest die elektrischen Funktionen – können ohne große Demontagearbeiten schnell überprüft werden.

Versorgungsspannung

Um Leistung bringen zu können, muss der Glühkerze auch Spannung zur Verfügung stehen.

Messgerät		Multimeter			
Pin 1	**Pin 2**	**Einstellung**	**Aktion**	**Ergebnis**	**Auswertung**
Klemme 31 Batterie	Klemme 17 Glühkerze	Bis 20 V DC	Zündung einschalten, Glühschalter betätigen.	10 V-14 V	OK

Spannungsverlustmessung

Ist die Glühspannung zu gering, muss der »Übeltäter« ertappt werden.

Messgerät		Multimeter			
Pin 1	**Pin 2**	**Einstellung**	**Aktion**	**Ergebnis**	**Auswertung**
Klemme 17 Glühschalter	Klemme 17 Glühkerze	Bis 20 V DC	Zündung einschalten, Glühschalter betätigen.	0 V-0,5 V	OK

Glühstrommessung

Die Stromaufnahme kann verraten, wie viele Kerzen noch im Einsatz sind. Über den Daumen nimmt eine Glühkerze einen Glühstrom um 10 A auf. 40-50 A = 4 Glühkerzen.

Messgerät	Amperezange			
Anschluss	**Einstellung**	**Aktion**	**Ergebnis**	**Auswertung**
Alle Kabel zu	Bis 500 A einschalten, Glühschalter betätigen.	Zündung	10 A-50 A	OK

Messung an der Lichtanlage

Glimmt ein Lämpchen nur dunkel vor sich hin, findet sich meistens ein Übergangswiderstand an einem »schlechten« Kontakt zu Masse oder Plusseite.

Versorgungsspannung

Die Spannung sollte immer mit der angeschlossenen Lampe erfolgen. Die Leistung, die die Lampe einfordert, kann den Fehler deutlich machen.

Messgerät		Multimeter			
Pin 1	**Pin 2**	**Einstellung**	**Aktion**	**Ergebnis**	**Auswertung**
58 am Rücklicht	Klemme 31 am Rücklicht	Bis 20 V DC	Licht einschalten.	ca. 12 V	OK

Spannungsverlustmessung

Ist die Betriebspannung der Lampe zu gering, muss auch hier die Ursache festgestellt werden.

Messgerät		Multimeter			
Pin 1	**Pin 2**	**Einstellung**	**Aktion**	**Ergebnis**	**Auswertung**
Klemme 31 Rücklicht	Klemme 31 Batterie	Bis 20 V DC	Licht einschalten.	0-0,5 V	OK
58 am Rücklicht	58 am Lichtschalter	Bis 20 V DC	Licht einschalten.	0-0,5 V	OK
Klemme 30 Lichtschalter	Klemme 30 Batterie	Bis 20 V DC	Licht einschalten.	0-0,5 V	OK

Spannungsmessung am Rücklicht.

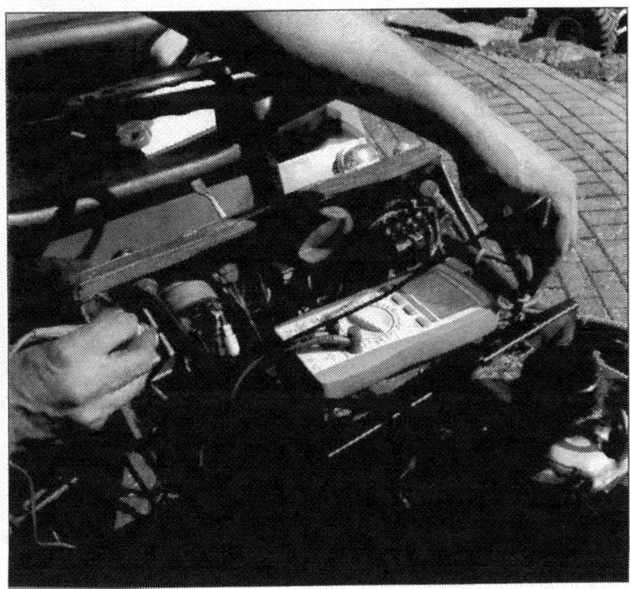

Spannungsverlustmessung in der Plusleitung zum Schalter.

Die Hydraulikanlage

Hydraulikanlagen werden mit durch einen Hydraulikmotor als Zusatzaggregat an Schleppern betrieben. Sie dienen als Antrieb für Anbaumaschienen und natürlich für den »Dreipunkt« am Heck eines Schleppers. Um die erzeugten Drücke optimal nutzen zu können, ist der Wartungsaufwand an der Anlage relativ hoch.

Die hydraulische Anlage des Traktors formt die Antriebsleistung zum Teil in hydraulische Leistung um. Die Hydraulik ist aufgrund der recht einfachen übertragbaren Arbeitsleitung das optimale Medium, um Anbauteile für die landwirtschaftliche Arbeit oder sogar fahrzeugeigene Systeme zu betreiben.
Für fast alle Zwecke gibt es auch für die älteren Semester Nachrüstsätze bis hin zur hydraulischen Lenkunterstützung.
Die Hydraulikanlage eines Treckers ist häufig undicht, nicht selten auch an unübersichtlichen Stellen und deshalb dann auch nicht mehr wirklich funktionsfähig. Daher sollte diese genau untersucht werden.

Hydraulikflüssigkeit

Die Aufgaben der Hydraulikflüssigkeit sind noch recht überschaubar. Die Anforderungen hingehen gehen oftmals weit auseinander. Zum einen soll die Hydraulikflüssigkeit für den Korrosionsschutz in der hydraulischen Anlage sorgen. Hierzu gehört auch die Eigenschaft, Wasser abzuweisen. Zum anderen werden die meisten unserer Fahrzeuge in Feld, Wald und Flur eingesetzt. Entsprechend sind Leckagen an den Systemen schädlich für Umwelt und Grundwasser. Die Forderungen gehen ganz klar zu Bio-Flüssigkeiten. Die Eigenschaften unterscheiden sich nach den technischen Anforderungen nicht zu den Mineralölprodukten. Lediglich beim Preis wird der Umweltschutzgedanke für so manchen unterdrückt werden.
Im Grundsatz sind eigentlich alle Flüssigkeiten als Übertragungsmedium für die hydraulische Anlage einsetzbar. Es gibt auch recht sinnvolle Überlegungen, Wasser als Medium zu verwenden. Die Klarwassertechnik hat den deutlichen Vorteil, weder bei Flüssigkeitsverlust noch bei Schäden an der hydraulischen Anlage Schäden an der Umwelt anzurichten. Die Umrüstung für unsere »älteren« Anlagen ist allerdings nicht möglich.

Schläuche und Leitungen

Bei den Schläuchen unterscheidet man grundsätzlich erst einmal Hoch- und Niederdruckschläuche.
Während die Hochdruckschläuche ein Gewebe meistens aus Metall enthalten, sind die Niederdruckschläuche häufig einfache Gummischläuche. Die Niederdruckseite ist meist mit einfachen Schlauchschellen befestigt, sodass diese auch selbst ersetzt werden können. Hierbei ist darauf zu achten, dass der verwendete Schlauch ölbeständig ist. Die Hochdruckseite ist schon anspruchsvoller. Diese Schläuche sind in der Regel auf den Kupplungsstücken verpresst. Daher ist es hier das Einfachste, den zu ersetzenden Schlauch komplett auszubauen inkl. aller Anschluss- und Kupp-

Hochdruckschlauch.

Bezeichnung der Hydrauliköle nach DIN 51 524

Hydrauliköl DIN 51 524 – HLP 46

Hydrauliköl DIN 51 524 – HLPV 68

Bedeutung der Buchstabengruppen

H	Hydrauliköl
L	In diesem Öl sind Additive zur Verbesserung des Korrosionsschutzes enthalten.
P	In diesem Öl sind Additive zur Herabsetzung der Reibung enthalten.
V	In diesem Öl sind Additive zur Verdünnung (Lösungsmittel!) enthalten.

Bedeutung der Zahlenangaben:

Die Zahl hinter den Buchstaben gibt Hinweise zur Zähigkeit des Öles (Viskosität) an. Die Messung erfolgt bei 40 °C und beschreibt die Ausweitung in mm^2/s (Quadratmillimeter pro Sekunde).

Metallleitung.

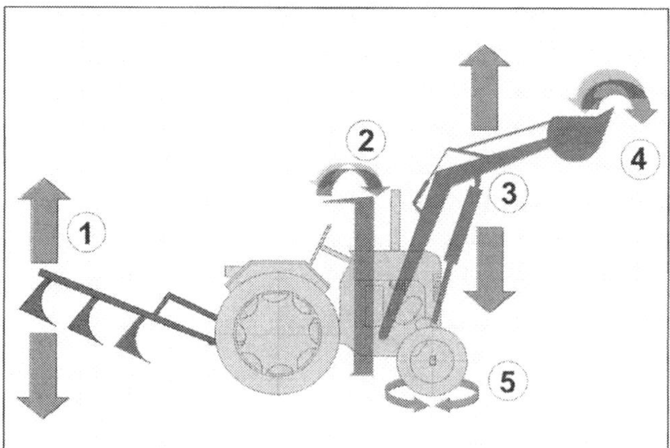

Hydrauliksystem am Traktor: 1 Hubarbeit und Hubwerksregelung: Heben und senken; 2 Mähwerk: Heben, senken und mähen; 3 Frontlader: Heben und senken; 4 Frontladerkopf: Senken und neigen; 5 Lenkung: Einlenken des Rades.

lungsstücke, und mit diesem alten Schlauch als Muster zu einem Fachbetrieb für Hydraulik zu gehen. Diese fertigen Schläuche nach Muster an.

Durchgerostete, -gescheuerte oder gerissene Metallleitungen können selbst repariert werden. Diese Leitungen kann man hartlöten (siehe Kapitel »Elektrische Anlage«). Weiterhin gibt es natürlich auch die Möglichkeit, die Leitungen zu ersetzen. Am häufigsten findet die Version mit Einschneidringen Verwendung (diese werden unter anderem auch im Haus bei den Anschlüssen der Wasserhähne verwendet). Diese Leitungen lassen sich relativ leicht selbst ersetzen, da sie einfach auf die gewünschte Länge gekürzt werden müssen und dann verschraubt werden. Beim Verschrauben quetschen sich die Ringe zusammen und dichten so gegenüber der Leitung ab.

Systemaufbau

Hydrauliksysteme am Traktor

Die Kraftmaschine Traktor ist als Entlastung und Arbeitserleichterung für die tägliche Arbeit in der Landwirtschaft realisiert worden. Neben dem Ziehen kamen im Laufe der Zeit immer mehr Geräte hinzu, die Aufgaben auf dem Hof deutlich erleichtern. Betrachtet man die ersten Kraftlader, die die Anhebung der Heckanbaugeräte noch mechanisch realisierten, ist der Zuwachs an Komfort, Sicherheit und Kraft deutlich mit der Einführung der Hydraulik verbessert worden. Hinzu kommt noch, dass die relativ aufwändige Mechanik mit ihren Hebeln, Zügen und Umlenkungen viel aufwändiger zu installieren und zu warten ist.

Pumpensysteme in der Übersicht

In der Landmaschinentechnik finden sich eine Vielzahl von unterschiedlichen Pumpenbauarten. Sie können anhand ihres möglichen Förderdrucks und einer enventuellen Regelbarkeit eingestuft werden. Wir werden Ihnen die wichtigsten Bauarten für die hydraulischen Anlagen vorstellen.

Pumpen ohne Verstellung

Außenzahnradpumpe: Das Öl wird durch die Zahnzwischenräume außen am Gehäuse gefördert. Zurücklaufen durch die Mitte kann es nicht, da die Zähne der beiden Zahnräder ineinander greifen.

Sie kann einen Förderdruck je nach Passungsgenauigkeit und innerem Aufbau von bis zu 250 bar erreichen.

Außenzahnradpumpe.

Das Fördervolumen hängt von dem Volumen der Zahnzwischenräume und der Pumpendrehzahl ab.

Innenzahnradpumpe (Sichelpumpe): Das Öl wird durch die Zahnzwischenräume außen am Gehäuse gefördert. Zurücklaufen auf der anderen Seite kann es nicht, da die Zähne der beiden Zahnräder ineinander greifen. Sie kann einen Förderdruck je nach Passungsgenauigkeit und innerem Aufbau von bis zu 250 bar erreichen. Das Fördervolumen hängt von dem Volumen der Zahnzwischenräume und der Pumpendrehzahl an.

Sichelpumpe.

Gerotorpumpe: Der Außenring hat genau einen Zahn mehr als das Zahnrad innen. Das Öl wird auch hier durch die Zahnzwischenräume gefördert. Die Abdichtung erfolgt dadurch, dass der Zahn des Innenrades genau den Zahn des Innenrades berührt. Auch sie kann einen Förderdruck je nach Passungsgenauigkeit und innerem Aufbau von bis zu 250 bar erreichen. Das Fördervolumen hängt von dem Volumen der Zahnzwischenräume und der Pumpendrehzahl ab.

Zahnringpumpe.

Flügelzellenpumpe: Das Öl wird durch die Zwischenräume der Lamellen im Rotor außen am Gehäuse gefördert. Die Abdichtung erfolgt durch die durch die Fliehkraft an der Außenwand angepressten Dichtlamellen der Pumpe. Die erforderliche Volumenänderung wird durch exentrische Rotoranordung oder durch eine ovale Gehäuseform erreicht. Sie kann nur einen geringen Förderdruck erreichen. Das Fördervolumen hängt von dem Volumen der Baugröße und der Pumpendrehzahl ab.

Flügelzellenpumpe.

Axialkolbenpumpe: Dieses Pumpensystem fördert das Öl durch eine schräg gestellte Taumelscheibe, die die Pumpenkolben bewegt. Ihr Volumenstrom ist bauartbedingt geringer, der mögliche Förderdruck allerdings deutlich höher. Sie wird meist in Antrieben für Erntemaschinen eingesetzt.

Pumpen mit Verstellung

Flügelzellenpumpe: Das Öl wird durch die Zwischenräume der Lamellen im Rotor außen am Gehäuse gefördert. Die Abdichtung erfolgt durch die durch die Fliehkraft an der Außenwand angepressten Dichtlamellen der Pumpe. Die erforderliche Volumenänderung wird durch exentrische Rotoranordung erreicht. Wird die Lage des Exenters in Richtung Mitte verlagert, verändert sich das Fördervolumen bis auf null. Die Pumpe ist stufenlos regelbar. Sie kann nur einen geringen Förderdruck erreichen. Das Fördervolumen hängt von dem Volumen der Baugröße und der Pumpendrehzahl ab.

Axialkolbenpumpe: Dieses Pumpensystem fördert das Öl durch eine schräg gestellte Taumelscheibe, die die Pumpenkolben bewegt. Die Fördermenge ist von der Schrägstellung der Taumel oder Hubscheibe abhängig. Wird diese gerade gestellt, wird kein Volumen mehr gefördert. Die Pumpe ist stufenlos regelbar. Ihr Volumenstrom ist bauartbedingt geringer, der mögliche Förderdruck allerdings deutlich höher. Sie werden meist in Antrieben für Erntemaschinen eingesetzt.

Offene und geschlossene Hydrauliksysteme

Bei allen Hydrauliksystemen fördert die Hydraulikpumpe durch einen Filter das Hydrauliköl aus einem Vorratsbehälter zu einem Zylinder. Der Rücklauf wird über eine Rücklaufleitung zum Tank realisiert. Die obere Druckgrenze ist durch ein Druckbegrenzungsventil eingeschränkt.
Im Grundsatz kann man die Hydrauliksysteme in offene und die geschlossene Systeme unterteilen. Offene Systeme fördern im unbetätigten Zustand die Flüssigkeit zurück in den Tank. Geschlossene hydraulische Systeme haben keinen Druckabbau, sondern die Pumpe fördert permanent gegen den geschlossenen Schieber.
Beim offenen Hydrauliksystem fördert die Pumpe ununterbrochen (Kostandförderpumpe). Das Steuerventil gibt bei »Null«-Stellung den Rücklauf zum Tank frei. Für die Förderung wird der Rücklauf verschlossen und der Anschluss zum Zylinder freigegeben. Es wird Druck aufgebaut, der den Zylinder verschiebt.
Beim geschlossenen Hydrauliksystem sperrt das Steuerventil bei »Null«-Stellung den Rücklauf zum Tank. Der sich aufbauende Druck verstellt die Hydraulikpumpe auf »Nullförderung«. Fällt der Druck ab, wird die Hydraulikpumpe stufenlos in Förderstellung gebracht. Dieses System benötigt aufgrund des variablen Druckaufbaus kein Druckbegrenzungsventil.

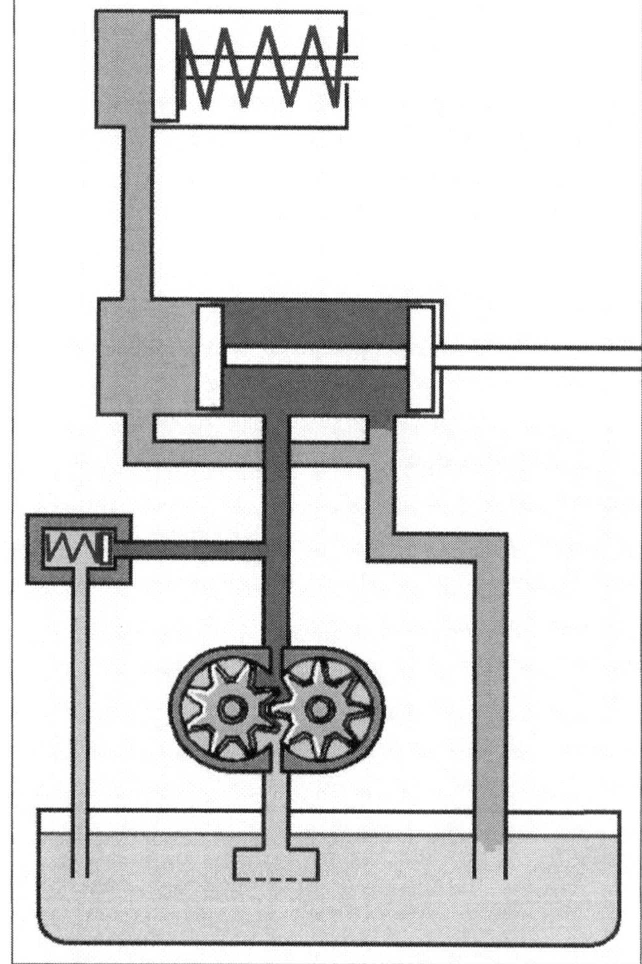
Offenes Hydrauliksystem.

Förderleistung und Druckprüfung

Natürlich können sich in ein Hydrauliksystem auch Fehler einschleichen. Die Diagnose ist bei diesen abgeschlossenen Systemen nicht so einfach. Es geht nämlich nicht darum, ob irgendwo Flüssigkeit ankommt, sondern um festzustellen, ob der Volumenstrom und der Förderdruck den Herstellerangaben entsprechen. Wir gehen davon aus, dass die wenigsten Schrauber diese Prüfgeräte in ihrem Werkstattfundus bereithalten. Dementsprechend sollten Sie für diese Prüfungen die Werkstatt Ihres Vertrauens aufsuchen.
Für diese Prüfung wird das Testgerät an der Druckleitung am Pumpenausgang angeschlossen. Der Ausgang des Testgerätes wird mit der Rücklaufleitung zum Tank verbunden. Es muss hier ein Filter zwischengeschaltet werden.

- Prüfen Sie den Ölstand im Vorratsbehälter.
- Kontrollieren Sie die erforderliche Betriebstemperatur (meist etwa 50 °C).
- Öffnen Sie das Belastungsventil vollständig und lesen Sie die Pumpendrehzahl ab.

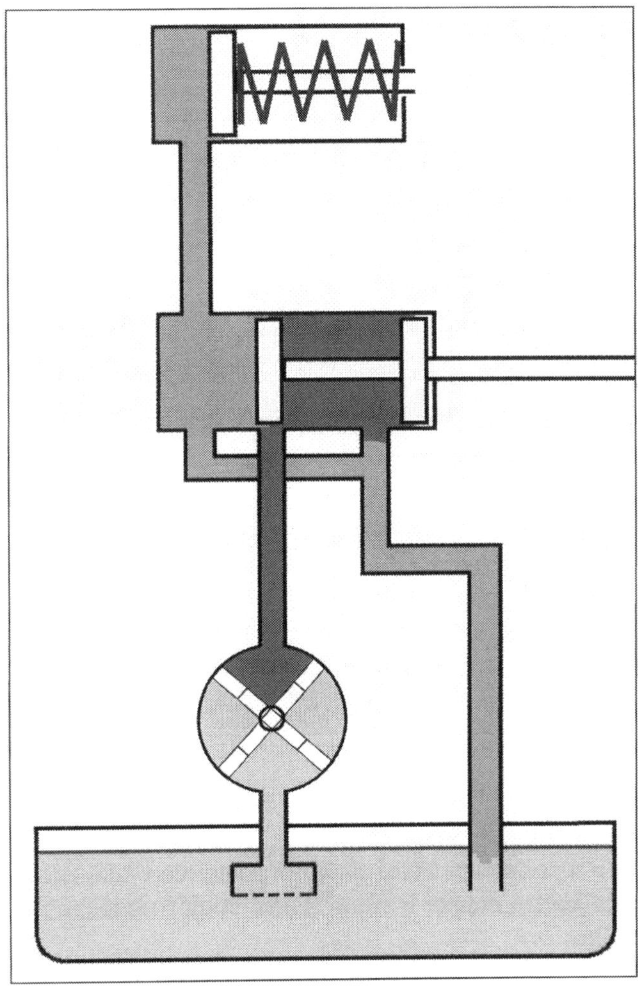

Geschlossenes Hydrauliksystem.

■ Messen Sie bei Pumpennenndrehzahl die maximale Förderleistung ab.
■ Schließen Sie das Belastungsventil langsam, bis die Pumpe Ihren Höchstdruck erreicht hat.
Notieren Sie sich nun die Förderleistung bei Höchstdruck. Die Förderleistung sollte mindestens etwa 75% des Fördervolumens ohne Last entsprechen.

Anschlusskupplung wechseln

Die Anschlussstücke für die hydraulischen Anlagen verbinden Baukomponenten, die entweder ausgetauscht werden sollen oder nur kurzfristig betrieben werden. Es muss eine Lösung gefunden werden, die zum einen die Abdichtung gewährleistet und zum anderen einfach zu bedienen ist. Üblicherweise finden Sie bei den gekuppelten Einleitungssystemen Schnellkupplungssysteme.

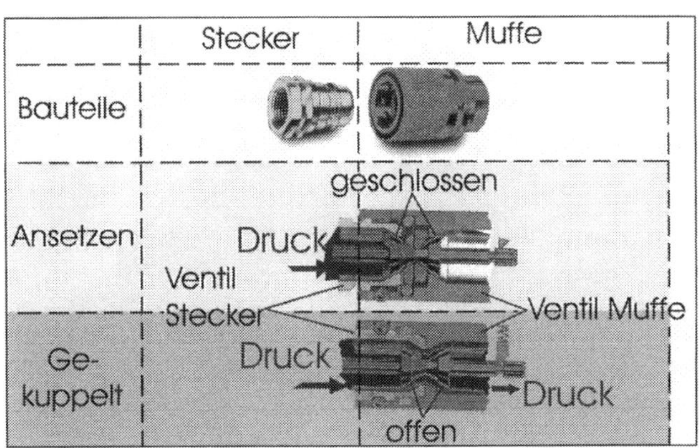

Schnellkupplungssystem.

■ Stellen Sie den Traktor ab.
■ Sorgen Sie dafür, dass das hydraulische System drucklos ist. Zur Prüfung können Sie den Druckpilz des Ventils von Hand betätigen. Lässt er sich nicht eindrücken, steht noch Druck an!
■ Lösen Sie die defekte Kupplung, indem Sie diese vom Gewinde abdrehen. Achten Sie darauf, dass das Gewinde nicht beschädigt ist.
■ Für die Neumontage reinigen Sie das Gewinde mit einer Drahtbürste und wickeln Sie es ausreichend mit Teflonband zur Abdichtung ein.
■ Prüfen Sie immer den Zustand der Gegenseite des Kupplungssystems, im Zweifelsfall wechseln Sie diese Kupplung gleich mit!
■ Stecken Sie die Kupplungen auf und prüfen Sie, ob diese hörbar einrasten.
■ Lassen Sie den Traktor laufen und betätigen Sie das angeschlossene Gerät.
■ Lassen Sie das Gerät unter Druck stehen und beobachten Sie, ob die Anschlusstücke dicht sind.

Hydraulikpumpe abdichten

Die Hydraulikpumpe selbst kann natürlich auch schon mal undicht werden. Auch dies kann man in der Regel selbst beheben. Meist handelt es sich hier nur um alte und hart gewordene Simmeringe oder Dichtungspakete.
■ Hierzu wird die Riemenscheibe der Pumpe abgenommen.
■ Dahinter befindet sich rund um die Welle der Simmering.
■ Dieser kann mit einem Schraubendreher ausgehebelt werden. Der neue Simmering wird nun vorsichtig über die Welle geschoben. Achtung: Aufpassen, dass die Dichtlippe nicht beschädigt wird.

Hydraulikpumpe.

Simmering Einbau.

Zum Einschlagen eignet sich auch eine entsprechend große Nuss aus dem Ratschenkasten. Der Außendurchmesser der Nuss sollte mit dem des Simmerings identisch sein.

- Nun wir der Simmering vorsichtig und gleichmäßig mit leichten Hammerschlägen in das Pumpengehäuse getrieben.
- Bei ausgebautem Simmering sollte die Welle in Augenschein genommen werden. Es kann im Laufe der Jahre schon mal vorkommen, dass diese im Bereich der Dichtlippe »einläuft«.
- Bei zu starken Einlaufspuren sollte die Welle – falls erhältlich – ersetzt werden, sonst ist eine neue Pumpe fällig.

Schaltzeichen Hydraulik

Mit einer kleinen Auswahl an Schaltzeichen möchten wir Ihnen das Lesen der Hydraulikpläne erleichtern:

Zeichen	Funktion
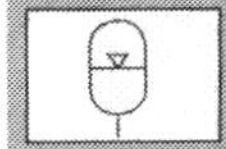	Speicher mit Gasspannvorrichtung.
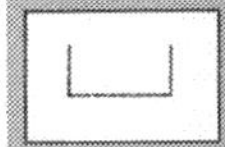	(Flüssigkeits-)Behälter Verbindung mit Atmosphäre.
	(Flüssigkeits-)Behälter Verbindung mit Atmosphäre; Rohrverbindung über dem Flüssigkeitsspiegel.
	(Flüssigkeits-)Behälter Verbindung mit Atmosphäre; Rohrverbindung unter dem Flüssigkeitsspiegel.
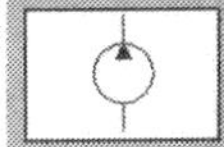	Hydraulikpumpe.
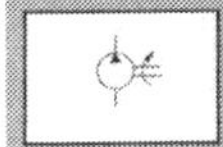	Hydraulikpumpe mit fester Drehrichtung (rechts oder links).
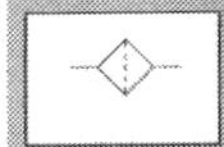	Filter
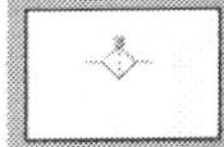	Filter mit Verschmutzungsanzeige.
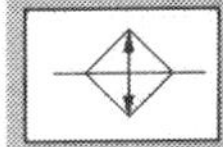	Kühler ohne Angabe der Fließrichtung des Kühlmittels.
	Temperaturregler Zu- oder Abführung von Wärme.
	Ein Durchflussweg.
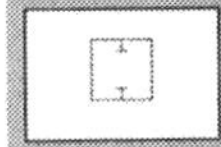	Zwei gesperrte Anschlüsse.
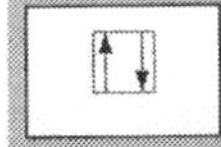	Zwei Durchflusswege.
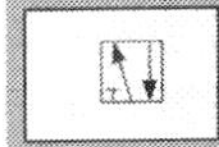	Zwei Durchflusswege und ein gesperrter Anschluss.
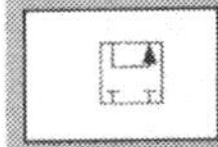	Ein Durchflussweg in Nebenschlussschaltung.
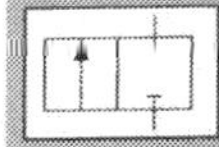	2/2-Wegeventil.
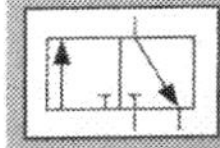	3/2-Wegeventil.
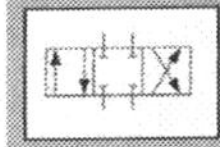	4/3-Wegeventil mit Sperr-Mittelstellung.
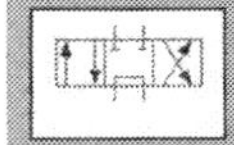	4/3-Wegeventil mit Sperr-Mittelstellung; in Sperrstellung pumpt die Pumpe in den Tank.
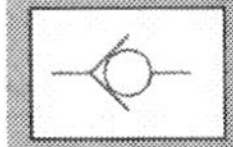	Rückschlagventil.
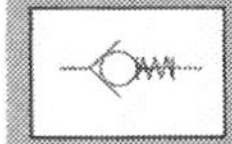	Rückschlagventil, federbelastet.
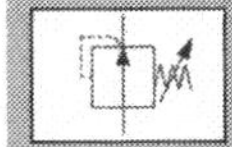	Druckregelventil, einstellbar.
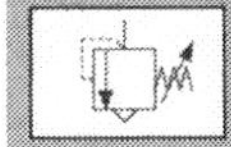	Druckregelventil einstellbar; mit Abflussöffnung.
	Drosselventil Querschnitt konstant.
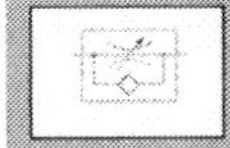	Drosselrückschlagventil.
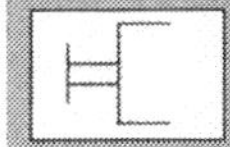	Muskelkraftbetätigung (allgemein).
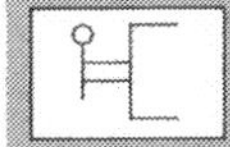	Hebel
	Pedal
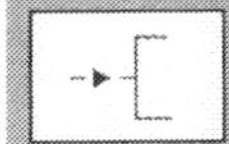	Druckbetätigung direkt; durch Flüssigkeit.
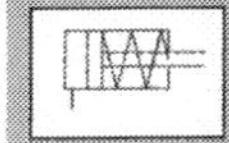	Zylinder einfach wirkend mit Rückhub-Feder.
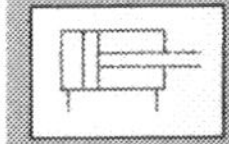	Zylinder doppelt wirkend.
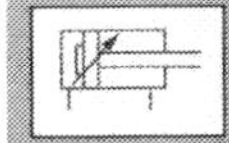	Zylinder mit kolbenseitiger einstellbarer Dämpfung.
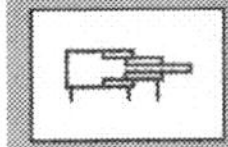	Teleskopzylinder, doppelt wirkend.
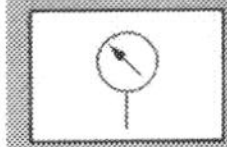	Manometer, Druckmessgerät.
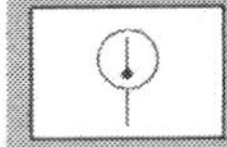	Temperaturmesser (Thermometer).
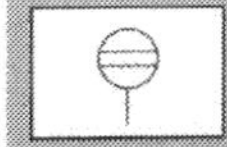	Flüssigkeitsniveaumesser.

Anschlusspläne Hydraulik

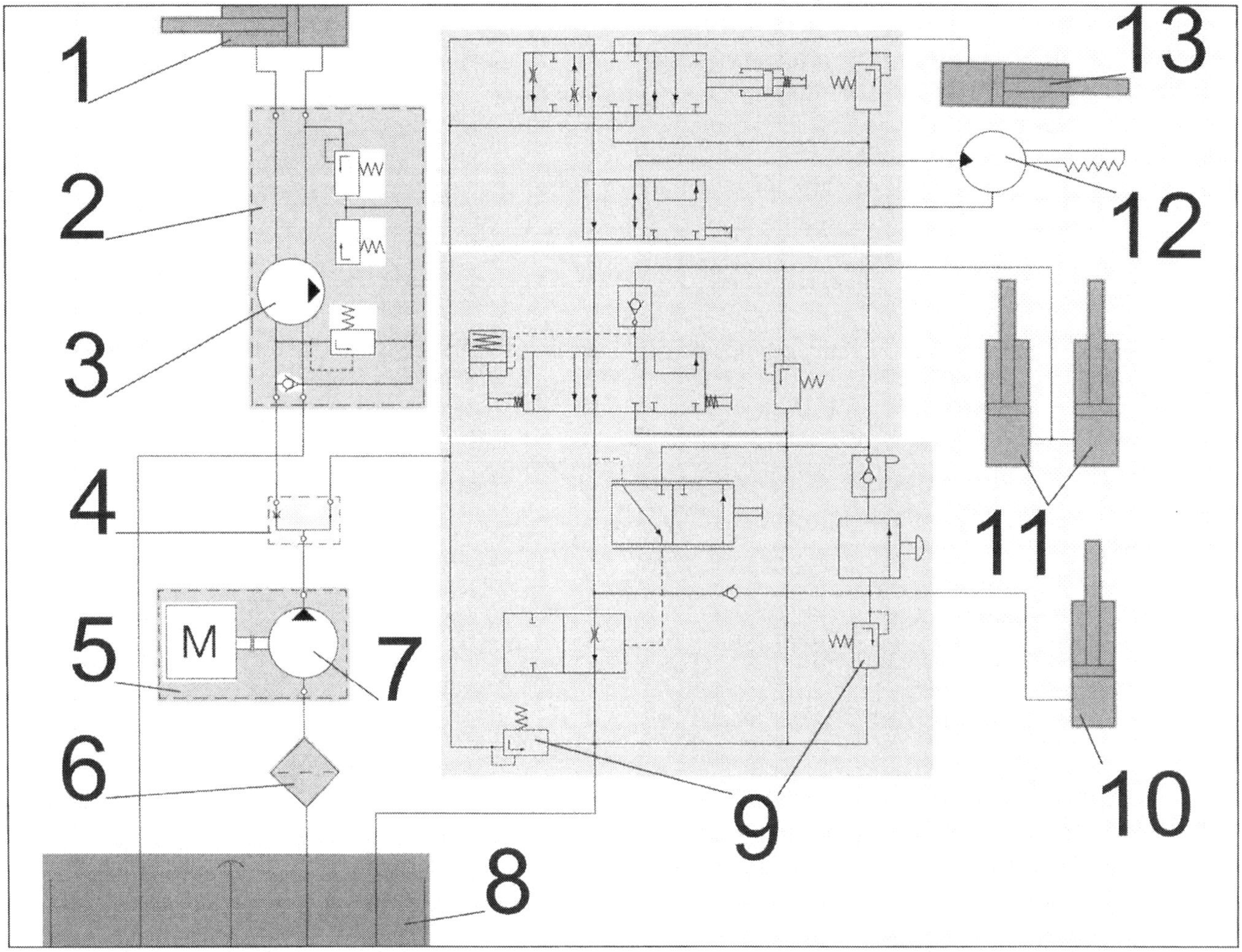

Anschlussplan Hydraulische Anlage am Traktor: 1 Lenkzylinder, 2 hydraulische Lenkung, 3 kombiniertes Wege- und Stromregelventil und Pumpe, 4 Stromteilerventil, 5 Antriebsmotor des Traktors, 6 Filter, 7 Hydraulikpumpe, 8 Tank mit Rohrenden unter dem Flüssigkeitspegel, 9 Druckbegrenzungsventil, 10 Heckhubwerk, 11 Frontlader, 12 Mähwerk, 13 Aushub Mähwerk.

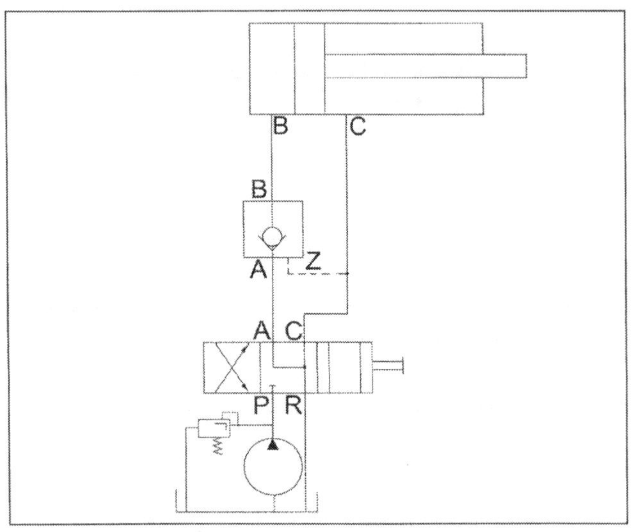

Anschlussgelenke warten

Auch den Gelenken der Hydraulikanlage ist die volle Aufmerksamkeit zu widmen. Es handelt sich hier um so genannte Uniballgelenke. Dies sind Kugelgelenke, welche eine Bohrung durch die Kugel haben und dadurch am Fahrzeug befestigt werden können. Durch die Kugel lassen sich die daran befestigten Arme in alle Richtungen bewegen.

Anschluss Zusatzgerät Holzspalter: Anschluss eines Hydrauliksystems mit entsperrbarem Rückschlagventil. Um den Rückfluss freizugeben, muss das Rückschlagventil angesteuert werden (gestrichelte Linie).

- Haben die Gelenke im Laufe der Jahre wenig bis gar keine Schmierung erhalten, sind diese meist festgegammelt.
- Um sie wieder in Bewegung zu bringen, müssen sie gut mit Rostlöser eingesprüht werden.
- Den Arm in den Schraubstock einspannen und eine Stange durch die Bohrung stecken.
- Nun wird mit ein wenig Kraftaufwand versucht, die Kugel zu bewegen. Zwischendurch immer wieder gut mit Rostlöser schmieren.
- Wenn sich die Kugel dann bewegt, wird diese mit feinem Schmirgelpapier (Körnung 150 – 200) entrostet. Anschließend noch gut einfetten und schon ist das Anschlussgelenk wieder fit.

Uniballgelenk als Anschlussgelenk.

Hydraulische Anlage

STÖRUNGSBEISTAND

Symptom	Ursache	Abhilfe?
A Im Winter frieren die Zylinder fest.	**1** Wasseransammlungen im Hydrauliksystem.	Hydraulikflüssigkeit ablassen, Hydraulikkreise spülen, Hydraulikflüssigkeit wechseln.
	2 Wasseransammlungen im Tank.	
B Ölverlust an einem Arbeitszylinder.	**1** Undichte Zylinderpackung.	Zylinder ausbauen und abdichten (lassen).
	2 Beschädigte Kolbenstange. Gehäuse beschädigt.	Zylinder ausbauen und zur Reparatur einschicken (Spezialbetriebe für Zylinderreparatur).
	3 Anschlüsse lose oder beschädigt.	Beschädigte Teile austauschen, Dichtungen erneuern, Anschlüsse festziehen.
C Ölverlust an der Kolbenstange eines Zylinders.	**1** Undichte Zylinderpackung.	Zylinder ausbauen und abdichten (lassen).
	2 Beschädigte Kolbenstange.	Zylinder ausbauen und zur Reparatur einschicken (Spezialbetriebe für Zylinderreparatur).
D Starke Schaumbildung im Vorratsbehälter.	**1** Wasseransammlungen im Hydrauliksystem.	Hydraulikflüssigkeit ablassen, Hydraulikkreise spülen, Hydraulikflüssigkeit wechseln.
	2 Pumpensimmering defekt.	Pumpensimmerimg ersetzen.
	3 Flüssigkeitsstand ungenügend.	Hydraulikflüssigkeit nachfüllen und das System nach Leckstellen absuchen.
	4 Rücklaufleitung undicht.	Leitung instand setzen oder erneuern.

STÖRUNGSBEISTAND

Hydraulische Anlage

Symptom	Ursache	Abhilfe?
E Ölverlust am Pumpengehäuse.	**1** Pumpensimmering undicht.	Pumpensimmerimg ersetzen.
F Frontlader senkt von selbst ab.	**1** Druckleitung undicht.	Leitung instand setzen oder erneuern.
	2 Steuerventil undicht.	Ventil instand setzen oder erneuern.
	3 Arbeitszylinder undicht.	Zylinder ausbauen und zur Reparatur einschicken (Spezialbetriebe für Zylinderreparatur).
G Druckaufbau erfolgt nur sehr langsam, nur sehr langsam, Druckaufbau erfolgt nur bei erhöhter Motordrehzahl.	**1** Luft im Hydrauliksystem.	Prüfen, ob die Hydraulikpumpe dicht ist. Prüfen, ob die Zulaufleitung zur Pumpe OK ist.
	2 Hochdruckkreis undicht.	Defekte Druckschläuche und Leitungen erneuern.
H Hydraulische Anlage hat keine Hubleistung.	**1** Hochdruckpumpe defekt.	Hochdruckpumpe prüfen (lassen).
	2 Schaltventil defekt.	Schaltventile prüfen (lassen)

Die Metallbearbeitung

Da es beim täglichen Einsatz eines Treckers nicht ausbleibt, dass hier und da mal etwas reißt oder abbricht, muss natürlich auch ab und zu etwas geschweißt oder gelötet werden. Ebenso bei Reparaturen, bei denen evtl. Teile ersetzt und angeschweißt werden müssen. Deshalb stellen wir an diesem Punkt neben einigen Arbeiten mit dem Werkstoff Metall die verbreitesten Arten des Schweißen und Löten vor.

Werkzeuge

Spezialwerkzeug ist für einen Heimwerker vor allem dann teuer, wenn es wenig gebraucht wird, sich also nicht amortisiert. So oft werden Sie ja auch hoffentlich nicht Beulen aus Ihrem Auto treiben müssen. Wer aber seinen Werkzeugschrank auch für Freunde und Bekannte unterhält, für den lohnt sich durchaus die Anschaffung des Spezialwerkzeugs, denn brauchbare Behelfswerkzeuge gibt es zum Ausbeulen kaum.

Schlosserhammer

Der Schlosserhammer ist auch als Notbehelf zum Ausbeulen nahezu unbrauchbar. Er ist zu leicht und hat eine schmale und meist auch noch durch harte Arbeit zerklopfte Bahn (Aufschlagfläche). Gebraucht wird der Schlosserhammer darum bei Blecharbeiten nur in Ausnahmefällen zusammen mit dem passenden Meißel zum Abtrennen angerissener Blechteile. Besser zum Blechtrennen eignet sich in aller Regel ein Winkelschleifer mit aufgesteckter Trennscheibe oder »richtiges« Karosseriewerkzeug, wie z. B. eine Karosseriesäge.

Hartgummihammer

Zum echten Ausbeulwerkzeug zählt der Hartgummihammer mit breiter Schlagfläche, möglichst eine Seite leicht gewölbt, die andere flach und alle Kanten abgerundet. Der Hartgummihammer ermöglicht wuchtige und trotz dem weiche Schläge. Auch beim Hartgummihammer muss auf der anderen Blechseite mit einem geeigneten Gerät gegengehalten werden, sonst biegt sich das Blech nicht unbedingt an der Schlagstelle, sondern dort, wo es am leichtesten nachgibt. Weitere Beulen wären zwangsläufig die Folge.

Ausbeul- und Richthämmer

Der Richthammer ist der am meisten verbreitete Ausbeulhammer. Mit seinen zwei Hammerbahnen ist er nahezu universell einsetzbar: Eine Bahn ist rund und leicht ballig, eignet sich also zum Austreiben von Beulen in einer ebenen Blechfläche. Die zweite Bahn ist quadratisch, eignet sich bestens zum passgenauen Richten von Kanten, Sicken und Blechabsätzen.

AIU-Schlichthammer

Wer sich zum Glätten der Fläche nicht nur auf den Polyesterspachtel verlassen will, braucht unbedingt einen Schlichthammer. Dieser gleicht die durch Bearbeitung mit Richthämmern entstandenen kleinen Blechkrater wieder aus. Die Alubahnen des Schlichthammers sind plan und meist rund. Mit diesem »Finish«-Werkzeug benötigt man bei sauberer Arbeit nur eine dünne Schicht Spachtel oder Messspachtel.
Einen Schlichthammer darf man auf keinen Fall zum allgemeinen Hämmern missbrauchen, um etwa einen Nagel einzuschlagen oder einen Bolzen herauszutreiben. Dann vernarben die glatt geschliffenen, weichen Bahnen und eine Blechglättung ist nicht mehr möglich.

Plastikhammer

Für feinere Ausbeularbeiten, die nicht viel Schlagwucht erfordern, wird ein Plastikhammer gebraucht. In der Regel sind die Köpfe der Plastikhämmer abschraubbar, sodass sie nach Verbrauch (Deformierung) durch neue ersetzt werden können.

Feilhammer

Dieses Werkzeug setzt man in einem Instandsetzungsbetrieb dann ein, wenn innerhalb einer großen, ebenen Fläche eine (sehr) kleine Beute ausgeglichen werden muss. Die Hammerbahnen des Feilhammers haben Kreuzhieb, um die beschädigte Blechzone nur punktuell zu treffen, statt sie mit voller Auflagefläche immer weiter zu strecken. Die meisten Feilhämmer besitzen eine runde und eine quadratische Bahn.

Spitzhammer

Kleine, aber tiefe Beulen bzw. Einschläge zu richten ist das Haupt-Einsatzgebiet des Spitzhammers. Mit seiner spitzen, kegelförmigen Bahn können solche Beulen ohne Gegenhalter ausgebeult werden. Die andere Seite des Hammers hat eine runde Bahn, oftmals ballig ausgeführt.

Spannhammer

Er ist einsetzbar, wenn die frisch geschnittene Blechtafel unterschiedlich lange Diagonalen hat. Die dadurch abstehende Ecke kann durch Strecken der kurzen Diagonale auf die passende Länge gezogen werden.

Schweifhammer

Dieses sehr seltene Werkzeug eignet sich vornehmlich dazu, aus einem geraden Blechstück eine ganz bestimmte Form »herauszuschlagen«. Der mit einer parabelförmigen Spitze und einer runden, planen Bahn bestückte Hammer erzeugt mit der Spitze beim Aufschlag aufs Blech eine Kerbwirkung. Dadurch wird das Blech an diesem Punkt gestreckt. So lassen sich hervorragend Kurvenradien erzeugen.

Tiefenhammer
Ihn benutzt man, um Beulen in stark eingezogenen Karosseriepartien wie Scheinwerferhalterungen rückzuverformen. Der Tiefenhammer ist der einzige Hammer mit nur einer Bahn, er ist etwa wie eine Axt gebogen.

Fäustel
Brauchbar ist ein schwerer Fäustel mit großer »Bahn«. Schon in einem einzigen sanften Schlag mit diesem Werkzeug sitzt die notwendige Wucht, die beim Ausbeulen gebraucht wird. Vor allem beim Austreiben einer weichen Beule mit dem Sandsack ist der Fäustel sehr gut zu gebrauchen.

Hartholzklötze
Beim Austreiben einer »harten Beule« mit dem Fäustel braucht man Hartholzklötze zum Gegenhalten auf der anderen Blechseite, sonst wird das schadhafte Blech vom Fäustel oder Gummihammer durch deren Wucht einfach in die andere Richtung verbeult. Die Hartholzklötze sollten möglichst glatte, durchaus »geschweifte« Flächen und möglichst viel Eigengewicht haben, um dem Fäustel Widerstand durch ihre Masse bieten zu können.

Handfäuste
Am besten eignet sich zum Gegenhalten eine Universal-Handfaust aus Stahl mit vielen verschiedenen Krümmungen und Anpassungsmöglichkeiten an die Blechform. Der Karosserieblechner hat eine ganze Reihe verschieden geformter Handfäuste. Für den Heimwerker wäre der Kostenaufwand hierfür in der Regel zu hoch, weshalb für ihn die »Universal-Handfaust« am geeignetsten erscheint.

Ebene Handfaust
Die »platt gemachte« Schwester der Universalfaust. Das Einsatzgebiet dieses Gegenhalters sind enge Zwischenräume, die nur wenig vertikale Bewegungsfreiheit zulassen.

Diabolo-Handfaust
Dieser Gegenhalter findet beim Ausbeulen von stark gerundeten Blechpartien Anwendung, da die pilzförmige, polierte Fläche mit wenigen Bewegungen dem Formverlauf des Blechs angepasst werden kann.

Kastenfeile
Ein »punktueller« Gegenhalter, um an ebenen, relativ nachgiebigen und streckempfindlichen Blechzonen springbeulenfrei richten zu können. Der Feilenhieb lässt nur eine kleine Fläche aufliegen. Dadurch wird übermäßiger Blechstreckung entgegengewirkt.

Blech und Rohr

In den meisten Fällen werden Bauteile für die Reparatur benötigt, die eben nicht gerade und von der Stange kommen. Hier ist Handarbeit gefragt. Wir stellen Ihnen einige gängige Arbeitsschritte vor, die für die Blecharbeiten unumgänglich sind.

Biegetechnik

Eine Eigenschaft findet sich bei allen Verformungsarbeiten von Material wieder. Beim Biegen reagiert das Material zur Innenseite und das Material zur Außenseite um eine »neutrale Phase« herum. Die Innenseite der Biegestelle wird gestaucht, die Außenseite wird gestreckt. Zu einen wirft das Probleme in der Maßhaltigkeit auf, zum anderen kann überdehntes Material leicht reißen oder wird an den Biegestellen unnötig geschwächt.

Biegen mit der Abkantbank
Auch für Bleche gibt es einen Mindestbiegeradius, der eingehalten werden muss, um Rissbildungen im Material zu vermeiden. Wir gehen in diesem Abschnitt gewollt nicht auf Tiefziehbleche und andere Speziallösungen ein, da wir davon ausgehen, dass diese Materialien in den meisten Schrauberwerkstätten nicht vorhanden oder zumindest zuerst einmal beschafft werden müssen.
Die neutrale Phase des Bleches ist der Bereich des Materials, der keine Längenänderung beim Biegen erfährt. Soll der Zuschnitt nun genau auf Maß erfolgen,

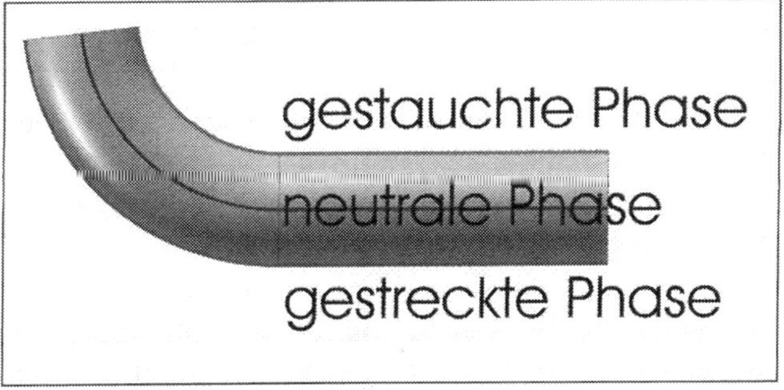

Neutrale Phase beim Blechbiegen.

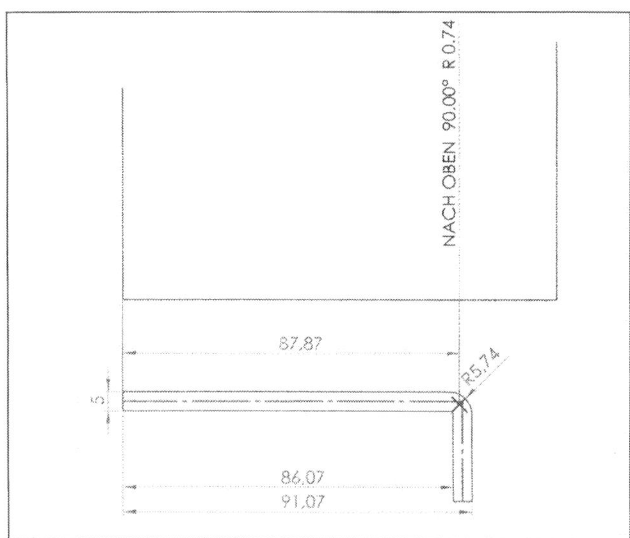

Abmessung beim Biegen.

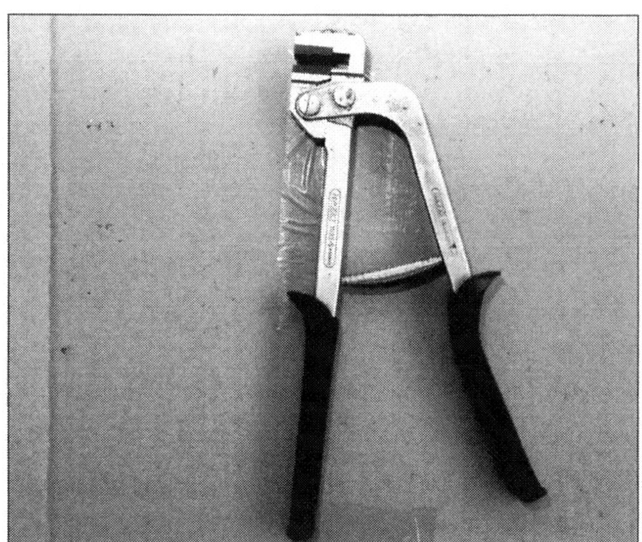
Absetzzange.

muss nun eine Zugabe oder ein Abzug auf das Maß eingearbeitet werden.
Betrachten wir ein Blech, welches 100 mm lang sein und mit einer Kantung versehen werden soll.
Die Blechstärke ist der entscheidende Einfluss für die Maßänderung. Die Veränderung an der Oberfläche beträgt das 1- bis 1,5-fache der Blechstärke.
Würden wir also das Blech bei 100 mm abkanten, wird es bei 1,5 mm Stärke nachher eine Maß von 101,5 mm haben. Bei kniffeligen Ecken kann das zu Problemen beim Einpassen führen. Richtig bemessen legen wir die Kantungslinie auf 98,5 mm, um unser Wunschmaß von 100 mm zu erhalten.

- Legen Sie die Abmessungen für das Blech fest.
- Zeichen Sie die Abkantlinien auf das Blech auf. (Markieren Sie sich immer, wenn Sie mehrere Biegerichtungen haben, ob nun nach oben oder nach unten gebogen werden muss.
- Schneiden Sie das Blech vor dem Kanten zu.
- Spannen Sie das Blech ein.
- Stellen Sie den Biegeradius oder die Blechstärke anhand des Abstandes der Kantbank ein.
- Biegen Sie vorsichtig bis zum vorgesehenen Biegewinkel.
- Kontrollieren Sie den Winkel und korrigieren Sie das Blech durch Nachbiegen in der Kantbank.
- Spannen Sie das Blech aus und kontrollieren Sie Abmessungen und Winkel.

Absetzen mit der Absetzzange

Die Absetzzange presst eine Sicke in das Blech, welche der Blechstärke des Einschweißteils entspricht. Wenn nun das fertig zugeschnittene Teil eingepasst wird, erhält man einen nahezu gleichmäßigen Übergang. Vor der eigentlichen Verschweißung sollte das Reparaturblech an der einzuschweißenden Stelle fixiert werden. Am ehesten eignen sich hierfür Feststellzangen.

Rohrbiegebock

Ein Rohr zu biegen erscheint zuerst einmal gar nicht so schwierig. Natürlich kommen auch hier wieder Stauchung, Streckung und auch die neutrale Phase zum Tragen. Hinzu kommt allerdings, dass sich ein Rohr durch die Biegung zusammendrücken lässt. Das sieht nicht nur unschön aus, sondern bedeutet auch einen Festigkeitsverlust. Das Zusammendrücken be-

Rohrbiegebock: Unterschiedliche Aufnahmestücke für unterschiedliche Durchmesser und 5 Tonnen Kraft als Argument gegen gerade Rohre.

deutet eine Volumenänderung des Rohres, die auch leicht vermieden werden kann. Am einfachsten verschließt man das Rohr auf einer Seite und füllt es mit Sand, der dicht gestopft das Zusammendrücken verhindert. Oftmals reicht es aus, einen Holzpfropfen anzufertigen und an beiden Enden des Rohres fest einzuschlagen. Funktioniert das nicht, weil die Pfropfen dem Druck nicht standhalten, bleibt noch, die Rohrenden mit einer passenden Platte zuzuschweißen.
Als Anhaltspunkt eine Übersicht für den Mindestbiegeradius von Rohren:

Rohrdurchmesser in mm	Werkstoff			
	Stahl	Kupfer	Kupfer/Zinn Legierungen	Aluminium
8	10	10	15	15
10	10	10	15	20
12	15	10	20	20
14	15	15	20	25
15	15	15	20	30
16	15	15	20	30

- Markieren Sie sich gut sichtbar die Mitte des zukünftigen Bogens.
- Spannen Sie das Rohr mit den passenden Aufnahmestücken in den Biegebock ein.
- Pumpen Sie mit dem Handhebel den Druckkolben vorwärts.
- Achten Sie darauf, dass die Biegung gleichmäßig erfolgt.
- Achten Sie auf den Winkel, in dem die beiden Rohrenden zueinander stehen.

Biegen mit der Gasflamme

Auch für diese Vorgehensweise verschließt man das Rohr am einfachsten auf einer Seite und füllt es mit Sand, der dicht gestopft das Zusammendrücken verhindert. Oft reicht es auch aus, einen Holzpfropfen anzufertigen und an beiden Enden des Rohres fest einzuschlagen. Funktioniert das mal nicht, weil die Pfropfen dem Druck nicht standhalten, bleibt auch hier, die Rohrenden mit einer passenden Platte zuzuschweißen.

- Markieren Sie sich gut sichtbar die Mitte des zukünftigen Bogens.
- Erwärmen Sie das Rohr in dem Brenner gleichmäßig rot glühend von der Biegestelle an weg. Je mehr Sie von der Biegestelle weg erwärmen, umso größer wird der Biegeradius.
- Biegen Sie nun langsam und gleichmäßig von der Mitte des Radius ausgehend das Rohr in die gewünschte Richtung. Ziehen Sie unbedingt schwere Lederhandschuhe an, um Verbrennungen zu vermeiden. Nehmen Sie sich ein Rohr zum Überstecken zur Hilfe. Eine Rohrzange oder der Hammer hinterlassen unschöne Spuren.
- Achten Sie darauf, dass die Biegung gleichmäßig erfolgt.
- Achten Sie auf den Winkel, in dem die beiden Rohrenden zueinander stehen.

Ausbeulen

Bevor Sie sich mit eigenem oder geliehenem Werkzeug Ihrem Trecker nähern, um die Beulen aus dem betroffenen Karosserieteil zu holen, sollten Sie die Blechnerei erst ein wenig üben. Denn wenn es Ihnen bisher an Erfahrung fehlt, kann aus einer kleinen Beule rasch eine wüste Berg- und Tallandschaft im gequälten Blech werden. Dieses Training sollte immer an Abfällen geschehen, aus zerknautschten Motorhauben oder Türen vom Auto zum Beispiel, die es in einer Werkstatt geben könnte.

Hammer richtig führen

Zunächst einmal sollten Sie den genau rechtwinkligen Hammeraufschlag üben. Das geschieht an einem beidseitig gut gesäuberten Blech, damit die Hammer-Bahnen nicht vernarbt werden. Die gesamte Hammerbahn und nicht nur eine Hammerkante muss satt und glatt auf das Blech auftreffen. Trifft doch nur eine Kante auf, hinterlässt das eine ärgerliche »kurze« Beule im Blech und dehnt es damit nur. Leichter geht das zweifellos mit den abgerundeten Kanten des Hartgummi- und Plastikhammers. Aber auch die Schläge mit Fäustel und Schlichthammer müssen glatt aufsetzen.
Der Schlosserhammer heißt Schlosserhammer, weil er ein Werkzeug für den Schlosser ist und keines zur Blechbearbeitung. Richthammer, Gummihammer und

die verschiedenen Handfäuste aus Stahl zum Gegenhalten sind die besseren Werkzeuge, um verbeultes Blech wieder glatt zu bügeln. Zur weiteren Blechglättung braucht man einen Schlichthammer, der sehr behutsam gehandhabt werden muss, sonst ist das Blech im Nu gedehnt und verformt.

Schlageisen oder Gegenhalter

Gleichzeitig zu den Hammerschlägen müssen Sie dabei das punktgenaue Gegenhalten mit Hartholzbrett und Handfäusten üben. Sie merken es schon an der Zusatzbeule und dem Zurückfedern des Hammers, wenn Sie wieder exakt neben die Handfaust getroffen haben sollten. Mit der Zeit bekommt man bei diesen Übungen wahre Röntgenaugen, die genau erkennen, an welcher Stelle gerade die Handfaust hinter dem Blech liegt.

Wenn Sie eine schöne Übungsbeule haben, liegt natürlich die Versuchung nahe, sogleich kräftig auf die Beulenmitte zu klopfen. Tun Sie es nicht. Lesen Sie besser zuvor den Abschnitt über das Ausbeulen einer »harten« Beule.

Die Ausbeulmethode, bei der sich Hammer und Gegenhalter nicht treffen sollen, nennt man Hohlrichten. Sie dient zum Ausbeulen großer Beulen. Durch Hohlrichten kann das gedehnte Blech soweit zurückgestaucht werden, dass die Gefahr der Springbeulenbildung gebannt ist. Zum Hohlrichten muss man an die Blechrückseite herankommen und die dort notwendige Bewegungsfreiheit schaffen, eventuell durch Abbau behindernder Teile.

- Mit einem kräftigen Vierkantholz wird dann von außen gegengehalten, damit das Blech nicht über die ursprüngliche Form hinausspringt.
- Von der Innenseite her wird die Beule mit einem gewichtigen Fäustel und einem kräftigen Hartholzklotz als Schlag verteilendes Zwischenstück herausgetrieben.
- Die ersten Treibschläge werden nicht in der Mitte der großen Beule angesetzt, sondern es wird, vom Bande ausgehend, spiralförmig zur Mitte hin gearbeitet. Bei einem solchen Bearbeiten einer großen Delle darf der Fäustel den Gegenhalter nicht treffen, sondern er muss seitlich versetzt aufschlagen. Dadurch wird sich dann das Blech nach und nach in die stabile ursprüngliche Form zurückziehen, statt durch einen zentralen Schlag noch stärker gestaucht oder gedehnt zu werden.
- Für das Hohlrichten ist allerdings einige Übung vonnöten. Am besten ist es natürlich, man hat dafür auch etwas Talent. Wir sagen es noch einmal: Probieren Sie das Ausbeulen erst einmal an harmlosen Objekten, bevor es ernst wird.

Ausbeulen mit Handballen und Sandsack

Bei einer »weichen« Beule versuchen Sie am besten zuerst einmal, die Beule mit dem Handballen, also ohne Hammer, herauszuschlagen oder herauszudrücken. Es ist möglich, dass solch eine »weiche« Beule fast ohne sichtbare Spuren herausspringt. Bei ihr steht nämlich das Blech unter Spannung, die es gerne wieder abgibt, wenn ohne Gewalt, nur mit dem weichen Handballen, nachgeholfen wird. Reicht die Kraft des Handballenschlages nicht aus, weil das Blech stärker ist oder die Beule durch starke Blechwölbung zu stark unter Spannung steht, ist Ausbeulwerkzeug noch immer nicht notwendig, sofern die Beule wirklich keine scharfen Knickränder hat. Auch Ausbeulwerkzeug hat nur eine seitlich begrenzte Schlagwirkung, und man würde die große Beule in lauter kleinen »Gegen-Beulen« wieder nach außen treiben, wodurch das Blech natürlich stark verformt wird. Der Trick ist deshalb, einen stärkeren Schlag, als ihn der Handballen zuwege bringt, gleichmäßig über die ganze Innenseite der Beule zu verteilen, sodass sie zwar mit Wucht, aber weich nach außen getrieben wird.

Arbeitsschritte

- Füllen Sie in zwei ineinander gesteckte Plastiktüten möglichst feinen Sand, und zwar so viel, dass er mit den zusammen gedrehten Tüten einen kräftigen Sandballen vom Durchmesser der Beule bildet.
- Legen Sie zusammen mit einem Helfer diesen »Sandsack« von innen gegen die Beule. Eventuell muss dazu das eingebeulte Autoteil, falls demontierbar, abgenommen werden. Klopfen Sie nun mit der Breitseite eines schweren Fäustels mit viel Gefühl auf den Sandsack. Der kräftige Hammerschlag wird abgefangen und seine Energie verteilt.
- Damit der Hammer nicht im Sandsack verschwindet, kann man ein Brettchen dazwischen legen. Bei richtigem Schlag wird die Beule fast spurlos herausspringen. Zumindest werden die kleinen Ausbeulwellen im Blech vermieden, die das Ausspachteln danach unnötig erschweren.

Strecken

Das Strecken gehört noch zu den einfachen Aufgaben beim Ausbeulen. Blech zu strecken ist immer einfacher, als Blech zu stauchen. Im Prinzip übt man Verformungsdruck auf das Blech aus und macht es dabei gleichzeitig etwas dünner. Um die Auswirkungen kennen zu lernen, fertigen wir schnell ein Übungsstück an:

- Schneiden Sie sich einen Blechstreifen zurecht, der etwa 30 mm breit und 100 mm lang ist.
- Legen Sie ihn auf eine massive Auflage auf (Bahnschiene, Schraubstock, Doppel-T-Träger) und schlagen Sie mit der Finne des Schlosserhammers auf den Rand der rechten Seite ein.
- Setzen Sie einen Schlag neben den anderen, bis Sie die Hälfte des Bleches erreicht haben.
- Treiben Sie nun auf die gleiche Weise die linke Seite von unten aus.
- Sie können leicht erkennen, wie einfach sich das Blech durch die Materialstauchung langsam biegt.

Die Seite, die Sie nun bearbeitet haben, wurde gestreckt.

Stauchen

Bekommt das Blech einen Schlag ab, springt das Material vorzugsweise um jenen Abstand nach innen, um den es vorher nach außen gewölbt war. Wenn die Krafteinwirkung höher war als die »Spannkraft« des Blechs, gilt das nicht mehr. Das dünne Stahlblech reckt sich aufgrund der Molekularstruktur kurzfristig fast wie ein Gummibärchen. Es wird nicht mehr oder welligeres Blech, aber die Karosseriezone wird dünner und länger. Das ist etwa so, als wenn man Kuchenteig ausrollt. Auf diese Weise entsteht eine »Springbeule«.

Diese Beulenart ist ziemlich lästig. Sie kann durch die beschriebene sehr hohe Krafteinwirkung oder durch zu leichtsinniges Herumklopfen auf der Mitte der anfänglich nur unter Karosseriespannung stehenden Delle entstanden sein. Die ursprüngliche Form will sie nicht mehr annehmen und bildet schnell eine ständig unter verstärkter Spannung stehende Spring- oder Blubberbeule. Schon unter leichtem Druck ploppt sie in die entgegengesetzte Richtung. Auch mit Spachtel lässt sich solch eine Springbeule nicht ausfüllen, denn die starke Blechspannung lässt über kurz oder lang die ganze Spachtelschicht zerbröseln. Hier hilft nur noch punktgenaues Erhitzen des Blechs mit dem Autogen-Schweißbrenner oder eine gezielte Behandlung mit einem so genannten Stauchhammer.

- Treiben Sie zuerst das überschüssige Material in Richtung des Springbeulenzentrums.

Die Schläge mit einem Aluhammer mit dem direkt hinter dem Blech sitzenden Gegenhalter vermeiden eine weitere Steckung des Bleches.

- Die Schläge sollten spiralförmig vom Rand zur Mitte gesetzt werden.

Flammstauchen

- Die Fläche der Springbeule wird abgetastet, bis man das Zentrum gefunden hat.
- Dieser Punkt wird mit dem Autogen-Schweißbrenner dunkelrot glühend erhitzt.

Lassen Sie die Stelle abkühlen oder schrecken Sie die Stelle sogar gezielt mit einem Schwamm ab. (Versuch macht klug!)

- Die Bearbeitung von Springbeulen nach dieser »Heiß-kalt«-Technik kann aber nur an Blechpartien ohne Sicken und Kanten erfolgen. Die Maximalwerte für die Beseitigung von Beulen mit dieser Technik liegen bei 2 mm Tiefe und 10 mm Durchmesser. Eine weitere Voraussetzung ist es, dass die Delle von einem »weichen« Einschlag herrührt, also keine scharfen Ränder hat.

Stauchen mit dem Spezialhammer

Die Besonderheit bei diesem Hammer liegt darin, dass die Hammerfläche leicht geriffelt ist und sie sich etwas verdreht, wenn der Hammer aufkommt. Dadurch wird das Material etwas zusammengedreht.

- Die Fläche der Springbeule wird abgetastet, bis man das Zentrum gefunden hat.
- Schlägen Sie spiralförmig vom Rand zur Mitte und ziehen Sie das Blech so etwas ein.
- Arbeiten Sie immer in kleinen Schritten und kontrollieren Sie das Zwischenergebnis gründlich.
- Glätten Sie den bearbeiteten Bereich in regelmäßigen Abständen, um den Fortschritt Ihrer Arbeit im Auge behalten zu können.

Oberflache glätten

Die nach geglücktem Hohlrichten übrig gebliebenen Minibeulen lassen sich am einfachsten mit einem großflächigen Aluhammer breit und vor allem eben schlagen. Der Hammer sollte in die Mitte der Beule und auf den Gegenhalter treffen, um ein gutes Ergebnis zu erzielen. Denn zum Blechglätten sind die große Fläche des Aluhammers und die plane Seite eines Gegenhalters am ehesten geeignet. Kann ein Gegenhalter nur unter hohem Ausbauaufwand, also fast gar nicht eingesetzt werden, muss die Karosseriefeile zum Glätten herhalten.

Schweißen

Autogenschweißen

Das Autogenschweißen, auch Gasschmelzschweißen oder Acetylenschweißen genannt, erfolgt durch Erhitzung der Werkstücke mittels offener, geregelter Flamme und in der Regel unter Hinzugabe von Material, per Hand, in Form eines Schweißdrahtes. Die Flamme entsteht durch Mischen und Zünden eines Sauerstoff-Brenngas-Gemisches in einem Brenner. Als Brenngas wird meist Acetylen verwendet. Die Mischung des Brenngases erfolgt in Saugbrennern (Injektorbrennern). Sauerstoff strömt mit einem Überdruck von ca. 2,5 bar und hoher Geschwindigkeit durch die Druckdüse im Brenner. Durch die hohe Strömungsgeschwindigkeit entsteht in der Brenngasleitung ein Unterdruck (Saug- oder Injektorwirkung). Das mit einem Überdruck von ca. 0,3 – 0,5 bar herangeführte Brenngas wird angesaugt und verbindet sich im Mischrohr mit dem Sauerstoff. Ventile regeln die Menge der durchströmenden Gase. Sie sind so einzustellen, dass Brenngas und Sauerstoff im Verhältnis 1:1 gemischt werden. Es stellt sich dann eine so genannte neutrale Flamme ein. Hier ist an der Düse deutlich ein weißer Kegel zu erkennen und die Flamme brennt relativ weich und blau. Bei Sauerstoffüberschuss wird die Flamme »härter« und der weiße Kegel wird undeutlich. Bei Acetylenüberschuss verfärbt sich die Flamme ins rot-gelbliche und beginnt zu rußen.

Da in der Schweißflamme unterschiedliche Temperaturen herrschen, muss der Brenner immer so gehalten werden, dass die höchste Flammentemperatur im Bereich des Schmelzbades liegt.

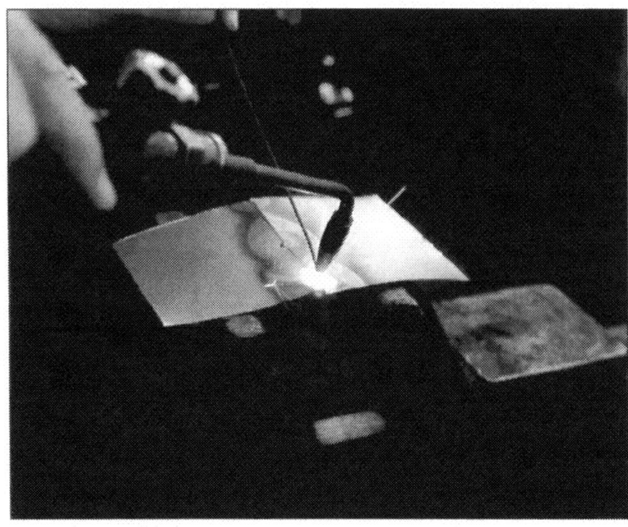

Mit Feuer und Flamme.

Unfallverhütung

GEFAHRHINWEISE

- Die Flaschenventile nur max. 1 Umdrehung öffnen, um im Gefahrenfall schnell schließen zu können.
- Zum Öffnen/Schließen nie Werkzeuge benutzen. Es besteht Funkengefahr!
- Nach dem Öffnen der Gasventile umgehend die Schweißflamme zünden!
- Schadhafte Gasschläuche immer sofort wechseln!
- Gasflaschen müssen gegen Umfallen gesichert werden!
- Gasflaschen nicht der prallen Sonne oder anderen Wärmequellen aussetzen. Es entsteht ein unzulässiger Druckanstieg in der Flasche!
- Vereistes Sauerstoffventil nur mit Warmwasser/Warmluft abtauen!
- Kein Fett/Öl an das Flaschenventil der Sauerstoffflasche bringen. Feuer- und Explosionsgefahr!
- Acetylen nicht mit Kupfer in Verbindung bringen. Bildung von Acetylenkupfer! Dichtungen, Armaturen und Leitungen dürfen nicht aus Kupfer oder Kupferlegierungen bestehen!
- Schweißerschutzbrille tragen! Sie schützt die Augen vor Strahlung und Schweißspritzern!
- Schutzschürze (Leder) und Sicherheitshandschuhe tragen!
- Gute Be- und Entlüftung sicherstellen!
- Reinen Sauerstoff niemals zur Raumbelüftung verwenden! EXPLOSIONSGEFAHR!
- Schweißdrahtenden immer umbiegen, um Verletzungen, insbesondere der Augen, zu vermeiden!

Man unterscheidet zwei Schweißarten: nach der Führung des Brenners und des Zusatzwerkstoffes im Bezug zur Schweißnaht.

Nachrechtsschweißung: Der Zusatzwerkstoff folgt dem Brenner. Die Flamme zeigt auf das Schmelzbad und erreicht auch die Nahtwurzel. Dieses Verfahren eignet sich für Materialstärken über 3 mm.

Nachlinksschweißung: Der Brenner folgt dem Zusatzwerkstoff. Die Schweißnaht wird gut vorgewärmt, aber der Zusatzwerkstoff schützt die Nahtwurzel vor zu großer Hitzeeinwirkung. Dieses Verfahren eignet sich für Materialstärken bis 3 mm.

Schweißen mit einem Gasmantel als Korrosionsschutz.

Da die Schweißflamme sehr hell ist, muss auf jeden Fall eine Schutzbrille mit stark getönten Gläsern versehene Schutzbrille getragen werden, um Augenschäden zu vermeiden.

Schutzgasschweißen

Das Schutzgasschweißen, auch MIG/MAG Schweißen (MIG = Metall-Inertgas-Schweißen, MAG = Metall-Aktivgas-Schweißen) genannt, ist im Grunde ein elektrisches Schweißen mittels Schweißtrafo. Die Elektrode besteht hier aus einem Draht, welcher vom Schweißgerät elektrisch vorgeschoben wird und gleichzeitig als Füllmaterial dient. Der Draht läuft durch ein so genanntes Schlauchpaket, in welchem er mittels einer Stromdüse mit dem nötigen Strom versorgt wird. Um die Stromdüse herum ist eine Gasdüse angebracht. Hierdurch wird der Schweißvorgang mit dem »Schutzgas« beströmt, um so einen gleichmäßigeren Lichtbogen zu erzielen.

Achtung: Der Lichtbogen ist extrem hell und schädlich für die Augen. Daher immer ein Schweißschild mit geeigneten Gläsern verwenden. Eine herkömmliche Schweißbrille wie beim Autogenschweißen reicht nicht aus. Außerdem ist darauf zu achten, dass durch die entstehende UV-Strahlung auch Sonnenbrand hervorgerufen werden kann. Daher immer alle Körperteile ausreichend abdecken.

Löten

Beim Löten unterscheidet man grundsätzlich zwei Arten, nämlich das Hartlöten und das Weichlöten. Die beiden Lötarten unterscheiden sich nicht nur in der Ausführung, sondern auch in der Verwendung. So ist z.B. das Hartlöten zum Verbinden von Blechen und Rohren geeignet, das Weichlöten hingegen für Kabel und Ähnliches.

Lötvorgang allgemein

Im Bereich der Lötnaht müssen die Werkstücke metallisch rein sein und die Arbeitstemperatur erreicht haben. Die Arbeitstemperatur wird durch die Lötart bestimmt. Sie liegt zwischen dem unteren und dem oberen Schmelzpunkt des Lotes. Nur in diesem Bereich kann der Lotwerkstoff die Werkstückoberfläche gut benetzen, in die Naht fließen und sich mit den Werkstücken verbinden.

Die Bindung zwischen dem Lotwerkstoff und den Oberflächen erfolgt durch:

- Oberflächenbindung (Adhäsion)
- Legierungsbildung
- Eindringen des Lotwerkstoffes in die Werkstückoberfläche (diffundieren)

Die Festigkeit der Lötverbindung ist abhängig von:

- Der Größe der Lötfläche.
- der Art (Festigkeit) des Lotwerkstoffes.
- Der Spaltbreite.

Dünne Nähte (Spaltbreite 0,05 – 0,2 mm) haben eine hohe Festigkeit. Die hohe Festigkeit ergibt sich aus dem großen Anteil an Legierungsbestandteilen in der Naht, bezogen auf die gesamte Lötmenge. Durch die Kapillarwirkung wird das Lot gut in die Naht hineingezogen.

Dünne Spaltbreiten erfordern jedoch eine hohe Passgenauigkeit der Werkstücke.

Hartlöten

Zum Hartlöten wird wieder der Autogenschweißapparat benötigt.

Die Flamme wird hierbei deutlich kleiner und weicher eingestellt als beim Schweißen. Als Hartlöten werden alle Lötverbindungen bezeichnet, die mit einem Lotwerkstoff mit einer Schmelztemperatur von über 450 °C durchgeführt werden.

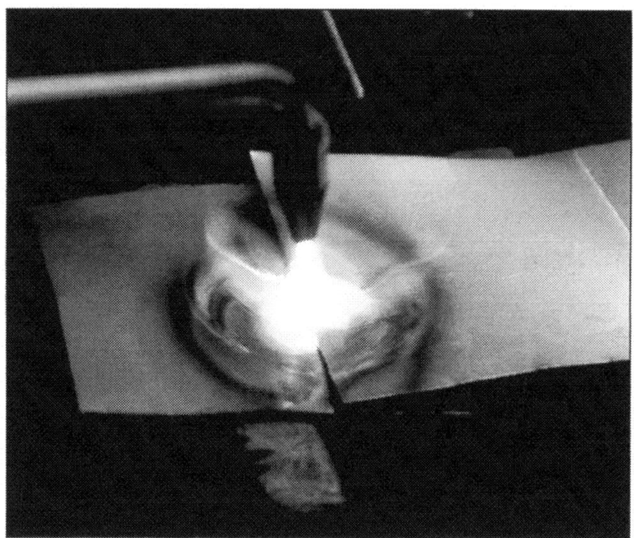
Der Unterschied liegt im Lötmaterial.

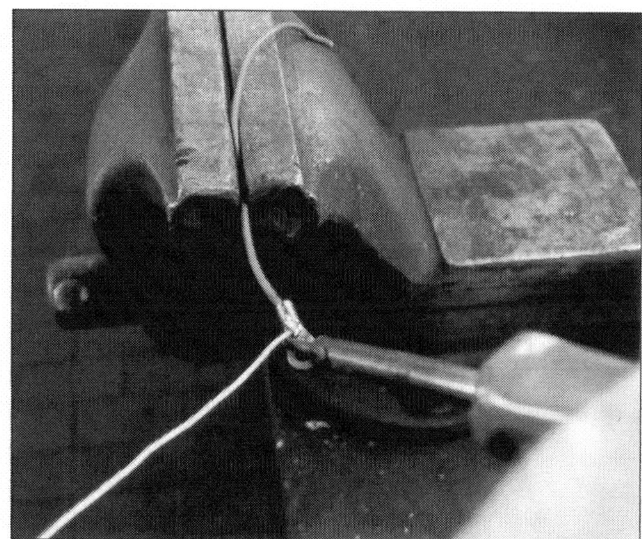
Hier ist es Zinn – zum Beispiel zum Löten von Kabeln.

Weichlöten

Zum Weichlöten wird entweder ein herkömmlicher Lötkolben oder bei dickeren Werkstoffen eine Lötflasche verwendet. Als Weichlöten werden alle Lötverbindungen bezeichnet, die mit einem Lotwerkstoff mit einer Schmelztemperatur von unter 450 °C durchgeführt werden.

Beispiel: Weichlöten von Kabeln.

Die zu verlötenden Objekte (z.B. Kabel und Kabelschuh) müssen metallisch rein sein. Das heißt, oxidierte Kabel lassen sich nicht verlöten. Hier ist es nahezu unmöglich, eine Verbindung zwischen Kabel und Lötzinn zu bekommen. Metallisch reine Kabel hingegen lassen sich leicht verlöten. Empfehlenswert ist die Verwendung von so genanntem Lötfett oder Lötwasser. Diese sind leicht säurehaltig und fördern so die Verbindung mit dem Lötzinn.

Bei kleinen Kabeln geht der Lötvorgang wie folgt vor sich: Die zu verlötende Stelle wird abisoliert. Das abisolierte Ende wird kurz in das Lötfett bzw. Lötwasser eingetaucht. Der erhitzte Lötkolben wird kurz an das Lötzinn gehalten, sodass die Spitze des Lötkolbens mit etwas flüssigem Zinn behaftet ist. Nun wird der Lötkolben an das vorbereitete Kabelende geführt. Das flüssige Lötzinn verbindet sich mit dem Kabel. Bei Bedarf wird noch etwas Lötzinn hinzugeben. Um zwei Kabel miteinander zu verlöten, wird mit dem zweiten Kabel genauso verfahren. Nun werden die beiden Kabelenden aneinander geführt und unter Hinzugabe von Lötzinn miteinander verlötet.

Um ein Kabel mit einem Kabelschuh zu verlöten, wird dieser, nachdem das Kabelende mit Lötfett oder Wasser behandelt wurde, auf das Kabel aufgesteckt. Nun wird der Lötkolben an den Kabelschuh herangeführt und dieser so erhitzt. Unter Hinzugabe von Lötzinn wird das Kabel mit dem Kabelschuh verlötet.

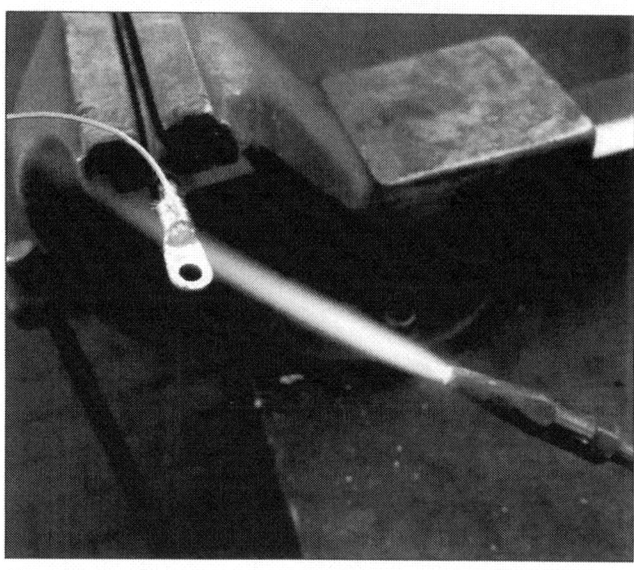
Wenn die Energie des Lötkolbens nicht reicht, gibt's »Feuer«.

Bei dickeren Kabeln reicht meistens die Hitze des Lötkolbens nicht aus, um es auf die nötige Temperatur zu erhitzen. Deshalb wird in diesen Fällen eine Lötlampe verwendet. Der Lötvorgang an sich unterscheidet sich vom Ablauf her kaum zu dem mit dem Lötkolben. Außer, dass die zu verlötenden Teile hier mit der Flamme der Lötlampe erhitzt werden und dann das Lötzinn hinzugegeben wird. Hierbei ist darauf zu ach-

ten, dass die Flamme nicht die Kabelisolierung beschädigt und dass die Hitze nicht so stark ist, dass das Material verbrennt.
Das Weichlöten mit Hilfe der Lötlampe findet unter anderem auch bei der bereits weiter vorne beschriebenen Kühlerreparatur Anwendung.

Reparatur eines abgerissenen Stehbolzens

Gelegentlich kommt es vor, dass ein Stehbolzen im Zylinder oder eine Schraube im Ansaugstutzen so fest sitzt, dass sie bei der Demontage abreißt. Das ist zwar ärgerlich, aber auch kein großes Problem.
Es gibt noch immer drei Möglichkeiten, die alte Schraube zu entfernen und das Gewinde wieder instand zu setzen oder zumindest wieder nutzen zu können.

Was ist vorzubereiten?

- Feststellzange mit scharfen Zähnen
- Säge
- Feile
- Körner
- 300 g Hammer
- Bohrmaschine
- Bohrer Set
- Linksdrall
- Gewindeschneider
- Rostlöser

Welche Teile werden benötigt?

- Neuer Bolzen oder Schraube.

Lösen durch Bewegung

- Zuerst wird mit einigen gezielten Schlägen auf den Bolzen versucht, die Oxidschicht zwischen Schraubengewinde und Gehäusegewinde zu schwächen.
- Dann wird mit der Feststellzange der Bolzen gegriffen. Hierbei muss darauf geachtet werden, dass zum einen der Block nicht beschädigt wird und zum anderen die Zahnfläche der Zange möglichst viel Auflagefläche findet, um Kraft für die Drehbewegung übertragen zu können.
- Nun gilt es, den Bolzen mit viel Gefühl in Bewegung zu setzen. Es darf nur gerade so viel Kraft ausgeübt werden, wie die Zange übertragen kann.
- Bewegt sich der Bolzen ein kleines Stück, wird er nun Stück für Stück mal nach rechts und mal nach links gedreht. Sobald etwas Bewegung in den Bolzen

Die einfachste Möglichkeit ergibt sich nur, wenn die Schraube oder der Bolzen noch zum Teil aus dem Motorblock herausragt. Zumeist reicht es, wenn es sich um 5 mm Überstand handelt.

gekommen ist, kann etwas Kriechöl oder Rostlöser helfen, das Gewinde wieder gängig zu machen.

Lösen durch den Linksdrall

Grundsätzlich sollte immer erst versucht werden, das Gewinde mit der Methode »Lösen durch Bewegung« instand zu setzen. Prinzipiell sollten die Vorarbeiten genauso ausgeführt werden, wie sie in dieser Methode schon beschrieben wurden. Wenn das nicht funktioniert, kommt man um das Bohren nicht herum.
Die Schwierigkeit liegt meist darin, dass das Material der Schraube härter ist als das Aluminium. Der Bohrer

Absägen des Restbolzens.

wird also versuchen, aus dem Schraubenstahl auszuwandern. Umso wichtiger ist es, sehr genau vorzuarbeiten.

- Zuerst muss die abgerissene Schraube bis auf die Höhe des Motorblocks abgesägt werden und gerade gefeilt werden, um eine möglichst einfache und genaue Bohrung in den Bolzen machen zu können.
- Dann wird genau in der Mitte des Bolzens ein Körnerschlag durchgeführt. Schlägt man den Körnerpunkt zuerst einmal nicht so fest ein, ist es leicht, ihn durch Schräghalten des Körners zu korrigieren. Erst dann, wenn genau die Mitte erreicht ist, sollte der Körnerpunkt mit einem kräftigen Schlag vertieft werden.
- Dann kann mit dem Bohren begonnen werden. Zuerst sollte man einen kleinen Bohrer verwenden, um eine Führungsbohrung zu schaffen. Die Bohrergröße für unseren 6 mm Bolzen am Ansaugstutzen wurde auf 3 mm festgelegt.
- Da sich die Bauteile wie der Motorblock meistens nicht in den Maschinenschraubstock der Ständerbohrmaschine einspannen lassen, muss die Handbohrmaschine verwendet werden. Die größte Schwierigkeit besteht nun darin, die Bohrung gerade in den Bolzen zu bekommen. Wird die Führungsbohrung schief, so können die nachfolgenden Bohrungen auch nicht gerade werden.
- Jetzt wird hier mit 4 mm Bohrer die Führungsbohrung vorsichtig erweitert.
- Nun kann der Linksdrall in das Bohrloch eingedreht werden. Die Arbeiten mit dem Linksdrall sollten auch nur sehr vorsichtig durchgeführt werden. Sollte dieses Werkzeug abbrechen, entsteht ein größeres Problem. Der Linksdrall ist aus Werkzeugstahl und kann mit herkömmlichem Werkzeug nicht ausgebohrt werden. Zum Teil müsste er zertrümmert werden. Auch hier gilt das gleiche wie beim »Lösen durch Bewegung«. Viel Gefühl, gewaltfreie Arbeit und Bewegung ergeben ein gutes Ergebnis.

Sollte diese Methode auch nicht zum Erfolg führen, bleibt nur noch das vollständige Ausbohren des Bolzens bis zum Kerndurchmesser. In unserm Fall sind das 4,5 mm und das Nachschneiden des Gewindes. Auch hier muss sehr vorsichtig vorgegangen werden, um das schon vorhandene Gewinde nicht zu beschädigen und lediglich die Reste des alten Gewindes des Bolzens herauszuschälen.

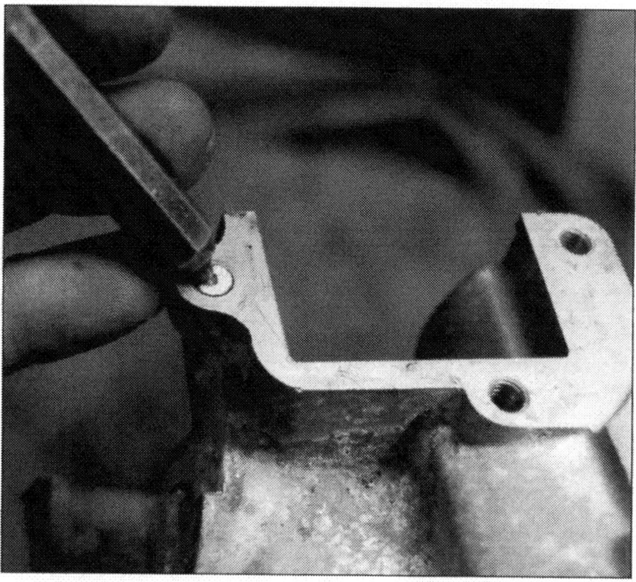

Körnerpunkt in der Mitte.

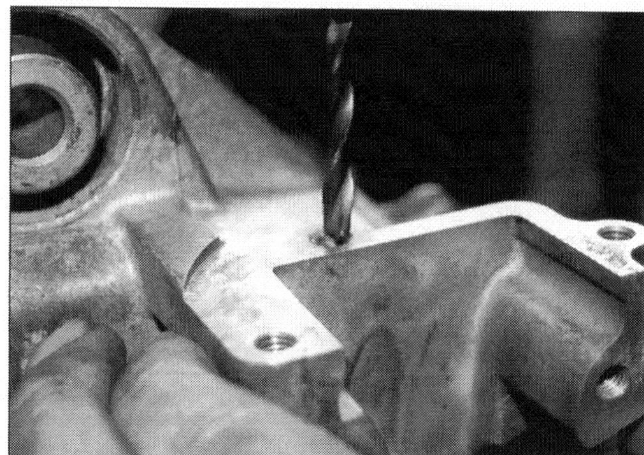

Ungefähr 3-4 mm muss das Loch kleiner als der Bolzen sein, damit der Bolzen noch ausreichende Festigkeit aufweißt.

Gewindereparatur mit einem Helicoileinsatz

- Wenn der Rest einer abgebrochenen Schraube im alten Gewinde steckt: Sichtbaren Schraubenrest ankörnen, mit einem scharf geschliffenen Bohrer, der 0,5 mm kleiner ist als der alte Gewinde-Nenndurchmesser (Beispiel M6: Bohrer 5,5 mm), das abgebrochene Gewindestück vorsichtig ausbohren.
- Der Bohrerdurchmesser entspricht dem Kerndurchmesser des neuen Aufnahmegewindes für den Helicoil-Plus-Drahtgewindeeinsatz.
- Aufnahmegewinde für den Helicoil-Drahtgewindeeinsatz mit dem beiliegenden Gewindebohrer

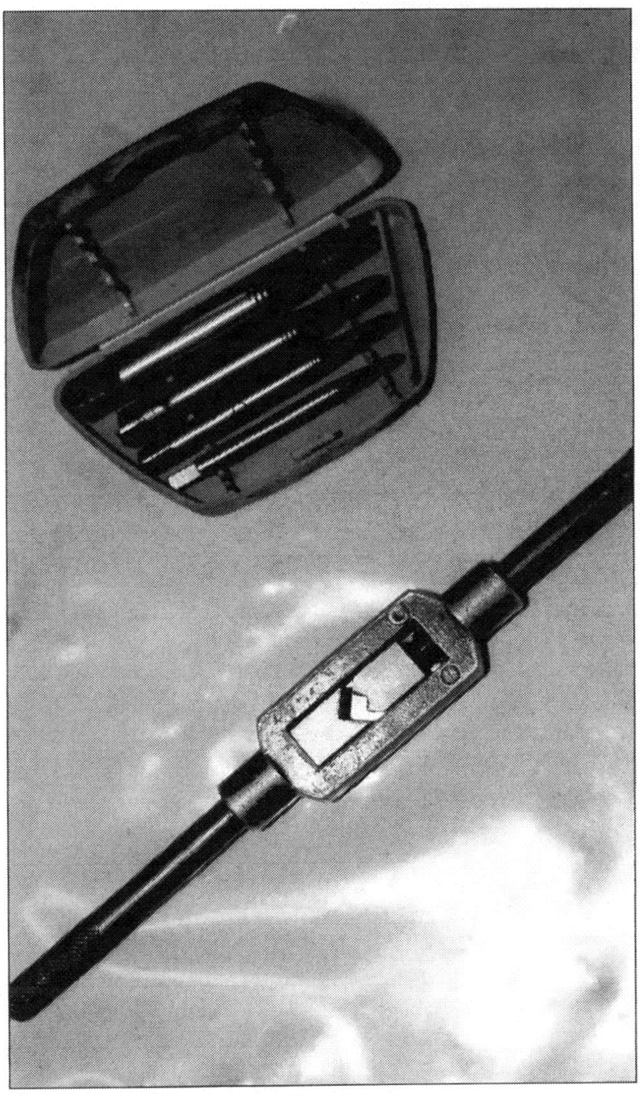

Linksdrallset und Spannwerkzeug.

schneiden. Wichtig: Damit keine Späne in Gewindebohrungen hineinfallen, den Gewindebohrer vor dem Gewindeschneiden in Fett eintauchen, dann bleiben die Späne am Gewindebohrer haften.

- Gewinde reinigen, z. B. mit Druckluft ausblasen. ALLE Späne entfernen!
- Helicoil-Drahtgewindeeinsatz mit der Einbauspindel montieren. Dieses ist sehr einfach, der Drahtgewindeeinsatz wird mit der Spindel wie eine Schraube in das vorbereitete Aufnahmegewinde eingedreht.
- Nach der Montage des Drahtgewindeeinsatzes dessen Mitnehmerzapfen abbrechen.

Tipp: Zapfenwerkzeug zuvor in etwas Fett tauchen, ganz in den Drahtgewindeeinsatz einführen, mit einem kleinen Hammer einen leichten Schlag auf das Zapfenwerkzeug geben und den abgebrochenen Mitnehmerzapfen aus dem Drahtgewindeeinsatz entfernen. Wichtig: Bei der Reparatur von Durchgangsbohrungen muss aufgepasst gegeben werden, wo der abgebrochene Mitnehmerzapfen hinfällt, damit er z. B. nicht in den Motor zwischen empfindliche Motorenmechaniken gerät!

Eine solche Gewindereparatur ist innerhalb von zehn Minuten ohne Schweißaufwand erledigt. Nach der Reparatur mit Helicoil ist das Gewinde um ein Vielfaches belastbarer als das Originalgewinde. Das Gewinde wurde nicht etwa »geflickt«, sondern seine Qualität wurde deutlich verbessert: Der Helicoil-Drahtgewindeeinsatz aus Edelstahl macht das Gewinde verschleißfester und korrosionsbeständiger. Zukünftige Wartungsarbeiten können diesem Gewinde nichts mehr anhaben.

PRAXISTIPP

Stehbolzen

Wenn der alte Bolzen aus dem Gewinde herausgedreht werden konnte, muss noch etwa eine halbe Stunde der Rostlöser auf das Gewinde im Motorblock einwirken. Anschließend sollte die Gewindebohrung mit Druckluft gereinigt werden.

Ein Nachteil des Linksdralles besteht darin, dass sehr leicht die aufgebohrten Bolzen »ausgeweitet« werden und so von Haus aus schon schwerer laufen. Mit etwas Geschick und wenig Hemmungen lässt sich einen guten Torx-Einsatz in die Bohrung einschlagen. Das Herausarbeiten des Bolzens unterscheidet sich nicht von der Vorgehensweise mit dem Linksdrall.

Probleme bei Arbeiten an der Karosserie

Symptom	Ursache	Abhilfe?
A Lackabplatzer oder -risse an der gespachtelten Arbeitsfläche.	1 Tiefe Beulen wurden gespachtelt, und Spachtel hat eine andere Wärmeausdehnung als Karosserieblech. Der wenig elastische Spachtel reißt bei starken Temperaturschwankungen oder platzt ab.	Ausbeul-Technik anwenden und nur dünne Spachtelschichten auftragen. Schwemmzinn ist zum Auffüllen von tieferen Beulen besser geeignet als Spachtel, weil die Zinnlegierungen ebenso wie Blech reines Metall sind und dementsprechend nur geringe Oberflächenspannungen auftreten.
B Das bearbeitete Blech wird nicht glatt, sondern bekommt noch mehr Beulen.	1 Blech streckt sich nämlich bei jedem Glättversuch. Wird im Zentrum mit dem Ausbeulen begonnen, streckt es sich zu viel und »schlägt Wellen«.	Wenn Blech geglättet werden soll, muss man mit dem Hammer und einem Gegenhalter immer spiralförmig vom Rand zur Beulenmitte arbeiten. Ist das Blech nur gering verformt, muss dabei der Hammer den Gegenhalter direkt treffen. Ist das Blech hingegen stark verformt, muss hohl gerichtet werden. Weiterhin sollte ein spezieller Stauchhammer zum Einsatz kommen.
C Das Zentrum einer Springbeule kann nicht erkannt werden.	1 Beule ist nicht ohne weiteres am Karosserieteil einsehbar, während man an der Karosserie arbeitet.	Mit zwei Fingern wird der Punkt ertastet, der am stärksten federt, anschließend darf nur diese Zone erhitzt werden. Springbeulen ziehen sich zusammen, wenn man sie nach dem Erhitzen mit kaltem Wasser abschreckt. Der große Temperatursprung verdichtet diese Zone stärker als den unbehandelten Bereich um die Springbeule.
D Spachtelmasse bildet immer wieder Risse.	1 Bereich ist für Spachtelarbeiten ungeeignet.	Diesen Bereich metallisch blank machen und mit Karosseriezinn bearbeiten, um die Spachtelschicht so dünn wie möglich zu gestalten.
E Durchgescheuerte Lackbereiche.	1 Karosserieteile liegen aufeinander.	Reibungsflächen mit einem Gummi-Schaumband abdecken.
F Lackschicht bildet Risse aus.	1 Untergrund ist ungeeignet.	Diesen Bereich abschleifen und mit einem Trennfiller wie PE-Filler vorbearbeiten. Dieser darf aber nicht durchgeschliffen werden, um eine wirkungsvolle Trennschicht zu bilden.
	2 Spachtelarbeiten sind fehlerhaft.	Spachtelarbeiten ausbessern oder diesen Bereich metallisch blank machen und mit Karosseriezinn bearbeiten, um die Spachtelschicht so dünn wie möglich zu gestalten.

Kostenermittlung

Die Kosten im Auge zu behalten wird immer etwas schwierig. Wie teuer eine Restauration werden kann, hängt von den Preisen der Bauteile und der Nebenkosten ab. Um zumindest die Teilepreise abschätzen zu können, loten wir die Preise mal an einigen Beispielen aus

Lampen und Leuchten

An den folgenden Beispielen möchten wir eine Kostenübersicht »über den Daumen« geben. Sicherlich gibt es bei vielen Herstellern und Zulieferern auch weitere Leuchten, die durchaus formschön und funktionell sind. Viele Lieferanten haben sich mit Nachbildungen von Originalteilen auf den Bedarf von Hobby-Restauratoren eingestellt.

Die vorgestellten Leuchten und Lampen passen sehr gut zum »Oldie«-Traktor. Anbauteile sind das »i«-Tüpfelchen der Restauration.
Wieder einmal sind auch hier bei der Recherche die einzelnen Foren im Internet überaus hilfreich. Auch bei den Oldtimermessen landauf und landab bieten fliegende Händler auch schon mal Hella-Originalteile, allerdings oft zu überzogenen Preisen, zum Kauf an.

Bauart	Beschreibung	Bestellnummer	ca.-Preisangabe
Hauptscheinwerfer 35/35W	Hauptscheinwerfer für den Anbau! Scheinwerfer für die Rohrmontage sind nur einzeln erhältlich! Unbedingt auf die E- Prüfung achten!	1S0 001 430-011	105,00 €
	Streuscheibe	9ES 012 060-011	21,00 €
	Dichtung	9GD 023 639-001	2,75 €
	Reflektor	9DR 090 206-001	22,00 €
	Lampenfassung	9FF 090 500-001	17,25 €
	Leuchtmittel 12V35/35W (S2)	8GD 002 084-131	
	12V4W (T4W)	8GP 002 067-121	15,00 €
Scheinwerfer im Kotflügel nach vorne	Nicht ganz legal, aber passt gut als Ersatz für die Kotflügelscheinwerfer wie beispielsweise beim Allgaier A12. Eigentlich handelt es sich um einen Rückfahrscheinwerfer, der mit einem verchromten Gehäuse geliefert wird und ohne Gehäuse auch verwendbar ist.	2ZR 001 193-011	67,00 €
	Lichtscheibe	9ES 082 333-031	9,50 €
	Leuchtmittel 12V21W (P21W)	8GA 002 073-121	2,20 €
Positionsleuchte vorne auf dem Kotflügel	Rechteckige Leuchte im Stil der 70er-Jahre mit schwarzer Grundplatte.	2PF 004 081-107	8,00 €
	Rechteckige Leuchte im Stil der 70er-Jahre mit weißer Grundplatte.	2PF 004 081-117	8,00 €
	Leuchtmittel 12V5W (C5W)	8GM 002 092-121	1,60 €
Blink- und Positionsleuchte	»Old style«-Blinklicht (gelb) mit weißem Positionslicht. Diese Leuchte gibt es in sehr vielen Ausführungen! 2 Befestigungsschrauben M5.	2BE 001 259-061	12,50 €
	Lichtgehäuse mit Schrauben	9EL 088 538-001	7,00 €
	Zwischenstück für den Direktanbau am Kotflügel	8HG 002 247-001	8,00 €
	Leuchtmittel 12V18W (K)	8GM 002 091-121	3,20 €
	12V3W (M)	8GM 002 094-121	1,80 €
Blink-Positionsleuchte	»Old style«-Blinklicht mit Blechgehäuse (gelb) mit weißem Positionslicht. Das Gehäuse lässt sich auch gut auf die alten 1-Kammer-Leuchten aufschweißen!	2BE 003 018-011	35,22 €
	Lichtscheibe	9EL 089 475-001	10,35€
	Leuchtmittel 12V18W (K)	8GM 002 091-121 i	3,20 €
	12V5W (C5W)	8GM 002 092-121	1,80 €

Bauart	Beschreibung	Bestellnummer	ca.-Preisangabe
Blink- Positionsleuchte	Blink-Positionsleuchte, links	2BE 001 278-011	53,66 €
Kotflügenaufbau	Blink-Positionsleuchte, rechts	2BE 001 278-021	53,66 €
	Lichtscheibe	9EL 087 769-001	70,21 €
	Lampenträger	9FT 087 771-001	17,22 €
	Leuchtmittel 12V18W (K)	8GM 002 091-121	3,20 €
	12V3W (M)	8GM 002 094-121	1,80 €
Rückleuchte mit Bremslicht und Blinker	»Old style«-Rückleuchte mit Blechgehäuse. Das Gehäuse lässt sich auch gut auf die alten 1- Kammer-Leuchten aufschweißen!	2SB 003 018-031	33,43 €
	Lichtscheibe mit Rahmen und Schraube	9EL 089 114-001	12,01 €
	Leuchtmittel 12V10W (K)	8GM 002 091-131	3,20 €
	12V18W (K)	8GM 002 091-121	1,80 €
Rückleuchte mit Bremslicht und Blinker	Ovale »Old style«-Rückleuchte mit Blechgehäuse.	2SB 001 673-002	28,44 €
	mit Kennzeichenbeleuchtung	2ST 001 673-011	32,00 €
	Lichtscheibe mit Schraube	9EL 110 928-001	12,13 €
	Leuchtmittel 12V10W (R10W)	8GA 002 071-131	3,20 €
	12V18W (R)	8GA 002 072-121	1,80 €
Kennzeichenleuchte	Die Lichtscheibe ist glasklar. Das Gehäuse chrombrillant.	2KA 001 385-011	23,80€
	Lichtgehäuse mit Schraube	9EL 063 942-001	105,91 €
	Leuchtmittel 12V3W (M)	8GM 002 094-121	1,80 €
Kennzeichenleuchte	Die Lichtscheibe ist glasklar. Das Gehäuse schwarz.	2KA 001 389-102	24,30 €
	2 Befestigungsschrauben M 6		
	Gehäuse mit Lichtscheibe	9BG 119 721-001	4,28 €
	Leuchtmittel 12V5W (C5W)	8GM 002 092-121	1,80 €
Reflektoren Rund	Reflektor mit Metall-Bodenplatte, zentralem M5 x 15 Befestigungsbolzen und Alu-Rahmen.	8RA 002 015-021 20 rot	2,91 €
	Reflektor mit Metall-Bodenplatte, zentralem M5 x 15 Befestigungsbolzen und Gummi-Schutzring.	8RA 002 015-031 20 rot	2,91€
Halter	Gummihalter für die seitliche oder hängende Befestigung der Rückstrahler oder Positionsleuchten.	8HG 003 799-001	5,95 €
	Hartgummi-Zusatzhalter für die seitliche oder hängende Befestigung der Rückstrahler.	8HG 003 799-017	5,95 €
Kontrolllampe / Anzeigeleuchte	»Old Style«-Kontrollleuchte. bis 4 mm Blechstärke einbaubar mit kombiniertem Schraub-Flachsteckanschlüssen (beides möglich). Blau = Fernlicht; Grün = Blinkerkontrolle und Anhängerblinkkontrollleuchte; Rot = Ladekontrollleuchte; Rot = Öldruckkontrollleuchte; Gelb= Blinkerkontrolle	2AA 001 200-001 10 blau 2AA 001 200-011 rot 2AA 001 200-021 grün 2AA 001 200-031 gelb	4,52 € 4,52 € 4,52 € 4,52 €
	Leuchtmittel 1x12V1,2W (W5/1,2)	8GP 002 095-121	1,50 €

Bauart	Beschreibung	Bestellnummer	ca.-Preisangabe
Kontrolllampe / Anzeigeleuchte	Kleine unauffällige Anzeigeleuchte mit 4 lose beigelegten Lichtscheiben rot, blau, grün und orange Birnchen wird mitgeliefert.	2AA 003 257-041	8,92 €
	Leuchtmittel 12V2W (J)	8GP 002 066-121	1,50 €
Zusatz-Blinkleuchte	Für den Anbau an Kotflügel nach vorne oder im Bereich der Motorhaube mit gelber Lichtscheibe und verchromtem Rand, 2 Befestigungsschrauben M3.	2BM 001 318-001	16,44 €
	Leuchtmittel 12V4W (T4W)	8GP 002 067-121	1,50 €
Zusatz-Blinkleuchte	Für den Anbau an Kotflügel nach vorne oder im Bereich der Motorhaube mit gelber Lichtscheibe und schwarzer Kunststoffgrundplatte. Schraubenabstand: 48 mm.	2BM 002 652-051	11,18 €
	Leuchtmittel 12V21W (P21W)	8GA 002 073-121	2,20 €
	Schutzabdeckung passend für Blinkleuchten silberfarbig lackiert	8XS 113 389-001	16,66 €
Zusatz-Blinkleuchte	Für den Anbau an Kotflügel nach vorne oder im Bereich der Motorhaube mit gelber Lichtscheibe mit stabilem Druckgussgehäuse, silberfarbig lackiert.	2BA 001 248-001	28,79 €
	Leuchtmittel 12V18W (K)	8GM 002 091-121	3,20 €
Zusatz-Blinkleuchte	Der »Klassiker« für den Anbau am Kotflügel nach vorne oder im Bereich der Motorhaube; die Lichtscheibe ist gelb, der Rand chrombrillant.	2BA 001 233-001	33,20 €
	Leuchtmittel 12V18W (R)	8GA 002 072-121	3,20 €
Zusatz-Blinkleuchte	Der »Klassiker« für den Anbau an Kotflügel nach vorne oder im Bereich der Motorhaube; die Lichtscheibe ist gelb, der Rand chrombrillant.	2BA 001 227-201	15,00 €
	Lichtscheibe mit Chrom	9EL 074 484-011	9,57 €
	Lichtscheibe ohne Chrom	9EL 074 484-031	9,57 €
	Leuchtmittel 12V18W (K)	8GM 002 091-121	3,20 €

Schalter, Hebel, Relais und andere Elektrik

Hier gibt es noch sehr viele Teile, die zum Teil den Originalteilen entsprechen. Die wichtigsten Schalter und Relais sind unten aufgezählt. Anhand dieser Nummern können Sie auf Märkten leicht nachvollziehen, welches Bauteil vor Ihnen liegt. Original verpackte Technik kann an Hand der Hersteller-Nummer leicht identifiziert werden.

Bauart	Beschreibung	Bestellnummer	ca.-Preisangabe
Anhängersteckdose Alu	Steckdose, 7-polig	8JB 001 941-002	3,30 Euro
Blinkerschalter		6BB 001 540-001	33,91 Euro
Blinkrelais		4DB 003 750-651	26,18 Euro
Bremslichtschalter		6DF 001 551-091	6,90 Euro
Entlastungsrelais 30A	Schließer-Relais,12 V	4RA 003 510-421	11,06 Euro
Glühstartschalter	AK 165 Beru	00.315 60.02	36,00 Euro
Glühstartschalter		6JB 003 959-001	
Glühüberwacher		0110 101 016	60,00 Euro
Hupe	12V, 335 Hz, 72W	3AL 002 952-112	21,42 Euro
Hupenknopf	50 mm	ebay	10,00 Euro
Kabel 100m Rolle	schwarz	8KL 712 943-002	37,50 Euro
	weiß	8KL 712 944-002	37,50 Euro
	gelb	8KL 712 945-002	37,50 Euro
	grau	8KL 712 946-002	37,50 Euro
	grün	8KL 712 947-002	37,50 Euro
	rot	8KL 712 948-002	37,50 Euro
	blau	8KL 712 949-002	37,50 Euro
	braun	8KL 712 950-002	37,50 Euro
	violett	8KL 712 951-002	37,50 Euro
Lichtschalter		6LD 001 586-001	63,18 Euro
Masseband	200 mm lang	8KX 707 916-011	3,80 Euro
Öldruckschalter	0,3-0,6 bar	6ZL 003 259-351	9,04 Euro
Relaisträger	9-polig alle gängigen Relais	8JA 003 526-001	2,14 Euro
Schrumpfschlauch 4 m lang (je dünner desto länger!)	schwarz 4,0m % 25,4 mm	9MJ 007 825-071	34,15 Euro
	schwarz 5,0m % 19,1 mm	9MJ 007 825-041	34,15 Euro
	schwarz 6,5m % 9,5 mm	9MJ 007 825-021	34,15 Euro
	schwarz 6,5m % 12,7 mm	9MJ 007 825-051	34,15 Euro
	schwarz 7,5m % 6,4 mm	9MJ 007 825-031	34,15 Euro
	schwarz 9,5m % 4,8 mm	9MJ 007 825-001	34,15 Euro
	schwarz 11,5m % 3,2 mm	9MJ 007 825-011	34,15 Euro
	schwarz 12,5m % 2,4 mm	9MJ 007 825-061	34,15 Euro
Sicherungskasten	mit 8 Sicherungen	8JD 002 290-001	14,16 Euro
Steckverbinder	blau 8 KW	708 374-003	2,30 Euro
Universalschalter	Ein/Aus-Schalter	6ED 001 564-001	31,89 Euro
Warnblinkschalter	Spritzwasser geschützt	6HD 002 535-101	38,02 Euro
Zündschloss mit	Metallausführung Oldie	6TK 001 756-001	42,84 Euro
Zündschloss ohne Lichtschaltfunktion		6JK 001 574-001	36,17 Euro

Karosserieteile

Natürlich lassen sich auch die Preise von Karosserieteilen nicht einfach pauschalisieren. Der Preis hängt stark mit der Verfügbarkeit der Teile und dem Zustand ab. Hier lebt die Marktwirtschaft! Zum Teil werden Preise für die dringend benötigten Teile aufgerufen, die einem den Atem zum Stocken bringen. Selten ist eben selten …

Als Schätzgrundlage haben wir die Preise für einen Porsche Standard zu Grunde gelegt. Sicherlich verändern diese sich auch stetig, aber zum Überschlagen sollten sie ausreichen. Überwiegend handelt es sich um gebrauchte Ersatzteile und Nachfertigungen.

Bauart	Beschreibung	ca.-Preisangabe
Kotflügel vorne	Nachbau	97,80 Euro
Kotflügel hinten	Nachbau	371,30 Euro
Motorhaube	Nur noch als Gebrauchtteil zu finden, Preise sind Anbieter- und zustandsabhängig	
Traktormeter	Neuteil Nachbau (nicht Original Porsche)	85,00 Euro
	Reparatur	120,00 Euro
Schriftzug klein	Aluminium	24,20 Euro
Schriftzug groß „Standard"	Aluminium	25,70 Euro
Sitzschale	vorne	210,00 Euro
Sitzbank	Beifahrersitz	43,50 Euro
Armaturenhaube	Nachbau	450,00 Euro
Haubengummi	laufender Meter	9,95 Euro
Werkzeugkasten	rund	92,00 Euro
Tankdeckel	Standard	12,21 Euro
	abschließbar	30,12 Euro
Haubenhalter	Paar	4,95 Euro

Motorteile

Bauart	Beschreibung	ca.-Preisangabe
Dichtsatz	Oberdichtsatz	20,90 Euro
Einspritzdüse	Reparaturkit nach Düsentype	22,00 Euro
Fußdichtung	im Oberdichtsatz enthalten	-,- Euro
Getriebedichtsatz	nicht mehr lieferbar	
Glühkerze	nach Motortype	31,90 Euro
Kolben	einzeln ohne Zylinder	195,00 Euro
Kolbenringe	einzelner Satz	75,00 Euro
Kopfdichtung	im Oberdichtsatz enthalten	-,- Euro
Kupplung	Druckplatte	187,50 Euro
	Mitnehmerscheibe	91,60 Euro
	Ausrücklager	49,98 Euro
Kurbelwelle	nicht mehr lieferbar	
Kurbelwelllager	Hauptlager	131,70 Euro
	Pleuellager	78,90 Euro
Zylinderkopf	Austauschteil	470,00 Euro
Ölfilter	nach Fahrzeugtype	19,00 Euro
Simmering	2 Stück benötigt	21,70 Euro
Ventil Auslass	nach Motortype	29,50 Euro
Ventil Einlass	nach Motortype	29,50 Euro
Ventilfeder innen	nach Motortype	10,40 Euro
Ventilfeder außen	nach Motortype	11,30 Euro
Ventilführung	nach Motortype	18,20 Euro
Zylinder mit Kolben	Satz für einen Zylinder	315,00 Euro
Auspuff	Schalldämpfer	239,00 Euro
Auspuff	Dichtungen und Bef.-Material	15,00 Euro
Auspuff	Aufsteckrohr	53,00 Euro

Fahrwerk und Lenkung

Bauart	Beschreibung	ca.-Preisangabe
Achslager	nach Fahrzeugtype	45,00 Euro
Kreuzgelenk	nach Fahrzeugtype	93,65 Euro
Felge	Nur noch als Gebrauchtteil zu finden	Preise sind Anbieter- und zustandsabhängig
Lenkrad	Nachbau	65,00 Euro
Radbolzen	Hinterachse	24,50 Euro
Radmutter	nach Fahrzeugtype	4,20 Euro
Reifen hinten	10 – 28 (neue Bezeichnung 11.2-28)	190,00 Euro
Reifen hinten Schlauch	10 – 28 mit Wasserfüllventil	37,00 Euro
Reifen vorne	5 - 16	49,00 Euro
Reifen vorne Schlauch	5 - 16	11,00 Euro
Spurstange	je nach Ausführung	ca. 90,00 Euro
Manschette Spurstangenkopf	Reparatursatz versch. Ausführungen	6,00 – 12,00 Euro

Zubehör und Kleinigkeiten

Bauart	Beschreibung	ca.-Preisangabe
Sitzkissen	Kunstleder rot	79,00 Euro
Anhängerkupplungsdorn	Standardausführung	9,99 Euro
	Einhandausführung automatisch	16,99 Euro
Ackerschiene	nach Abmessung	52,99 Euro
Mähbalken	Nur noch als Gebrauchtteil zu finden, Preise sind Anbieter- und zustandsabhängig	200,00 – 600,00 Euro
TÜV Abnahme	Vollabnahme	90,00 Euro
Aufbieten des Fahrzeugbriefes	beim Straßenverkehrsamt	60,00 Euro
Betriebsanleitung	Nachdruck	13,00 Euro
Ersatzteilkatalog	verschiedene Anbieter	25,00 Euro
Reparaturanleitung	Motorbuch Verlag	24,90 Euro
Aufkleber und Deko	Luftfiltergehäuse, sonstige Aufschriften, vom Folienspezialisten	25,00 Euro

Lackierpreise beim Lackierer

Gerade die Arbeiten am »Finish« sind meistens die undankbarsten. Jeder Fehler in der Vorarbeit, jede kleine Welle wird schnell sichtbar. Am Ende ist immer der Lackierer »schuld«. Dazu kommt noch, dass auch die so genannten »Garagenlackierungen« nicht mehr unbedingt günstiger ausfallen. Die Preise für das Lackmaterial sind deutlich gestiegen. Zudem ist es aus gesundheitlichen und Umweltgesichtspunkten weder zu vertreten noch erlaubt, Lackierungen in Eigenregie ohne Absaug- und Filteranlagen durchzuführen. Preise vergleichen ist hier recht wichtig. Der Unterschied fällt meist gar nicht so groß aus.

Aufgabenstellung/Material	Beschreibung	ca.-Preisangabe
Spachtelmasse	2 Dosen à 1 kg	8,00 Euro
Grundierung/Füller	6 l inkl. Zusatzmaterial	48,00 Euro
Farbe	5,5 l inkl. Zusatzmaterial	104,00 Euro
Schleifpapier	50 Bögen unterschiedliche Körnung	0,70 Euro
Verdünnung	10 l zum Reinigen und Abwaschen der zu lackierenden Flächen	12,00 Euro
Silikonentferner	5 l zum Reinigen und Abwaschen der zu lackierenden Flächen	8,00 Euro
Kotflügel hinten lackieren	als Einzelteil	400,00 Euro
Kotflügel vorne lackieren	als Einzelteil	150,00 Euro
Haube lackieren	als Einzelteil	350,00 Euro
Abschlussblech vorne lackieren	als Einzelteil	200,00 Euro
Motor/ Getriebeblock mit Achse lackieren	als Einzelteil	1.500,00 Euro
Lenkrad lackieren	als Einzelteil	100,00 Euro
Armaturenträger lackieren	als Einzelteil	100,00 Euro
Tank lackieren	als Einzelteil	150,00 Euro
Scheinwerfergehäuse lackieren	als Einzelteil	70,00 Euro
Sitz	als Einzelteil	80,00 Euro
Überrollbügel	als Einzelteil	150,00 Euro
Felge vorne	als Einzelteil	120,00 Euro
Felge hinten	als Einzelteil	200,00 Euro
Ganzlackierung	muss immer verhandelt werden	2000 – 4.000,00 Euro

Teilebeschaffung mit Schirm, Charme und Gummistiefeln

Oft ist es so, dass wird nur ein Rücklichtglas gebraucht wird oder gerade das Ersatzteil für den Scheinwerfer nicht mehr lieferbar ist. Na klar, zum Teil findet man so manches im Internet. Wer allerdings das Flair einer Oldtimermesse schon erlebt hat, wird es kaum noch missen wollen. Ein bisschen wie ein großer Flohmarkt – nur eben für Techniker, Freaks und solche, die eines davon noch werden wollen. Irgendwie doch erstaunlich, wenn man sich auf einer Messe tatsächlich ein dringend benötigtes Teil ergattern konnte. Da steht der Enkel, der sich nun endlich doch von Opas Restbeständen aus dem ehemaligen Bosch-Lager trennen will, genauso wie der Jäger und Sammler, der ein gesuchtes Lenkrad mangels Tisch auf dem Boden lagert und nicht mal ahnt, was er da »rumliegen« hat. Genauso trifft man auch absolute Profis, die sich gerne auch auf ein Benzingespräch mit Tipps und Tricks einlassen. Nur keine Hemmungen! Fragen kostet nix! Informationen zu bestimmten Arbeiten oder einen Tipp zum Bezug eines benötigten Ersatzteiles gibt es oft kostenlos. Handeln ist nicht nur erwünscht, sondern gehört zum Markttag wie der Pappbecher Kaffee. Oft genug haben wir schon Sachen auf einem Markt gefunden, die wir vorher gar nicht gesucht hatten. Für Leute mit schwachen Kaufhemmungen muss dringend angeraten werden, mit einem kleinen Fahrzeug anzureisen, in dem sich auf jeden Fall nicht viel mehr als das Gesuchte verstauen lässt. Demontieren Sie dann in jedem Fall auch Ihre Anhängekupplung. So kommen Sie dann nicht in die Verlegenheit, einen Anhänger vor Ort gleich mitzukaufen.

Reflektoren, Glas und Fassungen: Da sind die Hellanummern gefragt!

Blick in die Messehalle: tief liegender Wühltisch mit humanen Preisen.

Griffe und Hebel: Klar, die gibt's im Nachbau. Man findet sie aber auch noch mit Patina.

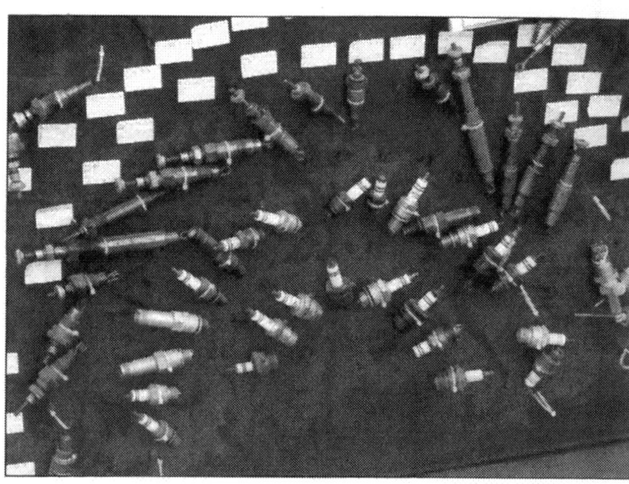

Fundus eines Boschhändlers: Hier ist alles dabei ..., vom Düsenreparatursatz bis zu Einzelteilen von 6V-Generatoren.

Ruhe und ein scharfer Blick: Mit Geduld und Spucke findet man immer Brauchbares.

Räder, Felgen und Reifen: oft in erbärmlichen Zustand, jedoch original.

Schalter, Kontrollleuchten und Taster: da empfiehlt es sich ein Messgerät im Rucksack zu haben.

Teile, Teile, Teile: was sich oft als Schrottplatz darstellt, ist in der Regel eine Quelle von Originalteilen zum fairen Preis.

Zeitfracht Medien GmbH
Ferdinand-Jühlke-Straße 7
99095 Erfurt, Deutschland
produktsicherheit@kolibri360.de